岩　波　現　代　文　庫

大地の動きをさぐる

杉村 新
Arata Sugimura

社会 340

岩波書店

岩波現代文庫版まえがき

この本は、どこから読み始めてもよいという性格のものではありません。初めから通して読んでください。そのわけは「あとがき」に書いています。

わざわざ書くようなことか、と思われる方もおられるでしょう。しかし、この本が「岩波科学の本」というシリーズの八冊目として刊行された時のこと、ある人が途中から読んで、「あとがき」に「初めから通して読んでいただきたい」とあるのにぶつかり「文句」を言いに来ました。そして「「まえがき」にこれを書けばよかった」と勧告してくれました。そこで、文庫版になった機会にそれを明記しておきます。

目次のあとに記した「序」に『山はどうしてできたか』という本について書いています。戦時中に岩波書店が発行したシリーズ「少国民のために」の一冊で、「地球のおいたち」という副題がついています。大塚弥之助著、一九四二年七月一九日発行です。戦後、中身に多少手を入れて、一九五一年一二月一五日に再発行されました。実は私は、そのお手伝いをしています。

このシリーズの後継として、「岩波科学の本」シリーズは生まれたのだ、と私は思っています。『大地の動きをさぐる』では、そういう意味からも「山はどうしてできたか」という課題にどう答えようとしたのか、二〇年あまりの取組みについて述べます。

元の本の「あとがき」を書いていたときからちょうど五〇年後に現代文庫として皆さんに手に取っていただくことになりました。そのころから地質年代の年数などいろいろ変わりました。しかし、自然を相手にする研究とはどういうものか、どうやって筋道を立てるかということは、今も昔も変わりません。

「まとめ」の最後に書いた言葉を繰り返します。「ここから先は、君たちの時代である」。

もくじ

写　真　元岩波映画製作所・関戸　勇
さしえ　高田藤三郎

私は若いころ、『山はどうしてできたか』という本を読んだことがある。その本の初めの方に、「この本の題を見て、君たちはどう思うだろうか。「山は**できる**ものだろうか、大昔から**あった**のではないだろうか」という疑問をおこした人もあるかもしれない」と書いてあった。山は、あったのではなく、できるものなのである。その本のこの部分は、すこし大げさにいえば、私の自然に対する見かたを大きく変えた。それまでは、じっと止まって動かないように見えていた自然を、それ以来別の目で見るようになった。大地は動くように見えなければならないはずなのだ。そして私の、大地に対する挑戦が始まった。

1 活きている褶曲

アルプスの褶曲

「地層はどうして曲がっているのか」

私はそのころ旧制高校の理科の生徒だった。F君は文科の生徒だった。F君は一年生の三学期のとき私と学校の寮で同室だった人である。私が地学に興味をもっていることを知ってF君はある日、「地層はどうして褶曲しているのか？」と私に質問してきた。地層はできたときは水平だった。それが押し曲げられて波をうっていることを**褶曲**という（図1-1）。このことは教科書にも書いてあったし、実際に野外で見たこともあった。私はF君に、「それは、もともと平らだったものが、波のような形になるように動いたんだろう」と答えた。「じゃあどうしてそういう形に動いたんだ？」と質問をかさねてきた。私は動いているところを見たことがないから、答えようがない。「横から押されたんだろう」といいかげんなことを答えると、彼は「急に押されたら、曲がらずにくだけてしまうのではないか？」とたたみこむ。私は〝褶曲〟のことはたしかに知っていた。しかし、それができる過程つまり**褶曲運動**のことは何も知らなかった。私は返事にこまってしまった。かすかなくやしさが、頭の一隅に残った。

旧制高校の理科では、学校の授業中に物理実験というのがあった。実験の条件をいろいろ変えると、現象も変わってくる。原因と結果の関係がたいへんはっきりとわかるの

図 1-1　地層の褶曲　イランにて．

である。私はこういうことが好きで、課外でも物理実験をたのしんだ。それは、今でいうクラブ活動のようなものであった。寺田寅彦の弟子であった金原寿郎という先生に教わって、紙を燃やす実験をしたりしていた。紙がどのように燃えるかとか、どのように消えるかとか、そういう現象は、実験の条件を変えることによって、ちがいを生じた。どうしてこうなるのだろうかと原因を考えるときは、必ず条件を変えてどうなるかをみる。実験のたのしさは、そうやって物ごとの因果関係が明らかになるところにあった。

F君の質問と物理実験の二つはどうつながるのか、と思う人もいるだろう。当時私が漠然と感じていたことを、いま文章にしてみると次のようになる。褶曲のことはたしかに知っている。それを観察したこともある。けれども、褶曲運動については、その原因がわからない。原因がわかるためには実験をしてみればよい。しかし大地のことについては、紙を燃やすように簡単には実験できない。実験に相当することは何か？　褶曲運動が、いつどこで行なわれているかをまず知ること、次に、その時その場所がどういう条件であったかを知ること。そうすると、褶曲運動の原因について何らかの手がかりがえられるかもしれないわけだ。

F君と同室だった寄宿寮には小さな図書室があった。その閲覧室にはいつもその月の雑誌がならべてあった。私はその部屋にはいるたびに、『科学』という雑誌をめくってはひろい読みをしていた。二年生になり寮を出て下宿生活をするようになった。二年の終りごろ、その『科学』をつづけて見ていたくなり、定期購読者となった。とりはじめて二冊めの号の、「研究時報：地球物理学」という欄に、『活動している褶曲構造』という論文（図1-2）のあらすじが、一六行にわたって紹介されていた。「地質学と関連した問題において、大塚弥之助氏により興味ある問題が報告された。……褶曲帯の研究において、それがきわめて新しい形成であることを、……段丘の調査から認めたのであるが、さらに……現在においてもこの褶曲帯が継続活動していることが確かめられたのである。……」という文章が私の心をとらえた。F君に答えられなかったくやしさが、私の頭の中でたちまち生きかえった。地層が本当に曲げられている現場を、目の前に見ることが

図 1-2　大塚先生の論文のはじめのページ
雑誌『地震』より.

できれば、これこそ褶曲運動の原因を解く第一歩ではないか、と思った。

そのころの地学の教科書には、褶曲している地層のことはたくさん書いてあった。たとえば、褶曲の波の頭のところを**背斜**といい、波の底を**向斜**というたぐいである。しかし、実際に褶曲運動が進行している話はまったく書いてなかった。それもそのはずで、地学は他の自然科学と同様ヨーロッパやアメリカで育ったが、ヨーロッパやアメリカでは褶曲運動は現在ほとんど進行していないで、過去の運動の結果だけが観察されていたからである。だから、『活動している褶曲構造』という論文は、画期的な意味をもっていたのである。私はもちろんそんな意味などまだわからなかった。しかし、物理実験そして因果関係ということが私の若い頭にたたきこまれていたので、この論文の題を見ただけで大変な魅力を感じた。私は、高校の地学の望月勝海先生の部屋にいって、その論文を読みたいと言った。先生から学術雑誌を借りるなどということは、めったにないことだったから、大塚先生の論文の載っている学術雑誌を借りにいったことを、私は今でもよくおぼえている。

その論文には二つのことが書いてあった。一つは陸地測量部(現在の国土地理院)で正確な地図を作るために日本の各地に埋めた水準点標石の高さを、何十年かたって測り直したら、褶曲の背斜ではそれが高くなり、向斜では低くなっている場所が見つかった、という話である(図1-3)。その実例は青森・秋田・新潟の三県に分布している。もう一つは、河岸段丘面が、背斜のところで高まり向斜のところで低まっている場所がある、という話であった。**河岸段丘面**というのは、昔の川原の地面のことで、そののち川が川原の一部を浸食して下へ掘りさげ、残りの部分が干上がって台地になったものである(図1-4・5)。この川原の面は、もともと平らだったはずであるから、少しでも曲げられていれば、それは段丘面ができたあとから大地が動いたのであると判断できる。大塚先生の論文には、河岸段丘面の変形の例としては山形県北部の最上川の支流小国川に沿う地域について主として書いてあった。そこには段丘面がひな段のように何段もあって、それぞれが地下の地層の背斜のところでわずかではあるが高くなり、向斜のところで低くなっている(図1-6)。地層のできた時代は段丘より古くてその褶曲の程度も大きい。段丘面のできたのはそれに比べるとはるかに新しい。したがって段丘面のわずかな凹凸は、最近の褶曲運動の進行を示すものだ、というわけである。

青森県西部と、秋田・山形・新潟の各県をつらねた地帯を、私たちは羽越地帯と呼ん

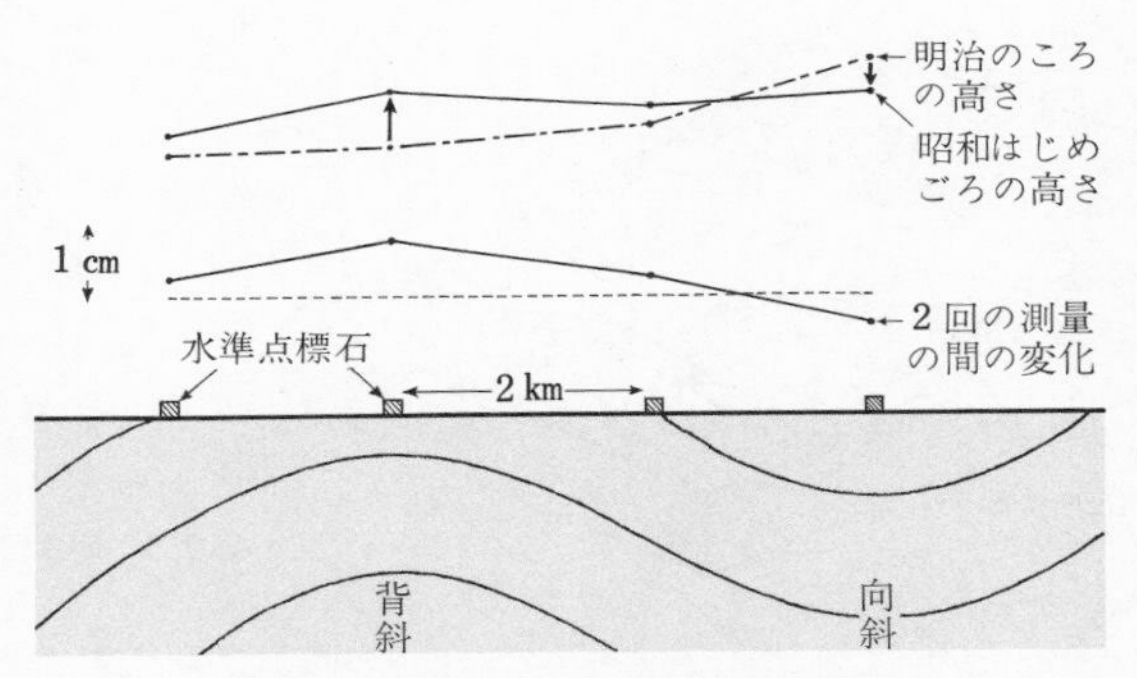

図 1-3　2 回の水準測量からわかった褶曲運動　2 回の測量結果を一番上のグラフに示す．これらから求めた差(その下のグラフ)が，下図の褶曲構造と一致している．

図 1-4　河岸段丘　相模川上流の例．何段もある．

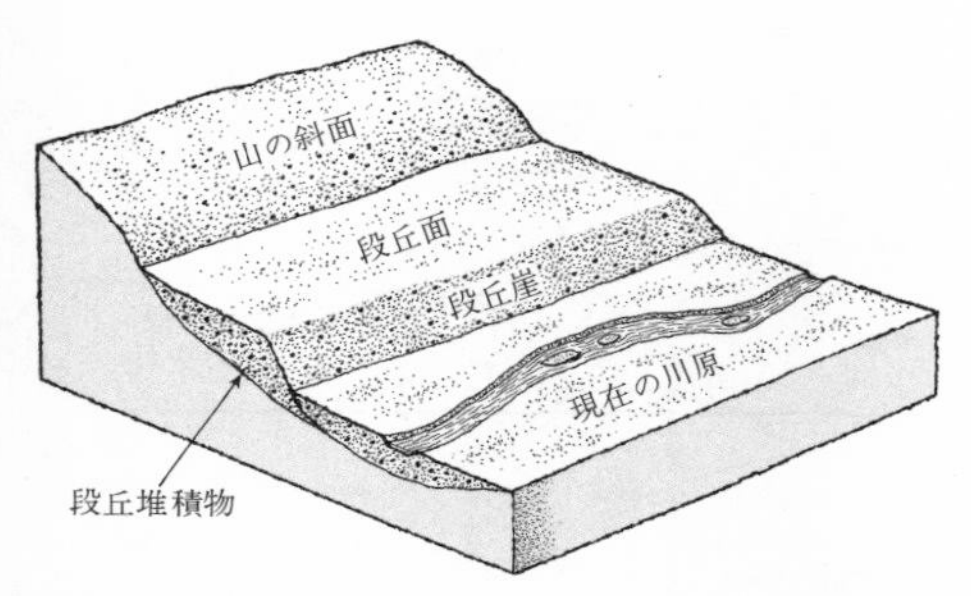

図 1-5　河岸段丘

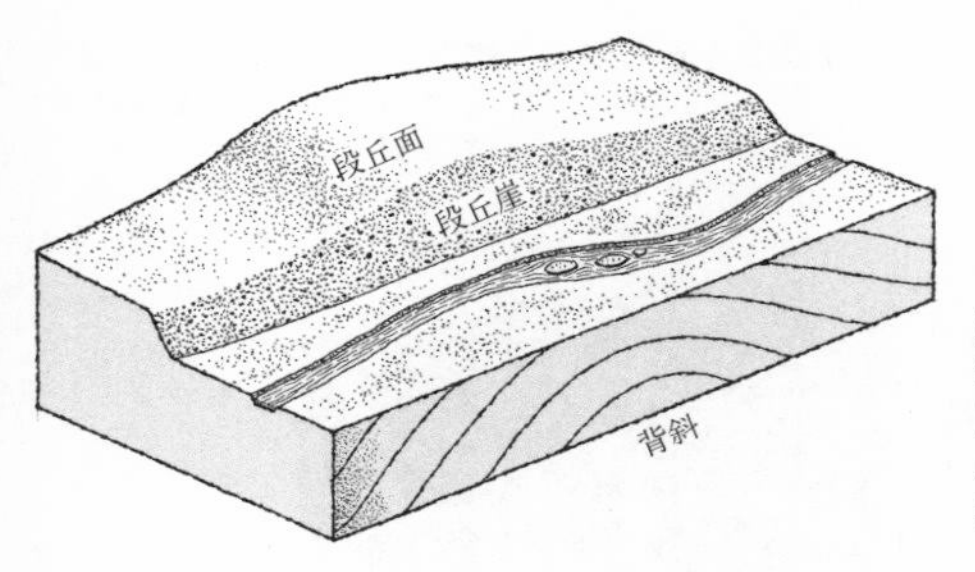

図 1-6　褶曲運動による河岸段丘面の変形　段丘面の高まりは誇張してある.

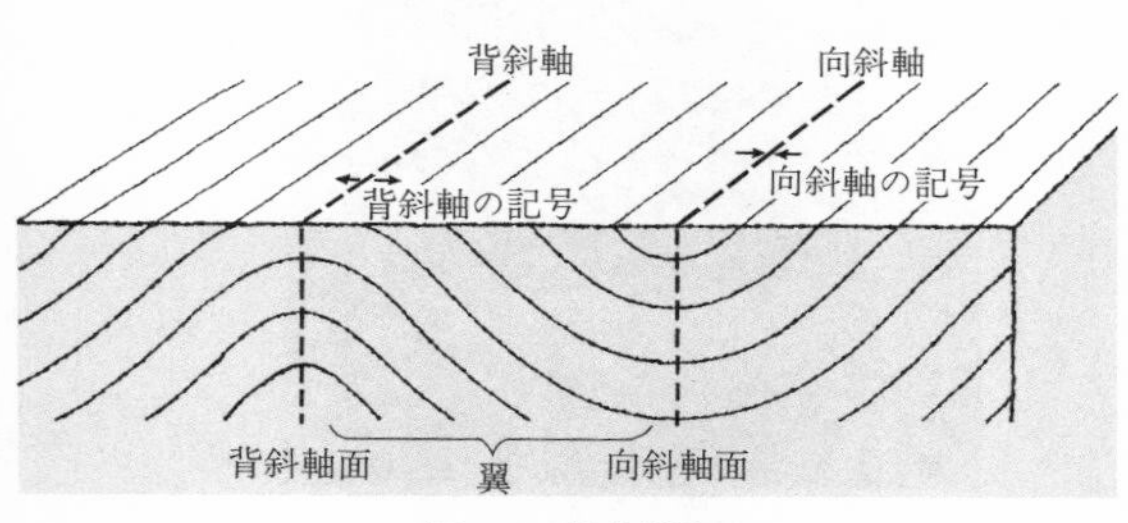

図 1-7　褶曲構造

でいる。その地帯の褶曲の背斜軸や向斜軸(図1-7)は、どこでもおおよそ南北の向きに走っている。この褶曲を作った褶曲運動の時期は、地層ができたあとにはちがいないが、それ以上のくわしい時期についてはよくわかっていなかった。大塚先生の『活動している褶曲構造』という論文を読むと、褶曲運動が、河岸段丘面のできたあと、つまり比較的最近にも進行したことが示されているし、水準点標石を埋めてからあと、つまり現在でも進行していることが推定されているのである。本当にそうだとしたら、これはおもしろいことだと思った。私は、いつか機会があったら小国川(山形県には南部にも小国川があるが、この話にでてくるのは北部の小国川)へ行って、その段丘を眺めてみたいものだと思った。

図1-8　大塚弥之助先生

小国川をおとずれて

そのときから八年たった。私はその間に、大学にはいり大塚先生(図1-8)の指導で卒業論文を書き、卒業してから何年か研究生活をすごした。その年の夏に、悲しいことが起こった。大塚先生が戦争中にかかった病気のため、戦後の窮乏もてつだって亡くなったのである。その年の秋、たまたま私は山形県

図 1-9　小国川と段丘　地平線は「裏の山」段丘面.

の北部へ出張した。小国川の段丘を見にゆくチャンスだと思った。そして小国川沿いの段丘(図1-9)の上を歩いて、大塚先生の『活動している褶曲構造』の図と現地のようすとをよくよく見比べてみた。その結果、大塚先生の図におかしいところのあることに気がついた。大塚先生は自分で段丘面の高さを測っているわけではなく、地形図を読んで段丘面の縦断面図を作っているのであった(図1-10・11)。どうも大塚先生は、褶曲運動が進行しているなら、段丘面の高さがこうなるはずだ、ということをあらかじめ頭にいれておいて、地形図上にしるされた高さのなかから、つごうのよいものをえらび出して、断面図を描いているようにさえ思えた。

　物理学で実験にあたるものは、地学では(天文学や気象学もふくめて)実測ということ

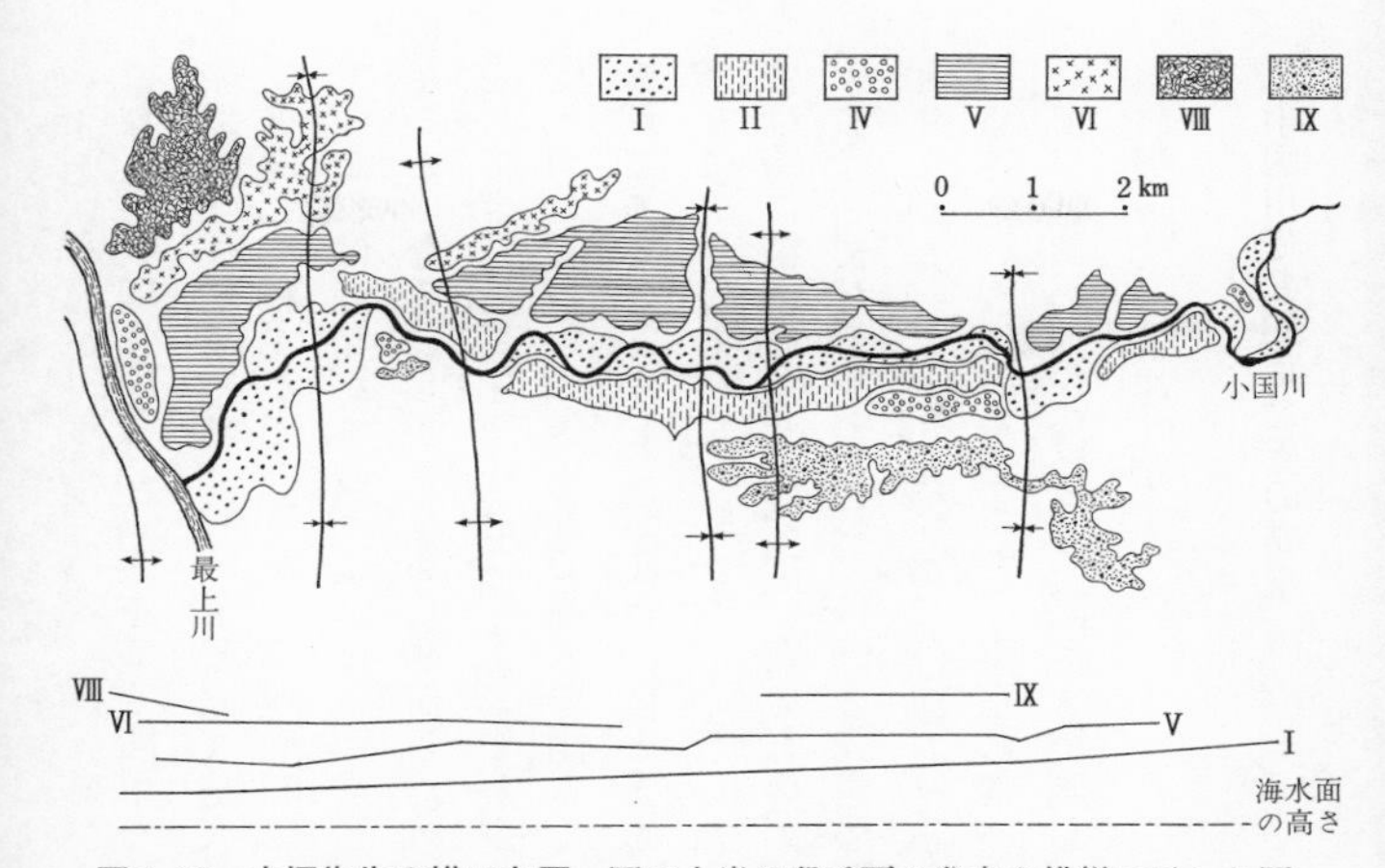

図 1-10　大塚先生の描いた図　図の上半は段丘面の分布を模様で示した図．段丘 III と VII は省略してある．背斜軸と向斜軸との記号も記入されている．図の下半はそれに対応した縦断面図．段丘の番号についてはあとで述べる．

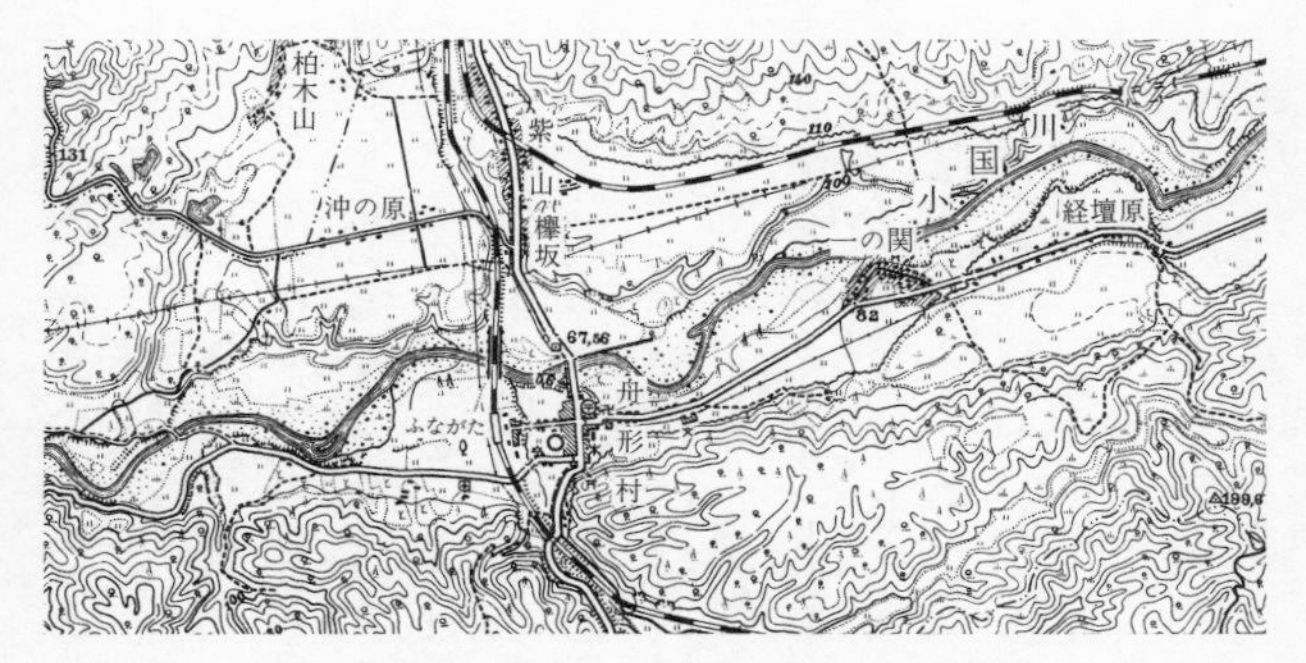

図 1-11　小国川沿いの河岸段丘　国土地理院発行の当時の 5 万分の 1 の地図の一部．

になる。大塚先生は、実測をやや簡単な形でかたづけた。地形図を読んで実測の代用としたのであった。地形図が精密にできていればそれでもよいが、褶曲運動による高さの変化はごくわずかであるから、地形図にはうまくでていない。大塚先生の論文の図をみて、これはもしかするとこじつけかもしれないな、と思った。私は先生のあらを見つけたことになる。しかし、あらさがしだけをするのは決して良いことではない。そこで用意してきた携帯用（けいたいよう）気圧計（図1－12）で高さを測ってみた。高さのちがうところでは気圧が変わってくるので気圧計で高さを測ることができる。飛行機の中で高度を知るのと同じ原理である。しかし、気圧は時間とともに変化するから、気圧の読みからすぐに高さを求めるというわけにはいかない。だいたいの値ならば、求める方法はあったが、この場合は特に精密を要したので、だいたいの値では役に立たなかった。

私は、まだ若かったし、自分の先生の結論をひっくりかえそうという〝よからぬ〟考えもてつだって、小国川の「活動している褶曲構造」は、「じつは活動していないのである」という仮説を立てた。東京に帰ってから、私は測定の機械や方法をこまかに検討して小国川の河岸段丘面（かがんだんきゅうめん）の高さを実測し、波のような形などにはなっていないという結果を出そうと計画した。

小国川での測定とその結果

新しい方法をくふうし、準備をととのえて、もういちど小国川をおとずれたのは、それから一年後の秋であった。その地域の地質をしらべていた地質調査所の徳永重元さんの紹介で、こんどは、炭鉱を経営しているNさんのうちに泊まることにした。重いリュックをしょい、手にも自記気圧計(図1-12)などの機械をさげ、バスをおりてNさんのうちの玄関に立った。

次の日から、私は毎日自転車ででかけて段丘面の高さを測ってすごした。気圧計から高さを求めるのは、こみいった計算を必要としたので、そこにいる間には終らなかった。したがって、最終の結果は東京に帰ってからはじめてわかったのである。

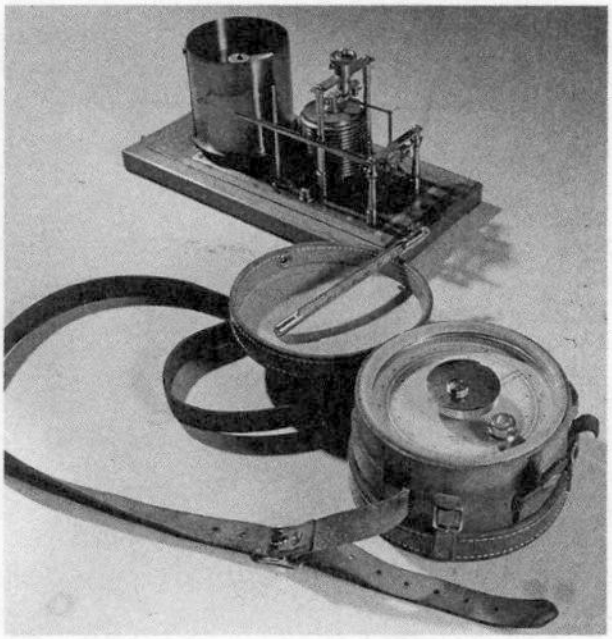

図1-12　使った2台の気圧計
うしろは自記気圧計，手前は携帯用気圧計．携帯用を持ち歩いて高さを測り，基地に置いた自記計の記録で補正を行なった．

もっと研究費があれば、なにも気圧計などでひとりでこつこつと高さを測らなくとも、水準測量という、より正確なやりかたで高さを測ればよいわけである。私はそのころまだ大学を出たてだったので、もらった研究費は汽車賃(そのころは文字どおり汽車であった)をはらうのがせいいっぱいで、宿泊費まで手がまわらなかった。だから、人手のかかる水準

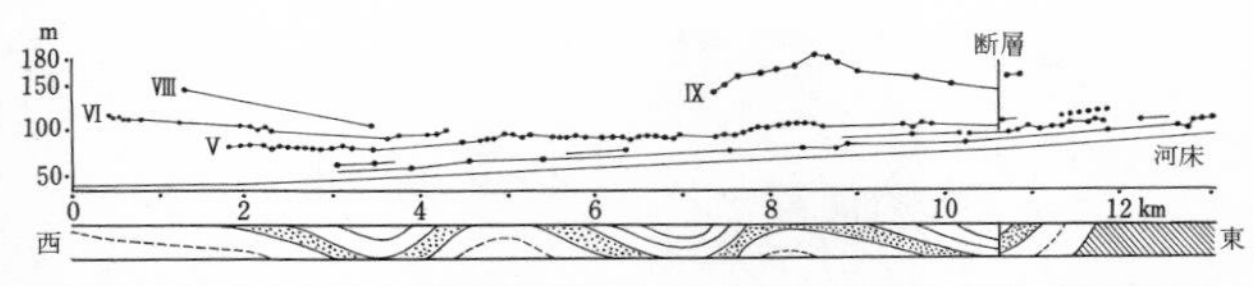

図 1-13　私のかきあげたグラフ　図の上半は河岸段丘面の縦断面図で，上下の目盛りは水平の 10 倍に誇張されている．下半は徳永さんの地質調査の結果を用いて描いた地層の断面図．右の方にしるされている断層とは，地層をくいちがわせている所であるが，ここでは段丘もくいちがっている．断層のことは，あとの章でくわしく述べる．

測量など思いもよらなかったのである。Nさんは、私の滞在中の宿泊から食事まで全部世話をしてくれて、お金はいっさいうけとらなかった。Nさんは、少額ながら、いわば「科学のために私財を投じた」のである。

河岸段丘面には新しい方から順に番号をつけた。現在の川原をⅠとして、段丘の低い方から高い方へ順にⅡⅢⅣなどとした。最も高い段はⅨ面である。この面は、町のうしろの小高い丘にのぼるとその丘の上に平らにひろがっている段丘面である。町の人たちはこの段を「裏の山」と呼んでいた。

東京に帰ってから、高さの計算が全部すみ、大塚先生が描いたのと同じような、縦断面のグラフを作った。そしてその下に、徳永さんの地質図をもとにして作った地質断面図をならべてみた。長い退屈な筆算のあとで、このグラフをかきあげたときは、私はじつのところほっとしてそれを眺めたのである。そしてびっくりして、声をあげた。大塚先生の図よりももっとみごとに、褶曲が「活動している」ことをみせつけられたからである(図1-13)。

図1-14　小国川の段丘の崖に露出している褶曲　2枚の写真はそれぞれ背斜の左(西)の翼，右(東)の翼である．

大塚先生の図には、地質断面図は添えられていない。ただ背斜軸と向斜軸の位置が書いてあるだけである(図1-10)。徳永さんの調査によれば、これらの背斜や向斜の形は軸の両翼が対称でなく、かたむきは背斜の西側の翼が急で、東側の翼がゆるやかである(図1-14)。その特徴が段丘面の形にも見られるのである。それが大塚先生の図とちがう第一点。次にちがうことは、Ⅸ面のことである。大塚先生の図では平らに描かれているが、私の図ではかなりひどく曲がっている。Ⅸ面の曲がりは、地形図に表現されていないので、大塚先生は眺めたままを図にしたにちがいない。本当にその段丘面は、遠くから眺めるかぎり、平らに見えるのである。図1-13では高さが水平距離の一〇倍に誇張されていることを念頭におけば、Ⅸ面がほとんど水平に見えることが納得できるであろう。これが第二の点。

第三の点は、第二点をふくむことではあるが、段丘面の高いものほど曲がりがはげしいということである。大

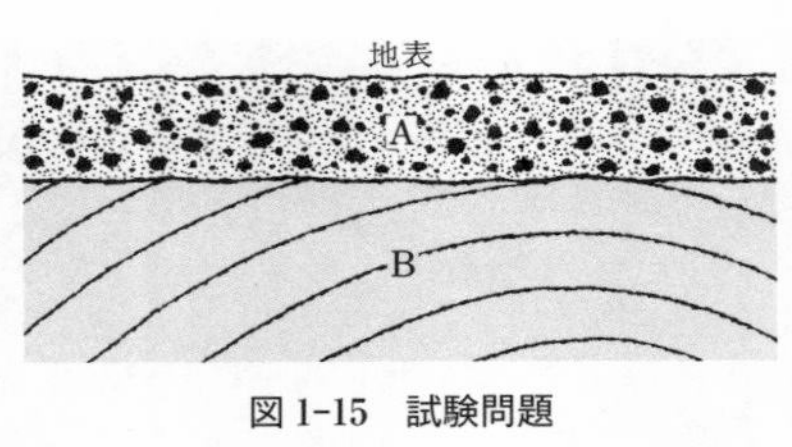

図 1-15　試験問題

塚先生の図でもそう見れば見られないこともないが、私の図ではそのことがはっきりとわかる。高い段丘面は低いものより古いのである。高い面ほど多く曲がっているということは、時間がたつほど褶曲の程度がはげしくなるということになる。褶曲運動が少しずつ長い間に進行していれば、そういう結果になるわけである。

私は、先生の結果を否定しようと思って懸命になって仕事をした。それで、なおさら私はこの結果に強烈な印象をうけた。あることを否定しようというつもりで見れば、かえってそのことが明瞭に見えるものである。特に、上にあげた第三点は、大塚先生の「活動している」という考えより一歩進んだ考えを暗示していた。褶曲運動は、たえまなく進行しており、褶曲というものは、いちどにできあがるものではない、という考えである。このことに考えがおよんだとき、私は研究者としての深い感動を味わった。自然の本当の姿を自分がはじめてのぞき見たという、探検家のそれに似たこの心境は、何ものにも変えられないものであった。

ある入学試験の地学のテストで、図1-15のような絵を示し、褶曲運動がBという地層の堆積した年代とAという段丘堆積物のできた年代との間に起こったと、答えさせる問題が出たことがある。このような地層が崖などで見えている場所を、私たちは露頭といっている。地層が頭を出している所という意味である。いいかえれば、地層は、見える所だけにあるのではなく、大地に広く深くひろがっているのである。図1-14左の写真の露頭には、ちょうど試験問題の図のように段丘の堆積物が地層の上に重なっているのが見える。もちろん、この上の方には段丘の面があり、私の測定によれば、その面はわずかながら褶曲しているのである。したがって、この写真にみられる段丘堆積物も、わずかながら左へかたむいているはずである。そんなことは、いくらこの露頭を観察してもわからない。段丘面の高さをしらべてはじめてわかったことである。そうしてみると、試験問題の答は、BとAとの間に褶曲した、というわけにはいかなくなった。Aができてからあとでも褶曲しているからである。

私の小国川の研究以後二〇年ぐらいの間にしだいに判明してきたのであるが、日本にはそういう場所が多い。外国から輸入した地質学では、褶曲運動の時期はBが堆積した時とAが堆積した時との間と頭から決めてかかっていた。だが、それは日本の大地には通用しないのである。

その後の発展

さて話をもとへもどそう。私はここにお話ししたグラフを中心に結果を学界に発表することにした。一九五二年二月一九日には、地震研究所(じしんけんきゅうじょ)の談話会で報告した。さっそく反応があって、地震研究所では翌年、小国川沿いに、水準点標石を埋める仕事をしてくれた（図1-16）。段丘面が変形しているのだから、現在も動いている可能性が高いわけで、それなら、水準点標石を埋めて、その高さを精密に測っておいて、何年かたって、たとえば一〇年後にもういちど測り直し、地面がどのように動いたか、褶曲運動が今でもつづいているのか見ようということが考えられたからである。水準点標石を埋める時には、私もついていって手つだった。墓石などをつくっている石材屋さんへいってあらかじめ注文しておいた標石をうけとる。それを現地へ運び、ちょうど背斜軸のところとか、向斜軸のところとかに穴を掘って埋め、コンクリートでかためるのである。国土地理院の

図1-16　小国川沿いに埋めた水準点標石　上：穴の中に標石を入れまっすぐに立てる．中：まっすぐにしたままコンクリートをつめる．下：できあがり．まわりを4つの石で保護している．石をささえている人は岡田惇さん．

水準点は、国道沿いにみちのりで一キロメートルとか二キロメートルとかの間隔をおいて標石が埋められているが、今回の場合は変動をみるのが目的なので、背斜軸上や向斜軸上に埋めるようにした。小国川に沿って全部で一七点の標石を埋設した。

コンクリートは、はじめのうちは乾くにつれてしだいに収縮してくる。それにつれて標石自身もわずかに動くらしい。だから埋めてすぐに高さを測ったのでは、ぐあいがわるい。そこで地震研究所では、小国川沿いに標石を埋めてから一年近くそのまま放っておき、一九五四年に同所の岡田惇さんがそれぞれの標石の高さの差を、〇・一ミリメートルの桁まで測った。それから一〇年後にふたたび測量してみたらどうなるか、一〇年といえばずいぶん先の話であるが、それまで待つのもやむをえないと思ったことであった。このことは、あとの章でお話ししよう。

その一〇年のあいだに、活動している褶曲構造の問題は別の地域でも発展をした。日本の各地、とくに羽越地帯のなかで、次々と段丘面の「褶曲」が研究されはじめたのである。なかでも、早くから手をつけたのは、中村一明さんの新潟県小千谷市周辺の、信濃川の河岸段丘に関する研究であった。中村さんは、その問題をやるかどうか決めるために、最初私と二人でそこをおとずれた。それは一九五五年のことであった。数日歩きまわって、やはりそこでも褶曲が活動しているらしいと見当がついたので、中村さんはそこをくわしくしらべることになった。小千谷市周辺は、小国川とちがって地域の面積も広く、段丘が褶曲軸を横切るルートが何ヵ所もあったし、東京に近いという利点もある。そのため、この地域は最近では段丘面の研究が多く、水準点標石はもちろんのこと、地面の水平方向の伸び縮みをしらべるなど、「活動している褶曲」の研究対象として特にとりあげられる場所になっている。

活動している褶曲構造の研究をふりかえってみると、最初の発見なり最初のアイデアなりは、大塚先生にあった。私は単に、大塚先生の第一歩をひきついで、その結果を後輩につたえたにすぎない。しかもその後輩の多くの研究者たちは、そののち輝かしい成果をおさめつつある。科学というものは、先輩のしたことに少しずつつけたしては、それを後輩に渡してゆくという形で、進んでゆくものである。先輩のしたことを正しく評価し、それに各人のできる新しいことを加えるという地味な作業が、つもりつもって科学の進歩になるのである。褶曲運動についても、この章で述べたことだけから、原因を論ずることはできない。地味な作業はまだつづけられなければならないのだ。

この章でお話しした褶曲運動のほか、大地の隆起や沈降などを一括して**地殻変動**と呼んでいる。しかし、地震による振動のように動きが終れば大地がもとの状態にもどるような現象は地殻変動とはいわない。ただし、地震を起こす震源のところでは、岩石が割れるというような変化があったにちがいないから、これは「変動」にふくめてもよい。

また、地殻変動には、地すべりや山くずれのように、大地の表面近くだけで動くものはふくまれていない。つまり、地球の内部におもな原因があって、何キロメートルにもわたる地域の地面が動くことを、地殻変動という。私がこの本の標題につけた「大地の動き」とは、専門用語をつかえばこの地殻変動のことである。

2　地盤沈下の正体

東京下町の地盤沈下。船がトラック（左）より高い所を通る

地盤沈下は地殻変動の一種か

東京の江東地区、大阪市西部、新潟市をはじめ、全国各地の多くの都市では、一部の土地が年々下がっている。海岸の場合には土地が海面より低くなることもある。このような土地の下がりは、そこに住む人びとの生活をおびやかすので、これらの都市では大きな問題となっている。この現象は**地盤沈下**と呼ばれている。

最初にこの現象に着目したのは、一九二三年の関東地震のすぐあとで、東京の江東地区(図2-1)の地盤の高さを測り直した時であり、それを測量した陸地測量部の人たちが、はじめていちじるしい沈下に注目した。それより少し遅れて昭和のはじめ(昭和元年は一九二六年)に、人びとは西大阪での沈下に気がついた。たまたま、一九二五年には北但馬地震、一九二七年には丹後地震、といずれも大きな地震が大阪の北方で起こったので、東京の場合と考え合わせて、沈下現象がいかにも大地震と密接な関係があるように思えた。この沈下は地殻変動の一種にちがいないと考えて、これを論じた学者がいたのも当然であった。それというのも、この本のあとの方にも出てくるように、大地震には大きな地殻変動がつきものだからである。

しかし、よくしらべてみると、東京でも大阪でも、沈下はわずかずつであるが明治のころからずっとつづいており、昭和にはいってからその速度がしだいに増し、地震もないのに沈下はさらに進み、西大阪は一九三四年の室戸台風による高潮で水びたしになった。そして沈下の時間的経過をみていると、東京や大阪のような大都市の発展と関係がありそうに見えてきた。それでは沈下地域はどんなふうに分布しているだろうか。

図 2-1　東京下町の江東地区

沈下の起こるところ

まず第一に、低地の部分に限られている。しかしこれは、たまたま低地だけで気がつきやすいということかもしれない。山地では、たとえ年に三〇センチメートル沈下しても、海水が浸入してくることはないから、気がつくことはまずない。けれども測量の結果ではたしかに低い平野に限っていちじるしかった。

第二に、低地のなかでも、沈下のひどい所とそうでない所とある。たとえば図2-2に見られるように、東京下町の低地（私

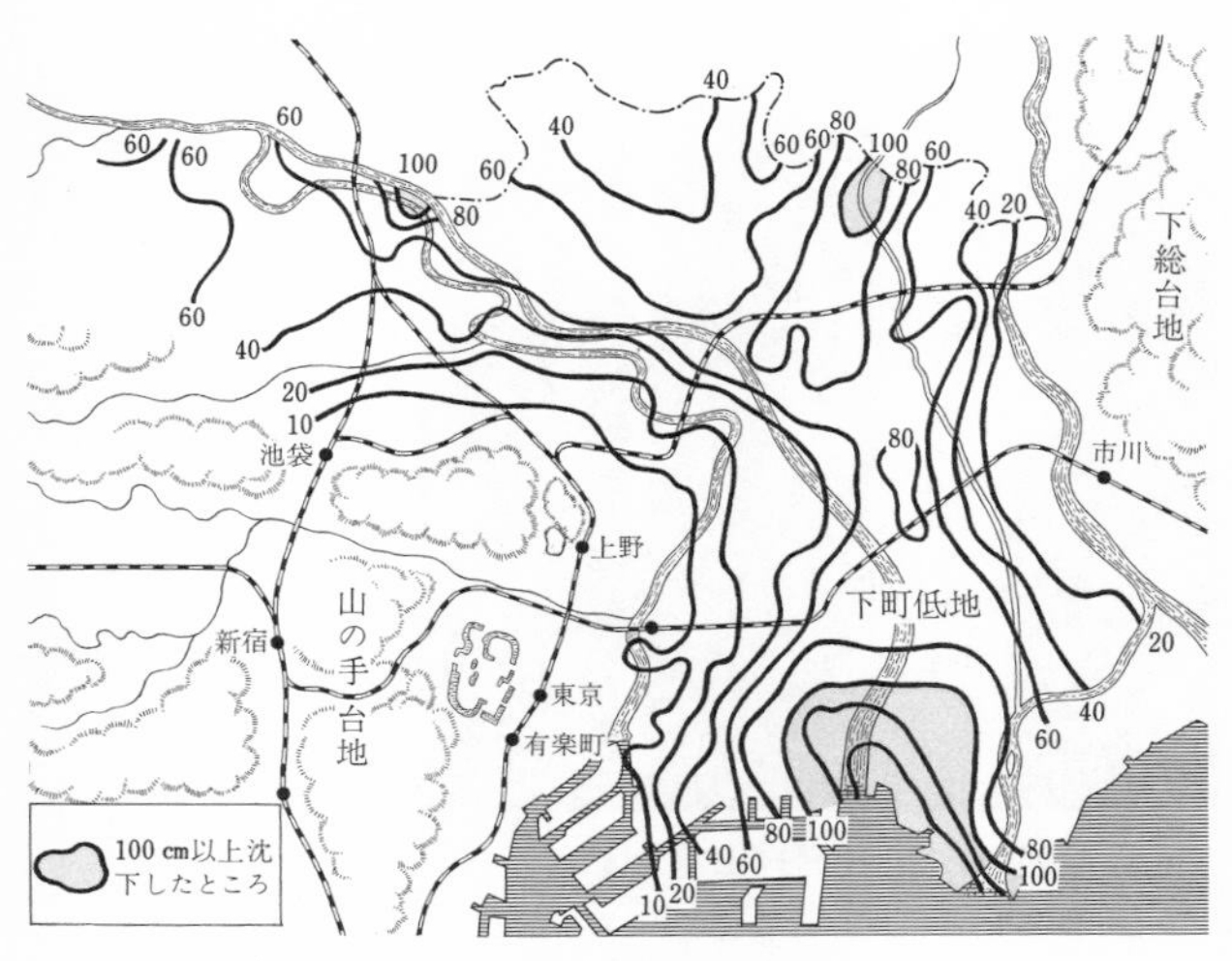

図 2-2　1961-1971 年の沈下量の総計　単位は cm.

たちはそこを**下町低地**と呼んでいる)では、沈下量は海岸に近い南部が最大で、海岸から遠ざかるにしたがいしだいに減っている。とくに両側の台地に近づくと減ってゆく。この特徴は、東京だけではなく、地盤沈下をしているどの低地でも、たいてい見られる。

この図をみて思い当たることは、下町低地の地下構造である。関東地震のあと、復興局が東京と横浜でたくさんのボーリング調査をした。ボーリング調査とは、地面からまっすぐ下へ孔を掘って地質をしらべることである。その結果、下町低地では、やわらかい地層がかたい地層の上に重なっていることがわかった。どちらも砂層と粘土層とからできている。やわらかい地層とかたい地層との境目の深さは図2-3に等深線で示したような分布をしている。この図の右半分に見られるとおり、やわらかい地層の底は、西方の台地をはなれて東方へゆくほど深くなっている。当時のボ

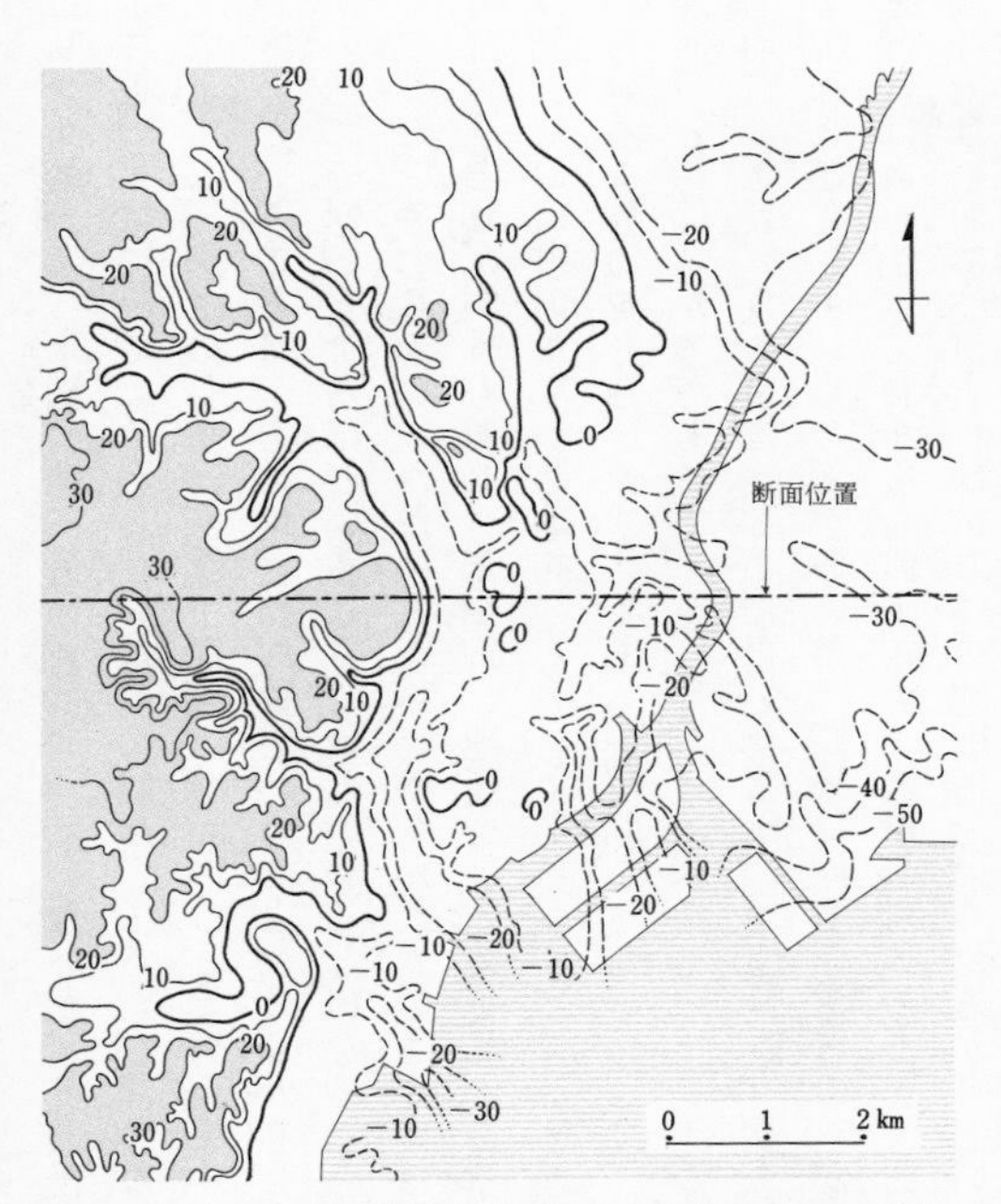

図 2-3　やわらかい地層をはぎとった場合の東京の地形
実線は現在の海面より高い部分の，10 m ごとの等高線で，破線は現海面より低い部分の等深線.

ーリング調査は、下総台地に近い方はやっていないが、その後の調査によると、下総台地に近づくにつれて、やわらかい地層の底が、ふたたび浅くなってゆくことがわかった。このような、深さの分布は、沈下速度の分布(図2-2)に似ている。やわらかい地層の底が深いということは、その地層が厚いということになるから、地盤沈下は、そのやわらかい地層の厚いところほどいちじるしいということになる。

ここで、やわらかい・かたいと書いたが、かたさのちがいは平均のことであって、部分部分をとれば例外もある。だから、地層をひとめ見て、あるいはかたさをしらべただけで、ここに書いた二つの地層のどちらであるかすぐに決めることはできない。じつは、いろいろな性質をしらべたすえ、ある境界面をさかいにして、二つの地層の間に不連続があると結論したのである。

地質調査という仕事は、ここに書いたようなボーリング調査とかぎらず、地表で崖や切割りなどをしらべることが多いが、探検に似ているところがある。探検とは、どの道を行けばよいかさえわからない未知の土地をしらべることである。それと同じで、地質調査では、何に注目すれば、二つの地層に分けられるか、というようなことがあらかじめわかっていないのである。いろいろとしらべてゆくうちに、不連続はここだ、ということがわかってくる。そういうことがわかった時はとても嬉しいものである。

そういうわけで、二つの地層の区別の目安は簡単でないことが多い。たとえば人間を区別する場合でも、背の高さだけでは誰だと判定しきれないであろう。しかし、顔の特徴やからだつきなどをいちいち述べたてて、誰であるかを表現することはしないで、名前を呼んですませている。これと同様に、地層もいったん不連続を境にして分けられることがわかったら、「やわらかくて、砂層や粘土層がたがいちがいに重なり、内湾性の海に棲む貝の化石を産する地層」などと長々と書かずに、ひとくちに**有楽町層**というような固有名詞で呼ぶことにしている。

図 2-4　有楽町層とその貝化石　地下 5 m の地下鉄工事現場．貝化石の列が白く横にならぶ．

「有楽町層」はそのような意味で、今まで述べた「やわらかい地層」に対してつけられた名前である(図2-4)。有楽町層としたのは、この地層が、最初は有楽町のビルの工事現場で研究されたからであって、その地層は有楽町にしかないと思ったらまちがいである。一般に、地層の名前は、その地層がよく見られる土地の名前を借りることになっている。

地盤沈下の話が少し脱線してしまったが、東

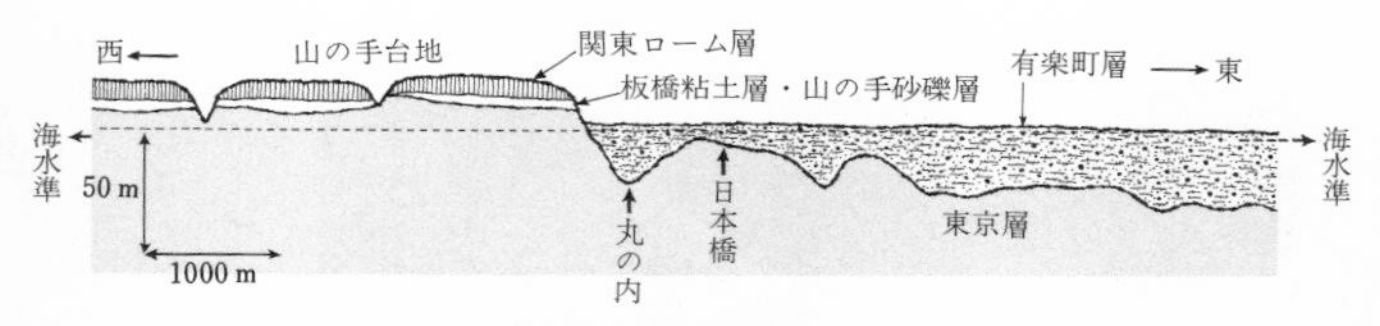

図 2-5　東京の地質断面図　断面の位置は図 2-3 に示してある.

図 2-6　東京日比谷でのビルの抜けあがり　ビルはかたい地盤の上に建てられているが，まわりの地面は沈下している.

京では、沈下のいちじるしい場所は、有楽町層の厚いところであるということを、言いたかったのである。

図2-3をもう少しよく見てみよう。わかりやすくするために、東西方向の断面図を作ってみた(図2-5)。この断面図ですぐわかるように、丸の内では有楽町層が厚く、日本橋ではそれが薄い。実際、日本橋では沈下がほとんど起こらず、丸の内からその南の日比谷にかけて沈下がややいちじるしい。昭和のはじめごろ、丸

の内・日比谷付近のビルが、地面からもち上がって少しずつ抜け出してくるという現象が起こったので（図2-6）、江東地区の沈下とは別に、建築学の北沢五郎さんがそれをしらべていた。ビルを建てるときには、まず鉄のくいを地下深く打ちこんで、その上に建てる。丸の内・日比谷付近では、鉄のくいは有楽町層をつらぬいて、その下のかたい地層に達している。もしこのかたい地層が沈下しないなら、鉄のくいも沈下しないし、したがってビルも沈下しない。そのかわり、ビルのまわりの地盤が沈下すると、見かけ上ビルがもち上がるように見えるはずである。実際に、北沢さんの結論はそういうことであった。まわりの地盤が沈下するため、ビルが地面から抜け出してくる現象を、抜けあがりと呼んでいる。

地盤沈下が有楽町層の厚い所ではげしいことと、丸の内・日比谷でみられるビルの抜けあがりとの二つのことを合わせて考えてみると、地盤沈下とは、大地の沈降運動ではなくて、有楽町層が上下に縮むことではないかということになったのである。

沈下のメカニズム

そこで、西大阪の沈下を研究していた和達清夫さんのグループは、地盤沈下測定機というものを作った。大阪で有楽町層にあたるものは梅田層や難波層という地層である。これをつらぬく井戸を掘り、その底に一本の鉄管を立てて井戸の中を通し、それが地表

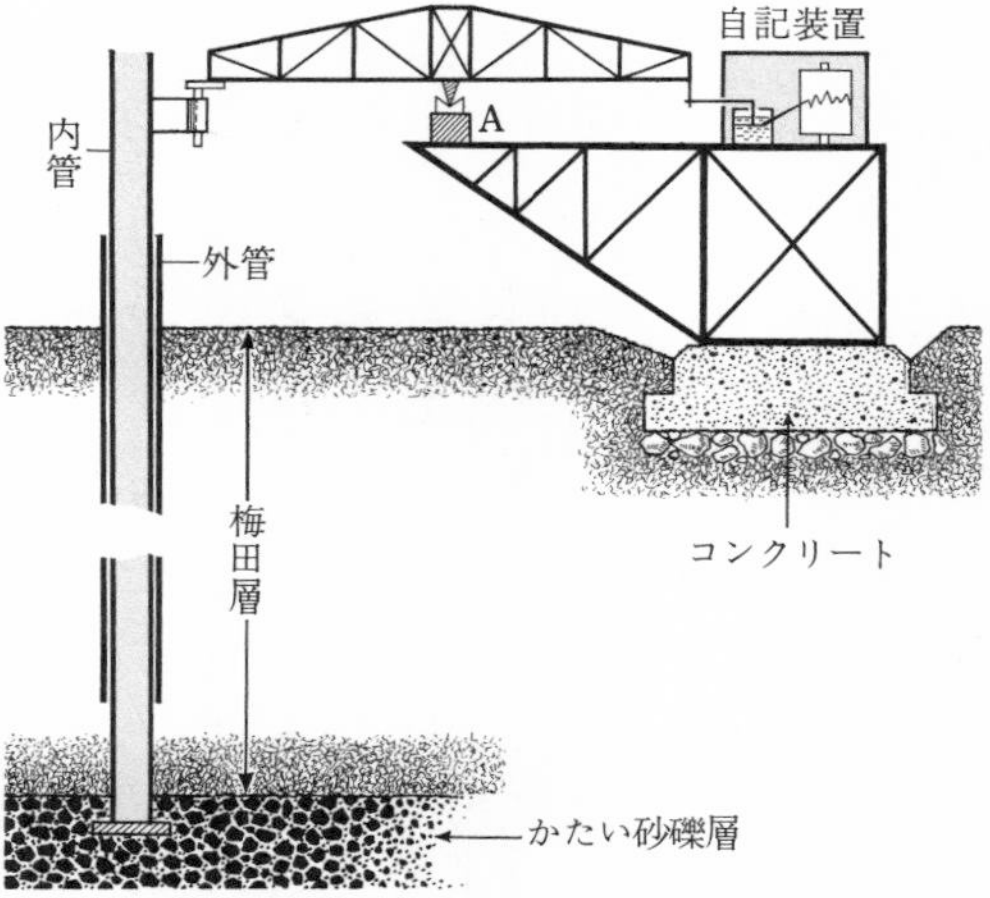

図 2-7　地盤沈下測定機　自記装置は地盤沈下とともに下がるが，内管は下がらない．支点Aに対する内管の見かけの上昇を記録すると，地盤の沈下が記録されることになる．

に顔を出した所で、鉄管の動きを測定するのである(図2-7)。和達さんは後年、その時のもようをこう書いている。「はたして、鉄管が浮き上がったであろうか。これは器械をすえた我々自身が、予期したとはいいながらおどろいたほど、いちじるしく浮き上がるのである」。

一九三八年末から始めた大阪での地下水位の観測が、決定的な結論をもたらした。地盤沈下は地殻変動の一種ではないのである。図2-8は、右に述べた地盤沈下測定機による沈下速度と、地下水位との時間的な変遷をならべて描いたものである。この図をみればわかるように、井戸水をたくさん使って地下水位が下がると、地盤沈下もはげしくなる。おもしろいのは暮と正月の休みで、工場が水を使わないから、

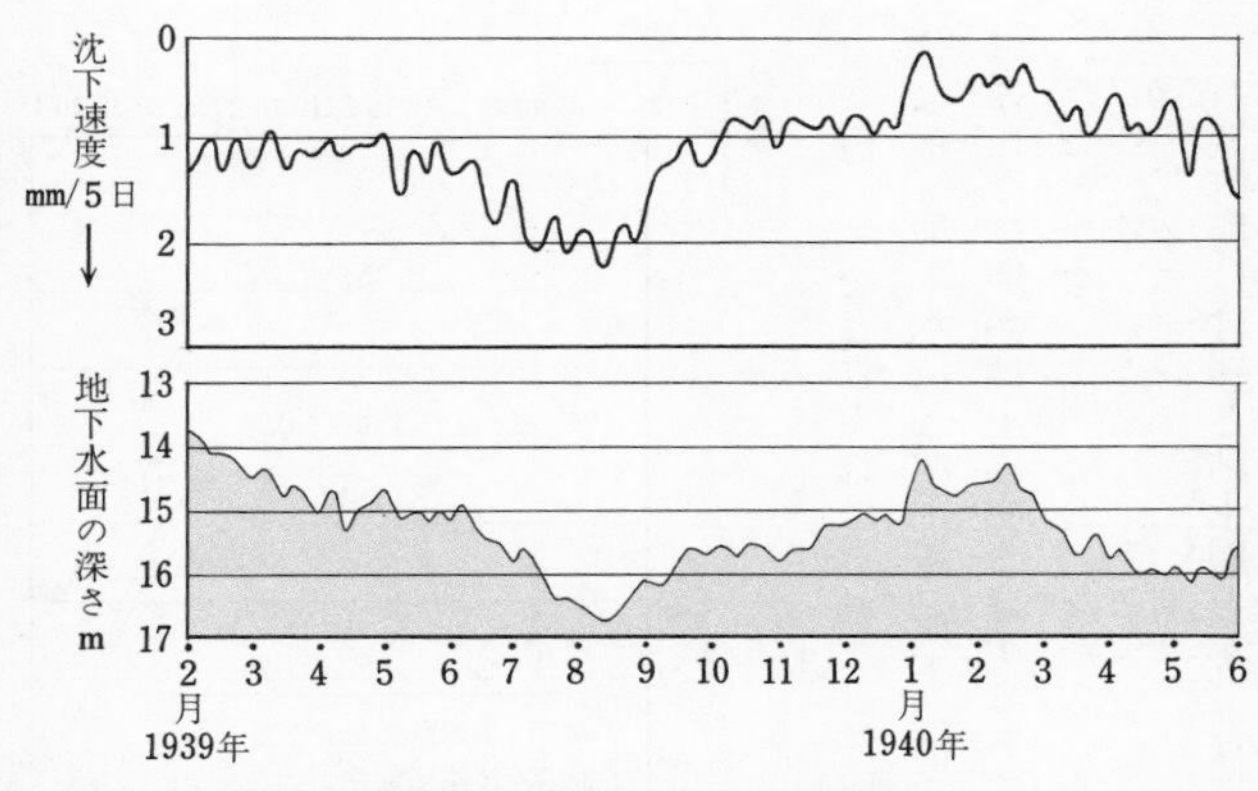

図 2-8　大阪における地盤地下速度と地下水面の位置　この二つの変化はよく似た形の曲線になっている．

地下水位が上がり沈下もほとんど止まった。またそれにつづく二月の水位上昇は、電力不足で工場の休みが多かったせいである。つづいて一九四〇年には、東京でも、丸の内付近に関して、この図と同じような平行関係がわかった。

戦争中、一九四五年に、空襲のため東京や大阪の工場が全部焼けて仕事ができなくなり、井戸水をくみ上げることがいっさいなくなったら、地盤沈下は止まったのである。これで、二つの間の関係は、いっそう確かなものとなった。だから、戦後に工場が復興するにつれて、ふたたび地盤沈下がしだいにはげしくなったのも当然である。特に、一九六〇年以降のいわゆる「日本経済の高度成長」の時代には、さらにいちじるしく沈下は進行した。生産に必要な水を

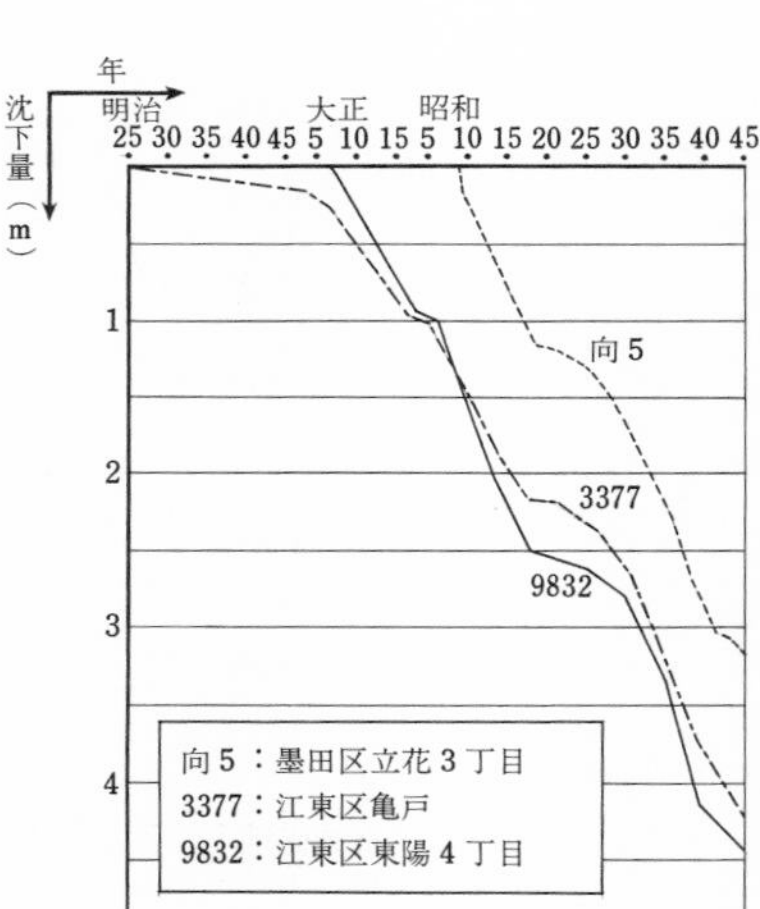

図 2-9　1970 年まで過去 78 年間における東京の地盤沈下量　3 ヵ所の水準点の測定結果を示す．“向 5”などは水準点番号．

たくさん地下からくみ上げるからである。一九六五年以後には、工業用水法などによる地下水くみ上げの規制が効果をあらわして、進行がややゆるくなった所もある。しかし、地下水のくみ上げを全面的にやめないかぎり、沈下の進行は止まらない。それでは、地下水をくみ上げるとなぜ沈下が進行するのだろうか。

地層の中には水がふくまれているから、水をとり去ればそれだけ体積が減るのだと思う人もいるであろう。しかし、それなら、地下水位と沈下量(沈下速度でなく)そのものとが平行に変化し、水位が上がればふたたび地盤は上昇するはずである。地盤沈下の現象には、上昇してもとにもどるということがない(図2-9)。だから、水のなくなった分だけ地層が収縮するというのはまちがいなのである。

有楽町層は砂層と粘土層とが交互に重なり合っていて、水はそのどちらの層にもふくまれている。しかし、砂の中の水は流れやすくて、粘土の中は流れにくいというちがいがある。井戸を掘れば、おもに砂層の中の水が井戸にしみ出してくる。砂の中の水は、砂粒と砂粒とのすき間にはいっているから、それが流れ出しても、あとのすき間には空気がはいるだけで、砂層そのものは、ほとんど縮まない。スポンジに水をふくませても、水をしぼり出したあとでも、スポンジの体積が変わらないのと似ている。多少は縮んでも、ふたたび水がはいってくればもとのようになる。しかし、粘土層の中の水はそうではない。粘土細工に使う粘土で経験した人もいるだろうが、粘土は乾くと縮まり、水をかけても容易にはもとのしめった状態にはなりにくい。それと同じで、砂粒とちがって粘土の粒は乾くと、すき間がせまくなり、たがいにくっつき合ってはなれなくなるのである。

有楽町層中の砂層の水がなくなって乾くと、粘土層の水がしぼり出される。そしてこれはもとへもどらない変化である。地下水位が上がれば砂層にふたたび水がはいりこんでくる。しかしこの水はもう粘土層の中へはしみこんでゆかない。粘土層は縮んだままである。収縮の原因は、地層が乾くことにある。収縮速度は乾いた部分のひろがりに比例し(図2-10)、したがって地下水位の深さに比例するわけである。地下水位が深ければ速く収縮し、浅ければ遅いがやはり収縮する。水位の上がり下がりで、地盤が上がり下がりするのではなく、下がる速さが変わるだけである。

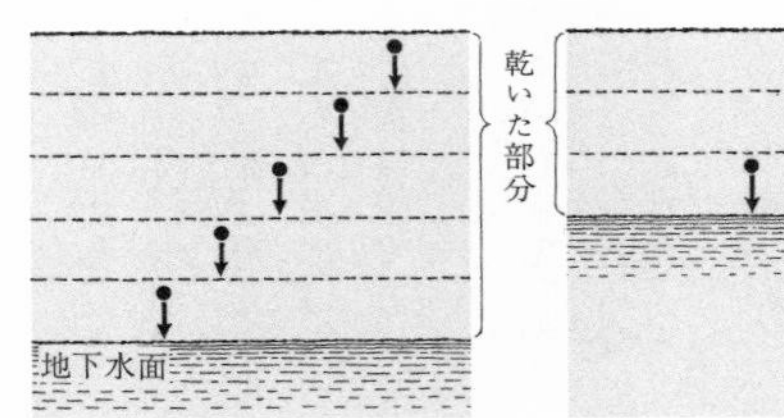

図 2-10　地下水面の深さと沈下速度とは比例する　乾いた粘土の体積が5：3であれば，ある時間内に粘土からぬける水の量も5：3になる．したがって，沈下速度も5：3になる．地下水面が上がったからといって沈下の速度が減るだけで，地表が上昇するわけではない．ただし，この図はひとつのモデルであって，実際にはもっと複雑である．

図2-8に地盤沈下測定機で測った沈下速度が、波をうって変化しているグラフを示した。これはいうまでもなく地面の高さが波をうって変化していることをあらわしたものではない。地面は決して上昇することはなく、常に沈下しつづける。そのありさまは、図2-9にあらわされている。図2-8には図2-9のグラフの曲線の傾斜の変化するありさまが描かれているのである。これら二つの曲線のちがいを混同すると、沈下のメカニズムも正しくは理解しにくいであろう。

まとめ

地盤沈下は地下水のくみ上げが原因で、砂層中の水が一時的に減ると、その上下にある粘土層中の水が永久的に脱け出し、粘土層が収縮するから起こる現象なのである。東京の江東地区には、一九一八年から一九五八年までの四〇年間に、三メートルも沈んだ所がある。その場所の有楽町層の厚さは三〇一四〇メートルあるから、四〇年間に一〇パーセント近くも収縮したことになる。

図2-5をもういちど見てください。地層は古いものから順に、上へ上へと重なるものであるから、この断面図を見ると、東京層→板橋粘土層・山の手砂礫層→関東ローム層→有楽町層の順に堆積したことがわかる。最後の関東ローム層→有楽町層の前後関係は、この図を見ただけではなぜであるかわからない。関東ローム層は東京では富士山の火山灰が風化したものである(図2-11)。ほかの地層とちがって水の底に積もってできたのではなく、空から降ってたまったものなので、もしこれが一番あとに堆積したとすると、有楽町層の上、つまり下町低地にも積もっていなければならない。しかし実際には、下町には関東ローム層(赤土)は見られないから、有楽町層の方があとでできたと考えてよい。それでは、有楽町層

図2-11 関東ローム層の露頭

の下に関東ローム層が重なっていてもよさそうなものであるが、調査結果ではそうなっていない。その理由は次の章で説明しよう。

ところで、ここに出てきた地層は、どれも地層としては新しいもので、なかでも有楽町層は最も新しい。じつは、日本中の地層のなかで一番新しいといってよい。堆積してから二万年とはたっていない。ちなみに、日本で最も古い岩石は少なくとも一五億年前にできたものである。それに比べれば、一〇万分の一も新しいのである。長い目で見れば、有楽町層はできたてのほやほやといってよい。有楽町層で、はげしい沈下(収縮)がみられるのは、結局はそれが堆積したてのほやほやで、まだしっかりした地層になっていないからなのである。地盤沈下の大部分が有楽町層のつくる下町低地のような低地に起こるのはそのためである。

地殻変動のなかには、土地の隆起や沈降がある。見かけだけならば、地殻変動の沈降と地盤沈下とは同じである。しかし、以上にお話ししたように、地盤沈下は地殻変動の一種ではない。私たちはこの二つの現象を区別して呼ぶ時に、地殻変動の方は沈降と呼び、地盤沈下の方は沈下と呼ぶ習慣にしている。

私は自分で地盤沈下の研究をしたことはないが、私が学生のころは地殻変動の一種かもしれないといわれていたので、地殻変動の研究をするためには地盤沈下について知る必要があった。ここに書いたようなことがわかったのは、自分で研究を進めるようになる前であった。だから、これから手がけようと思っていた地殻変動のなかから、やらなくてもいいものを一つとり除いてしまうことができたわけである。ちょうど、解こうと思っている糸のからまりに、もう一本別の糸がからまってわからなくなった状態から、その一本を抜いてしまったようなものである。科学の研究には、そういうことがよくある。いくら重要な問題であっても、いきなりむずかしい問題に当たってそれを解こうとするとどうにもならず、いたずらに歳月を空費することがある。そういう時は、わかりやすい現象から順にしらべて攻めてゆく必要があるのだ。地盤沈下の研究の成功は、地盤沈下そのものの性質を明らかにしたことはもちろんであるが、私のような立場からみれば、地殻変動という難攻不落のお城の一角がくずれた、という意味ももっている。

3 海進と海退

三浦半島油壺付近のおぼれ谷

埋もれた谷

図3-1のまんなかの「丸の内谷」と「日本橋台地」という二つの名前は、地名ではなくて、下町低地の下に埋もれた古い地形に対してつけられたものである。仮に有楽町層を全部はぎとったとすると、そういう地形があらわれるはずである。この地形は、有楽町層が堆積する前の地形にほかならない。

前の章で、丸の内・日比谷の地盤沈下が、日本橋にくらべていちじるしいのはそこでの有楽町層が厚いからであるということを述べた。有楽町層の厚いのはもと谷だったからで、したがって、丸の内・日比谷の沈下の原因をさかのぼると、そこは有楽町層堆積前に川が流れていたという事実にぶつかるわけである。この谷を丸の内谷と呼んでいる。日本橋の方は、単なる高まりではなく、平らな形をしているから、日本橋台地と呼んでよい。丸の内谷のように、埋まっている谷の地形がじつに明瞭に見いだせたことは、おどろくべきことであった。日本橋台地の東にも谷があり、そこは現在の昭和通りに沿う地域にあたるのであるが、図2-3の等深線を読むとわかるように、そのありさまは、現在陸上でみられる谷とそっくりな地形に見える。このような昔の川の流れのもようは有楽町層におおわれてしまって、現在の平野の上にはそれと関係のない川筋ができている。ただし関係がないといっても、それは下町低地の地域だけで、これらの谷を上流へたどると、現在山の手台地を刻んでいる谷にそのままつづくのである。昭和通りの谷は、上野と本郷の二つの台地の間にある不忍の池の谷へつづく。丸の内谷は、九段の台地と本郷の台地との間の神田川の谷へつづく。だから、もともとは丸の内谷も、古い神田川が浸食して作った谷にちがいない、ということになる。このような浸食の作用を考えると、有楽町層の下に関東ローム層が広く分布していないことが説明できる。

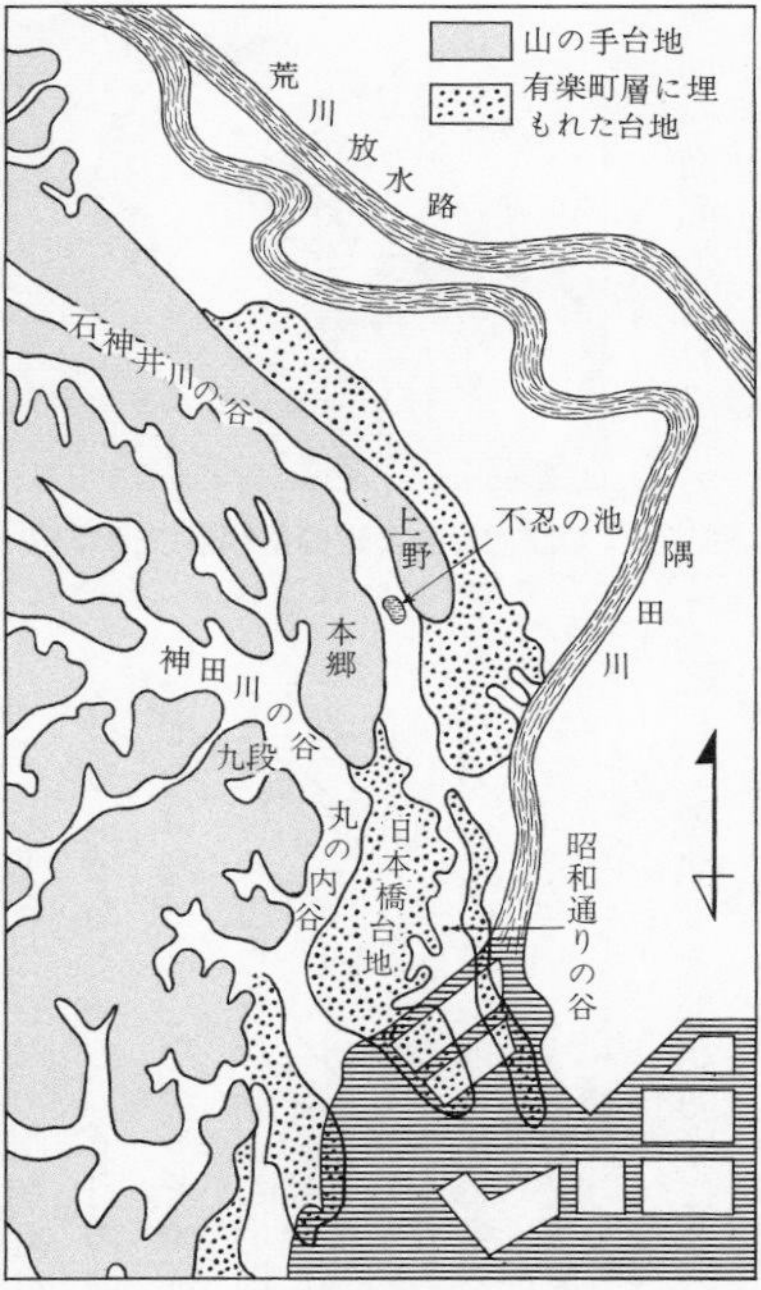

図 3-1　東京の埋もれた谷

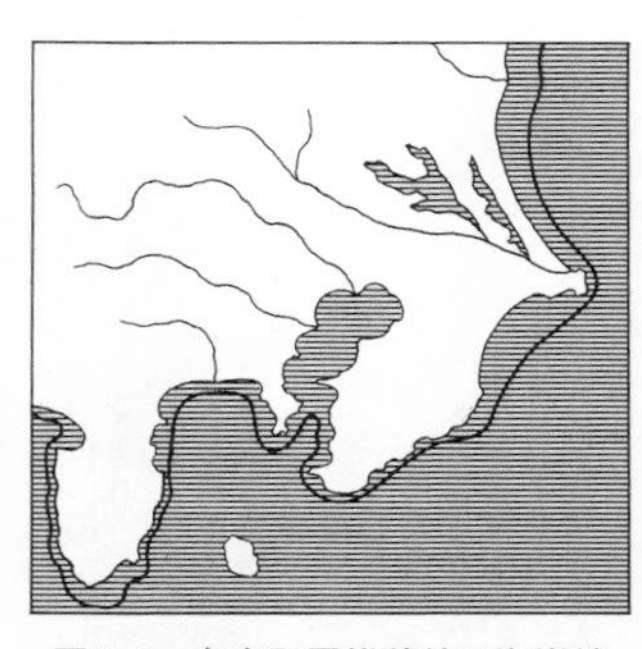

図3-2　有楽町層堆積前の海岸線
深さ約100m以浅はどこも陸であった.

このような谷は、川が流れることによってできるものであるから、下町の地域は、有楽町層堆積の時は海であったが、その前には陸であったと考えなければならない。この地域全体が現在の高さから五〇メートル以上隆起すればそういう状態になる(図3-2)。昔はそういう状態だったにちがいない。その後土地が沈降するとともに、これらの谷に海がはいってきて、その底に有楽町層がたまったのが、現在の姿というわけである。このように、陸地が海面に対して相対的に沈降し、陸地の一部が海底になることを、**海進**という。海進とは海岸線が陸地の内部に向かって進んで来るという意味である。

有楽町海進

この海進は、東京の下町にだけ行なわれた現象なのであろうか?

前の章に出てきたように、大阪には有楽町層に相当する梅田層や難波層がある。そして、これらと似た地層(**沖積層**と呼ばれる)とその表面の平野は、全国いたるところ、川が海にそそぐ場所には、必ずといってよいように存在する(図3-3)。もちろん、その規模は大小さまざまで、それに応じて沖積層の底の深さも一〇メートル以下の場合から一〇〇メートル近くにおよぶ場合まである。しかし、どの場合も、底の形は昔そこが陸上の谷であったことを示している。しかも、沖積層にふくまれる貝化石の種類などは、谷の中へ海の進入が行なわれたことを示している。

こうした日本各地の実例については、大塚先生がくわしく検討してそれを論文や本に書いている。私はそれらを読んで、本当に「日本全体に」海進があったのだな、ということがよくわかった。この海進は、のちに判明したことであるが、今から一万年ほど前に起こった。化石の種類などから、海の底に堆積してできた地層であるとわかるものを、**海成層**という。海成層があったり、陸上で浸食されて谷などができたりしたことが、地質調査の結果わかってくると、何億年という長い地質時代の間には、大小さまざまの海進が何回も行なわれたことが推定される。そのため、ここで問題にしてきた海進を、それ以前のたくさんの海進と区別するために、特に**有楽町海進**と呼んでいる。い

図 3-3　沖積層の表面の平野　規模の小さな例.

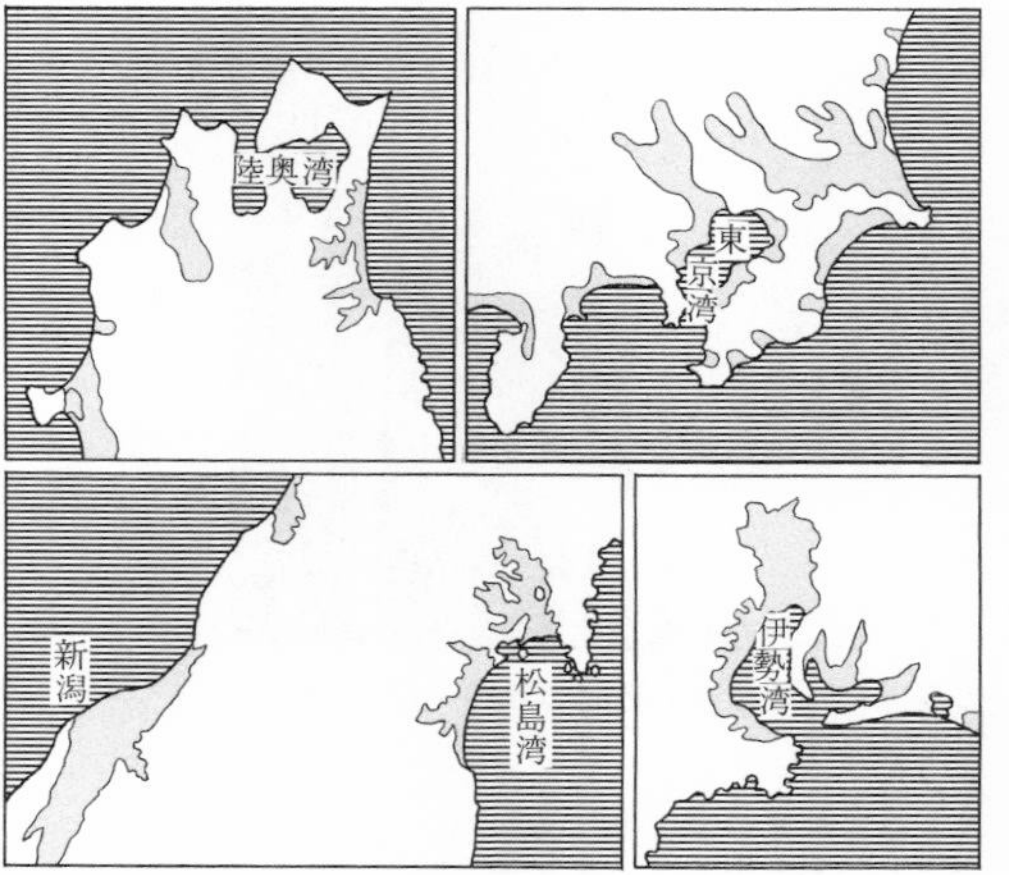

図 3-4　有楽町海進のおわったころの海岸

うまでもなく、この海進が有楽町層の生成に関係があるからである。

有楽町海進に関連して、一九三三年に大塚先生が画期的な論文を発表した。それは、『日本の海岸線の発達に関する或る考え』という題である。その論文の結論の一つは、この海進が最も進んだ時の日本の海岸線は、どこでも図3-4のように、出入りの多いリアス式海岸であったにちがいないことである。結論のもう一つは、やわらかい岩でできている海岸は、浸食のためその後平滑な曲線になり、また大きな川のそそぐ海岸でも、堆積のため海岸線が平滑になるが、かたい岩から成る海岸は、そのようなことがなく、依然としてリアス式海岸のままでいるということであった。関東地方では、東京湾や九十九里浜・鹿島浦は平滑になった例であり(図3-5)、三浦半島南部はこまかい湾がいまだにリアス式海岸のままである例である。日本のリアス式海岸として有名な陸中海岸・若狭湾岸・豊後水道の両岸などは、いずれもかたい岩石から成り大きな川もないから、埋めたてる砂や泥の供給が少ないのである(図3-6)。

大塚先生の結論をまとめると、有楽町海進であらわされる陸地の相対的沈降の大きさは、日本中どこでもほぼ同じであるが、その後の浸食や堆積による変化の程度が場所ごとにちがっているために、海岸線の出入りの多い少ないがきまってくる、ということに

図3-5　九十九里浜　平滑な海岸線の代表例.

図3-6　おぼれ谷の例(瀬戸内海沿岸)

なる。私がこれを「画期的」な結論だというのは、そのころの学界の考えかたの大勢は、リアス式海岸は土地が沈降したためにできる地形で、なめらかな曲線の海岸は土地が隆起したためにできるという、手軽で簡単な教えに支配されていたからである。この教えの沈降の部分は有楽町海進にあたるわけで正しいと考えられるが、隆起の部分は正しくは説明されていない。大塚先生のその結論は、画期的であるばかりでなく、海岸線の自然の姿にそくした説明になっているから、私は先生を記念して「海岸線の発達に関する大塚の法則」と呼ぶことにしている。

図3-4のような海陸の分布をしていた時代は、じつは今から五〇〇〇年ほど前の縄文時代前期にあたる。そのころの人間が食用にしていた貝の殻は、積み上げられて貝塚として残っているが、その分布は、図3-7のように当時の海岸線に沿っている。これらの貝塚のあるものは、関東平野の内陸奥深く今の海岸線から五〇キロメートルあまりもはいったところに存在することになる。昔の人が海でとって食べた残りの貝殻をわざわざ遠くにまで捨てにいったとは思えないから、貝塚の分布はそのまま当時の海岸線の分布に近いと考えてさしつかえない。その後、地域全体が、海面に対して相対的に二、三メートル前後隆起し、そのうえ、河川の運ぶ土砂による埋立ても進んで、海岸線はしだいに後退し、現在の海陸の分布となったものである。それで、有楽町層の最上部は、河川によって運ばれてきた砂や泥の地層となっていて、その部分は薄いけれども、**陸成**

層と呼ぶことができる。その下に、有楽町層の大部分を占める海成層が重なるわけだが、その海成層の上面は、現在の海面よりは高いところにあり、たしかに相対的な隆起のあったことが推定される。このように、土地の相対的隆起により海岸線が退く現象を、海進に対して**海退**という。

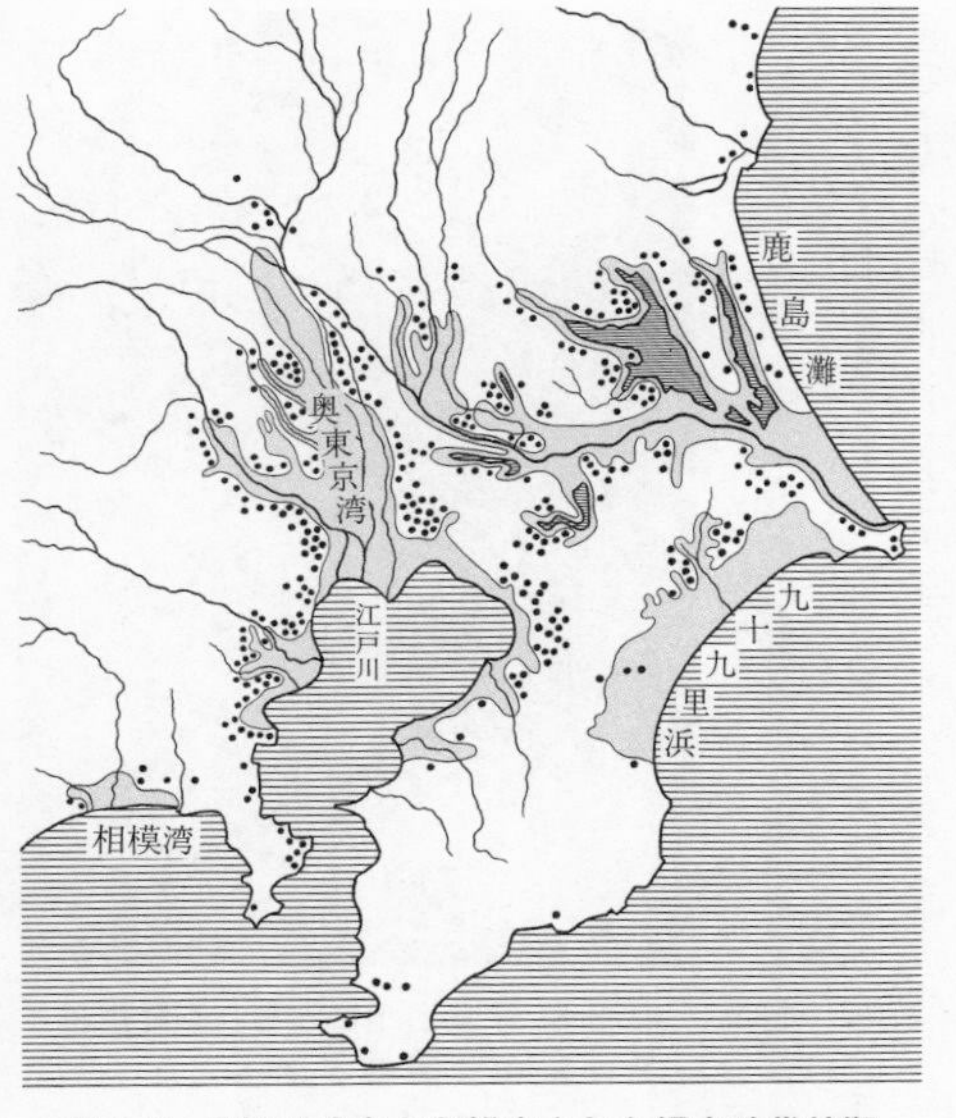

図 3-7　貝塚の分布から推定された縄文時代前期の海岸線　黒丸は縄文時代全期間の貝塚.

縄文時代前期以後の海退は高さにしてわずか一〇メートル以下のもので、海退のなかでも小海退と呼ぶべきものであるが、じつは、有楽町海進の前には、かなり大きな海退があったことがわかっている。というのは、図2-5の東京の断面図で、海成層である東京層が、現在の海面より高いところまで分布しているよう

に描かれていたことを、思いだしていただきたいのである。東京層が堆積しおわってから、下町地域まですっかり陸地になるまでに、一〇〇メートル前後の海退(土地の相対的隆起)のあったことが推定できるであろう。

この東京層についても大塚先生は日本全国にわたってしらべあげた。その結果を、今のことばで表現すれば、横浜の下末吉という所にある地層に由来して名づけた**下末吉海進**というものが、日本中で起こったということであった。東京層や成田層(図3-8)は下末吉海進の産物である。下末吉海進の次に、上に書いた大海退(海退には一般に名前がない)があり、その次に有楽町海進、縄文以後の小海退とつづくのである(図3-9)。大塚先生の考えの根拠を読んでいるうちに、私は、これらの経過が日本全国いっせいに起こったことは本当だろうと思うようになった。大塚先生は、これは広い地域にわたり地殻が隆起したり沈降したりするためではないかと考えていた。もしその考えが当たっていれば、

図3-8　下総台地にみられる貝化石をふくんだ成田層

地殻変動としてはたいへんに規模の大きいもので、地殻変動研究の上で第一級の重要性をもつものと考えられた。私が研究者として最初に考えた課題は、この問題であった。私は、何を研究するにも、第一級の重要性をもつことから手をつける方がよいと思っていたのである。

広い地域にわたる地殻の昇降(しょうこう)ということになると、いったいどんな範囲(はんい)の地域が、い

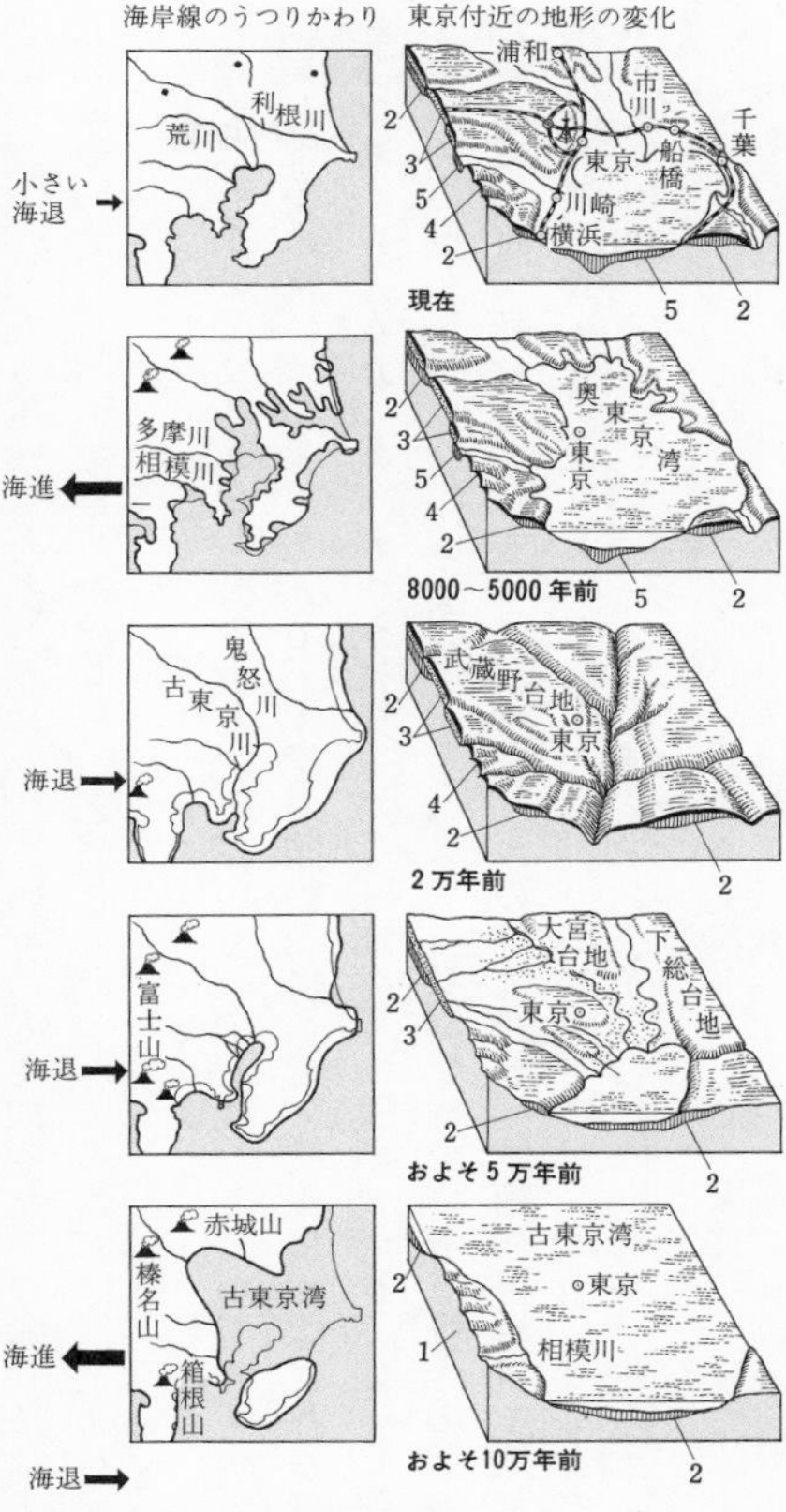

海岸線のうつりかわり　東京付近の地形の変化

図 3-9　東京付近の海進と海退　1：およそ 20 万年前より古い年代にできた地層，2：下末吉層，3：礫層，4：関東ローム層，5：有楽町層．火山は活動中のものだけを記入．

っせいに上がったり下がったりしたのか、ということを知りたくなる。私はまず、中国大陸についてしらべてみた。やはり日本と同じであった。それでは、アメリカではどうか。

今では外国の論文や本は、読もうと思えばいくらでも読むことができるが、その当時はまだ戦争の終わったすぐあとで、大学の図書館にさえ、戦後に出版された外国の本や雑誌はまったくなかった。わずかに東京には、進駐軍(しんちゅうぐん)所属のアメリカＣＩＥの図書館があり、そこが外国の(といってもほとんどアメリカの)学界をのぞく唯一(ゆいいつ)の窓のような役割をしていた。私はそこへ通(かよ)って、アメリカの学術雑誌や学術図書に目を通していた。そのうちに、Ｒ・Ｆ・フリントという人の書いた本の中に、右に述べた問題についての決定的なヒントが書かれているのにぶつかった。

4　海水面の変動

サンゴ化石のあらわれている沼層の露頭

二つの仮説

海進・海退の原因としては、海水の量の増減によって海水面の高さが変動することと、地殻変動によって陸地が上がったり下がったりすることとの、二つが考えられる。場所により時により、このどちらかが主になるわけだが、一般的にいえば、この二つの要因が組み合わさって、海進や海退が起こるということになる。それでは、日本全体でいっせいに起こった有楽町海進や下末吉海進の場合はどうであろうか?

大塚先生は、研究の初期のころには、これらの海進の原因が二つの要因の組合せであろうと主張していた。一九三一年の論文には、そう書いている。ところがその後、日本という所は地殻変動のはげしい所であるから、海水量の増減などの影響はほとんどない、というそのころの日本の多くの学者と同じ考えを抱くようになった。事実、日本の学界の大勢は、そういう考えにほぼ落ち着いていたといってよい。私が学生だったころには、大塚先生は、有楽町海進も下末吉海進も、日本全体の土地が上がり下がりするためであろう、と論じていたのである。

しかし、私は、こんな広い土地をいっぺんに上げたり下げたりするよりは、海水の量を変化させた方が、よほど説明が楽ではないかと考えた。といっても、その考えに根拠があったわけではなく、ただそういう感じがしただけであった。だから、私ははじめのうちはそれを自分の考えとして採用するわけにはいかなかった。

そのようなわけで、私の頭の中には、二つの対立する考えかたが、どちらが正しいかわからずに共存していた。この場合、私にとっては、どちらの考えかたも**仮説**だったのである。科学的な研究では、事実を観察したり観測したりしたのち、その結果をまとめるというやりかたが、ごくふつうに行なわれているが、これは自然に対して研究者の側は、つまるところ受け身の態度なのだと思う。そのやりかたの方がやりやすい場合もたくさんあるから、それでも充分科学の研究はできる。しかし、もう一つのやりかたも忘れてはならない。それは、仮説を立てて、これが事実と合っているかどうかためしてみるのである。ためすといっても、実験をすることもあるし、あらためて自分でえらんだ事柄を観察したり観測したりすることもある。そうしてその結果、事実と合っていればその仮説は**実証**された、という。合っていなければもちろん仮説は捨てられるのである。このやりかたでは、研究者は自然に対して積極的に働きかける態度をとっているわけで、前の受け身の態度とは、根底がちがうのである。

海進・海退が、海水面の高さの変動によるのか、地殻変動によるのか、この二つの仮説のどちらが正しいか、私は事実をよくしらべてみようと考えた。

南海のサンゴ礁

私が海水面の変動という仮説を頭に浮かべていたのには、理由があった。旧制高校の課外活動で、地学の望月先生が毎週一回、部員の一人ずつに英文の本の一部を読ませて皆の前で紹介させていたことがあった。私には、A・K・ローベックという人が一九三九年に書いた地形学の教科書の中の、サンゴ礁に関する一六ページ分が当たった。この本は、偶数ページがほとんど図で占められていて、その反対側の奇数ページだけが本文という、なかなか楽しい教科書であった。私はそれまで、サンゴ礁のことは何も知らなかったから、その内容が大変おもしろかった。

ここに登場するサンゴは、指輪などになる美しいサンゴとはちがい、造礁性のサンゴ類のことである。造礁サンゴは、水温の高い海に棲む動物であるが、単独では生きてゆけず、たいてい藻類といっしょに棲む。それは、サンゴが藻類の排出する酸素や栄養分を摂取し、同時に藻類が、サンゴの排出する二酸化炭素や塩類・アンモニアなどを利用しなければならないからである。サンゴは石灰分を分泌して、自分の骨格をつくる。それらの骨格は、藻類などとともにコロニー(群体)をつくり、はげしい波浪にも破壊されないように、サンゴ礁の外側を藻類がしっかりとつなげている。こうして積み重ねられた巨大な建築物が礁というものになる。人工の島という言葉はあるが、サンゴ礁は、サンゴという動物と藻類という植物とが協同して作りあげた生物起源の島なのである(図

4-1)。

藻類は植物であるから生きてゆくために充分な日光を必要としている。したがって、陸から川が流れこむような濁った海岸には生育しない。そのため、サンゴ礁は外洋の小さな島の周囲などによく発達する。また、深い海の底には日光が充分に通らないから、そこでも藻類は生育しない。それで、サンゴ礁ができるのは、熱帯の五〇メートルよりも浅い海底に限られてくる。

一八三六年四月一日、チャールズ・ダーウィンは、ビーグル号に乗って、イギリスから西まわりに航海し、この日、インド洋のキーリング島に到達した。それはサンゴ礁だけでつくられている島で、島の形はちょうど、古くなってだめになったゴム輪のように、細長くてしかも閉じている。このような形のサンゴ礁は**環礁**と名づけられている。環礁の中

図 4-1　隆起して海面上にあらわれたサンゴ礁　岩のように見えるが，全部サンゴと藻類の遺骸からできている．カリブ海にて．

は、静かな海で、たいていは外洋との間に狭い水道が何ヵ所か開いている(図4-2・3)。環礁の外側は、外洋の荒波がおしよせる所で、そこにはサンゴと藻類が活発に生活を営み、コツコツと建築をつづけている。

環礁の外側は数百メートルの水深まで急な斜面をつくっており、それらはすべてサンゴ礁でできている。このことは、ダーウィンのころすでに知られていた。しかし、そんな深い所ではサンゴは生育しえないはずである。このことからどうしても、海底が徐々に沈み、沈むにつれて建築物は上へ上へと積み重ねられ、そしてついに深い海の底から、熱帯のギラギラと太陽の輝く海面までサンゴ礁がつづいているのだ、と考えないわけにはいかない。ダーウィンは、はげしい磯波に抵抗しながらサンゴ礁を成長させる偉大な生物の力に、感嘆した。そしてこのような海底のゆっくりした沈降によってダーウィンは、環礁の形をも説明したのである。沈降する前に島があったとしよう。島の形はどんなでもよい。海岸にサンゴ礁ができる。島は少しずつ沈降する。海岸線はそれにつれて陸側へ進入する。しかし、サンゴ礁は上へ上へと成長するから、相対的には新しい海岸線より海の方に遠ざかる。ついに島は全部海面の下にもぐってしまう。サンゴ礁だけが海面の上に顔を出している。その形は、はじめの海岸線の形をほとんどそっくり表現したものになる。だからゴム輪のように閉じているのである。しかも、環礁の形が円形のものから、不規則なものまでさまざまな種類のあることも、これで明快に説明される。

ダーウィンは、この考えをうらづける証拠をたくさん集めて、一八四二年に発表した。これは、サンゴ礁生成に関する**ダーウィンの沈降説**として広く知られるようになった。皆さんもきっとどこかで、ダーウィン説による環礁のできかたを説明する図を見たことがあるにちがいない。

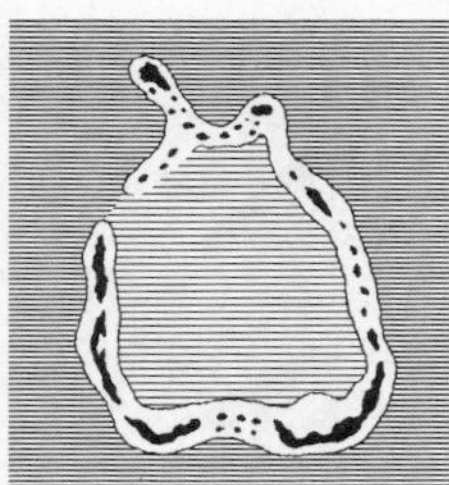

図 4-2　キーリング環礁　黒い部分はサンゴ礁からなる島で，そのへりは満潮の時の海岸線．白い部分のへりが干潮の時の海岸線．まんなかの粗い縞模様の部分を礁湖という．ダーウィンの著書より．

図 4-3　南太平洋の環礁　トゥアモツ群島の一部．

一九一九年、アメリカの地質学者R・A・デーリーは、ダーウィンとは少しちがう説を出した。彼は環礁にかこまれた内部の海の深さが、どこでも五〇メートルから八〇メートルぐらいであることに注目した。**第四紀**(今から二六〇万年前より現在までにいたる期間)には地球上の多くの部分が何回か氷床におおわれた。このような時期を**氷期**

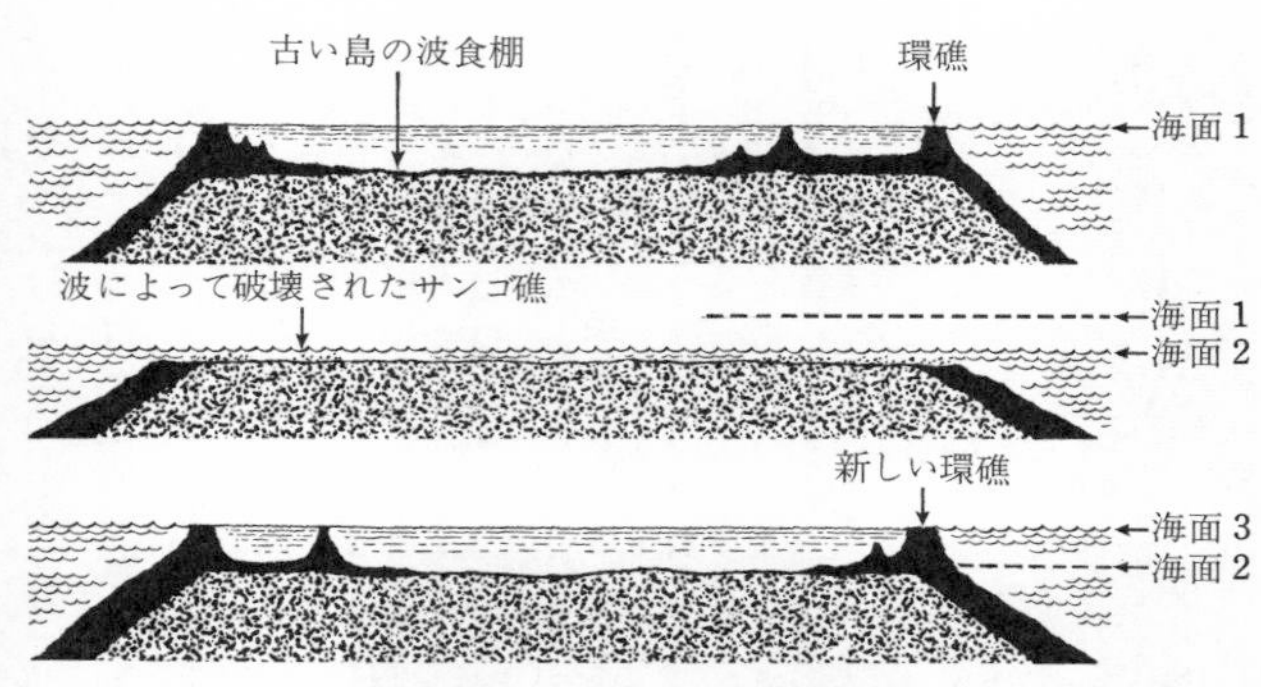

図 4-4　デーリーの氷河制約説による環礁の形成順序　環礁にかこまれた礁湖の深さが，どこでも 80 m 前後であることが，この説でうまく説明できる．デーリーの著書より．〔ギルリー他著『地質学の原理』(巻末参照)による．〕

という。その時に陸上にこおった水の量が大量だったため、海水が減って、海面が一〇〇メートルほど低下したのである。現在は、氷床の比較的とけている時期つまり**間氷期**だから、最後の氷期から現在までの間に海面が上昇した。それにつれて、サンゴ礁は相対的には海底の沈降と同じことを経験したのである。これが**デーリーの氷河制約説**と呼ばれるものである(図4-4)。

私が高校生の時に読んだ地形学の教科書には、生物についてはあまり書いてなかったが、ダーウィン説とデーリー説とが代表的な学説としてくわしく解説され、そのほか多くの中間的な説も挙げられていて、結局この二つの説の間の論争に焦点がしぼられていた。

その後、サンゴ礁に掘られたボーリング

の結果や、あとで述べるサンゴ礁以外の証拠から、少なくとも一〇〇メートルより浅い部分については、デーリー説がよく事実を説明していることがわかった。これからお話しするように、R・F・フリントの本の中で私にヒントを与えた肝心の部分は、デーリーの業績にもとづくものであった。

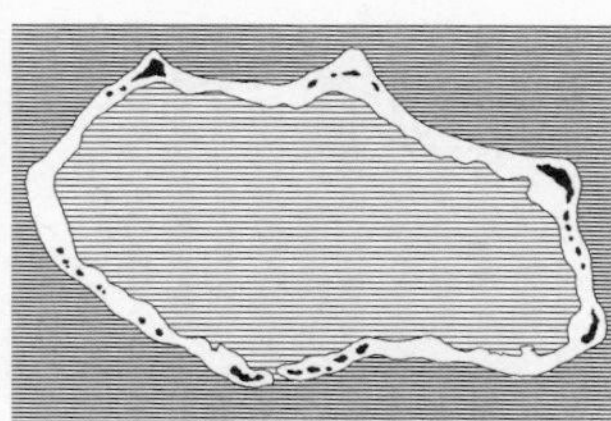

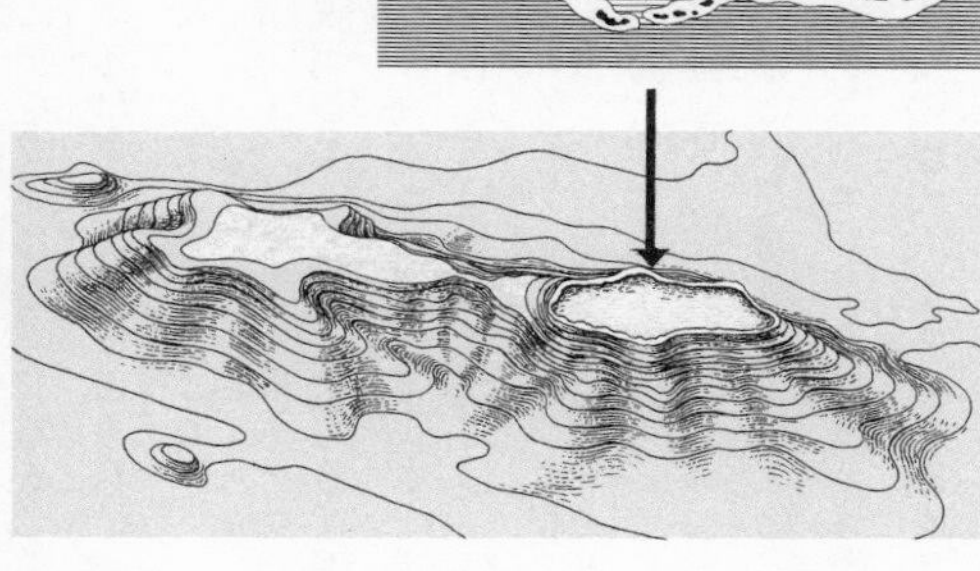

図 4-5　ビキニ環礁　上半は地図，下半は海水を除いたときの立体図.

しかしここで、ダーウィン説もみごとに実証された話をぜひしておく必要があるだろう。戦後、原爆実験に関連して、西太平洋のビキニ島(図4-5)とエニウェトク島とで、サンゴ礁のボーリング調査が行なわれた。一九五二年にはエニウェトク島で、人間の掘った孔がはじめてサンゴ礁をつらぬいてその下の岩盤に到達した。サンゴ礁の一番下の部分は、五〇〇〇万年ぐらい前のサンゴであった。そしてその深さはなんと一四〇〇メートルをこえていた。五〇〇〇万年もの間、太平洋の底が徐々に沈み、それにつれてサンゴ礁が一四〇〇メートルというような高さにまで成長したのである。氷期と間氷期の交代だけではこれだけ大きく海面の高さが変わるはずはない。こうして、何千万年という期間をとると、ダーウィンの言ったとおりであることがわかった。

デーリーは、最近の二〇〇万年間について説明している一方、ダーウィンはもっと長い期間のことを説明しているわけである。両説とも正しかったのである。しかし、サンゴ礁というものが、海面が変動するにせよ海底が沈降するにせよ、相対的な上下の変化すなわち海進・海退に支配されて成長し、環礁などの形をつくるという原理は、何といってもチャールズ・ダーウィンによって確立されたといわねばならない。

海底が干上がった時代

話がまわり道をしたが、前章のおわりに述べたようにフリントの本に私がめぐり会ったのは、ビキニやエニウェトクの調査より前の一九四九年のことであった。フリントの本には、デーリーその他の人たちの業績をまとめて、海水面変動の理屈とそれをうらづける証拠が書いてあった。この本以外にも内外の論文をいくつか読んでみたが、そのたびにデーリーの考えかたをなるほどと思うようになった。デーリーはサンゴ礁に関する氷河制約説をもっと一般化した形で、一九二九年に海水面変動の考えを発表している。数値などは最近の知識で少し変えるが、その要点を述べると次のようになる。

第四紀には、氷期と間氷期とが交互にくりかえされた。氷期には地球上の大陸に氷床が発達した。大陸氷床は現在では南極やグリーンランドにみられるが、あのようなものが、北米大陸やヨーロッパ大陸にもつくられたのである。その証拠は氷河の運んだ堆積物や氷による浸食の地形や岩石の表面につけられたきずなどである。氷床の分布した範囲は、跡に残されたこれらの証拠から、かなり確実に判明している。今から二万年ほど前の氷期(最も新しい氷期、以下最終氷期と呼ぶ)を例にとると、氷床の分布範囲の面積は、表4-1の第二列のように測定されている。南極やグリーンランドには現在でも氷床があり(図4-6・7)、人工地震などの方法でその厚さがそれぞれ平均一・九キロメートル、一・五キロメートルなどとわかっている。底面積の大きい氷床ほど厚いわけだが、底面積と厚さとの間に、ある一定の関係があるので、これを使って最終氷期の氷床の厚さを推定したのが、表の第三列である。面積と厚さの平均とがわかれば、その二つをかけて体積はすぐに出る。それを第四列に示す。地球上の氷床の体積を全部たすと、七八〇〇万立方キロメートルとなる。現存する氷床の量は二七〇〇万立方キロメートルなので、差し引き五一〇〇万立方キロメートルの氷が余計に必要だったことになる。氷床の比重は、表面で〇・四ぐらいで、下へゆくほど大きくなり、内部は〇・九をこす。今かりに平均〇・八としてみよう。五一〇〇万立方キロメートルの氷床は、少なくとも四〇〇〇万立方キロメートルの水を要する。海の総面積は三億六〇〇〇万平方キロメート

表 4-1　最終氷期における氷床の面積と体積

	面　積 (万 km²)	厚さの平均(推定) (km)	推定体積 (万 km³)
南　極	1560	2.1	3300
北米大陸東部	1300	2.0	2600
北　欧	470	1.8	800
グリーンランド	216	1.6	300
中央シベリア	196	1.5	300
北米大陸西部	230	1.0	200
その他	459	0.6	300
計	4431		7800

体積の値は有効数字の考えにもとづき 10 万 km^3 の桁以下は四捨五入してある.

図 4-6　南極の氷床　日本隊の極地旅行.

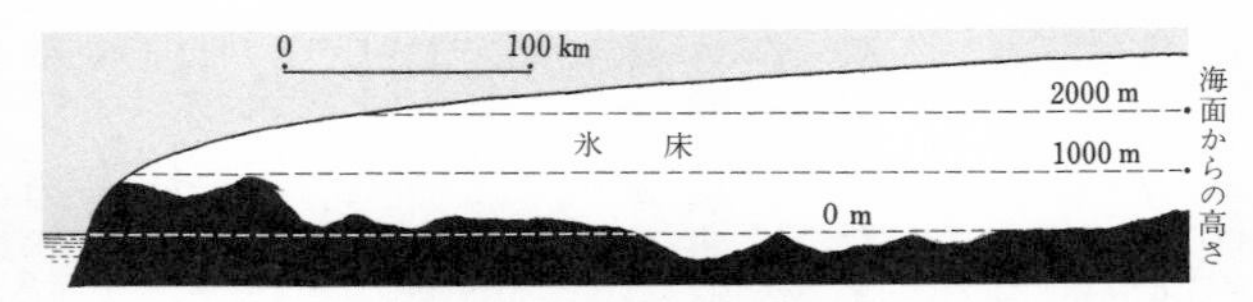

図 4-7　グリーンランドを北緯 70° のあたりで東西に切った断面　氷床の下にかくされている地面の位置は，人工地震の波の反射により測定された．氷床が意外に厚く，地表面が海抜以下のところもある．

ルだから、海面が少なくとも〇・一一キロメートル、つまり一一〇メートルは下がらなければ、氷期の大陸氷床の説明がつかない。

フリントの本には、さらに次のような事柄がしるされてあった。海面が下がると河口はいまの位置より沖に移る。氷期には川がそれだけ長かったわけで、現在の海底に昔の川の跡があれば、その位置は、最終氷期のころの海面より上にあったはずである。インドネシアのスマトラ・ジャワとカリマンタン（ボルネオ）との間にあるジャワ海は底が浅く、最終氷期には陸であったと考えられ、そこを流れた川の跡を示す地形は、少なくとも現在七〇メートルぐらいの深さまで確実に追いかけられ、深さ一〇〇メートルのあたりまでの地形も、陸地の跡かなと思われる（図4-8）。ニューヨーク市の傍らを流れるハドソン川も、その延長が深さ七〇メートルまではつづく。また、イギリスとデンマークとの間にひろがる北海も、最終氷期のころは図4-9のようにかなりの部分

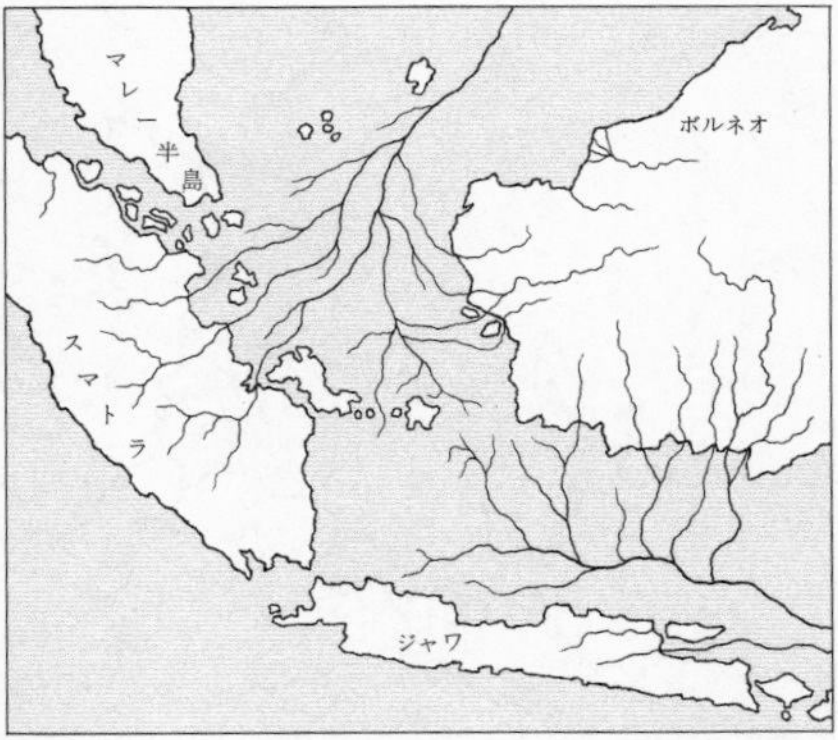

図 4-8　ジャワ海の底に沈んだ川の跡　ジャワ海は大部分 100 m より浅い.

が陸地であった。ドッガー堆は、今では二〇メートル前後の深さしかなく、よい漁場となっていて、漁師の網には、陸上に棲んでいた哺乳動物の骨の化石や、人間の使っていた石器が、ひっかかることがある。ボーリング調査をしてみたら、海底に泥炭層があったという。泥炭は海底でつくられることはない。ドッガー堆は、どう見ても陸地だったことはまちがいない。

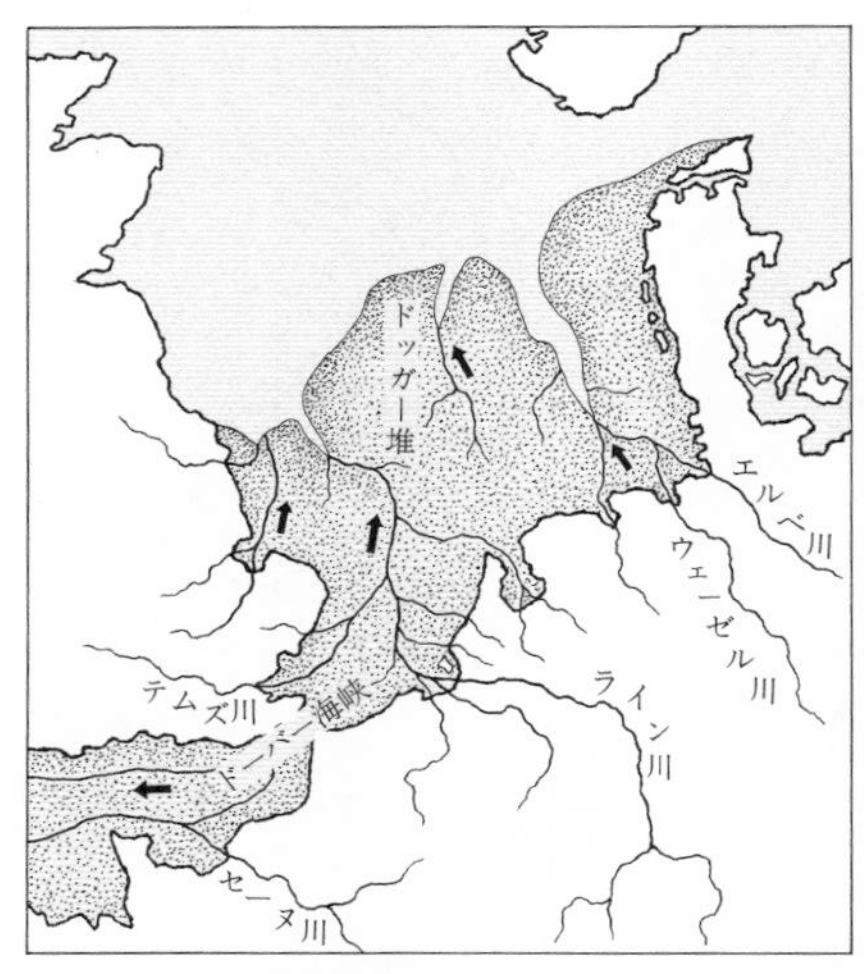

図 4-9　北海からドーバー海峡にかけての海底に沈んだ川の跡　ライン川とテムズ川とは同じ川の支流であった．デーリーの著書より(巻末参照)．

ヨーロッパでもアメリカでもアジアでも、もと陸上だったと思われる所が、今では海底に沈んでしまっている。しかも、陸上だった時代が、そろいもそろって氷期の間なのである。こんなに大規模に、世界中でいっせいに土地が沈降するはずはない。しかし海面の上昇なら世界中同時に起こってもふしぎはない。上に示した氷床の量の計算を考え合わせて、最終氷期から現在にかけて、海水量の増加が原因で海進が行なわれたと結論せざるをえない。

ここに書いたことは、フリントの本に載っていたとおりではないが、趣旨としてはまさに以上に述べたことが読みとれたのであった。私はフリントの本を通じて、デーリーの考えを知り、ウーンとうなってしまったのだ。なぜ私はうなるほど興奮したのか。それは有楽町海進がまさしくこれであると思ったからである。昔高校生のときに読んだデーリーの氷河制約説が、よくよく考えてみると、日本の海岸や平野の生いたちと、重大な関係をもっているということに、このときやっと思い当たった。あのときは、遠い熱帯の海の話だと思っていたのだ。

最終氷期はアルプス地方でビュルム氷期と名づけられている。今ではその年代がわかっていて、二万年ほど前の氷期といえばよいから、私はわざわざアルプスで命名された氷期名を使わなくてもよいと思っているので、この本ではそういう固有名詞をなるべく使わないで話をすすめるつもりだ。ところで、私はフリントの本を読んだ時に、有楽町海進の前後に起こった地学的現象を、集中的にしらべあげてみようという気になった。当時日本では、誰もそういう研究をしていなかったのである。私はビュルム(Würm)の名にもとづいて、この「作戦」をWRMという記号であらわした。今そのころのノートをひっくりかえしてみると、レポート用紙のへりに、WRMと書きつけられたメモが、何枚も出てきて、私の考えがどのように展開してきたかをおもい起こすことができる。

私は、海上保安庁の水路部で発行している日本周辺の海図を買いそろえた。海図は一般には、ふつうの地形図のように等高線(この場合は等深線)が描かれていない。ただ、測った場所に深さが印刷されているだけである。まず東京湾の海図上で、記入されている深さをたよりに、鉛筆で等深線をかいてみた。すると、そこには図4-10にみられるような一筋の谷が現われたのである。私は、深い呼吸をして、ああやっぱりそうだったのか、と思った。谷は、横浜の沖のあたりから始まり、南へ少しずつ深くなって、浦賀水道のまんなかで終わっている。終わるあたりは深さ八〇メートルから九〇メートルを

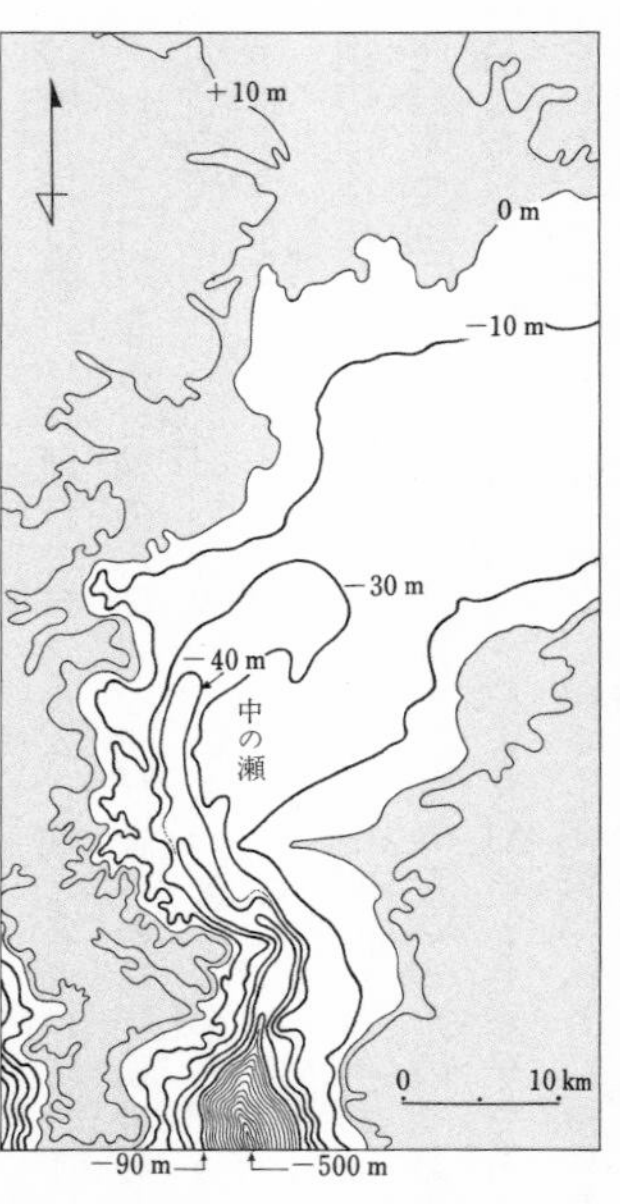

図 4-10 東京湾の川の跡 海底の深さ 30 m から 90 m の等深線を見ると，沈んだ谷筋の地形がわかる．90 m よりさらに深くなると，等深線が密となり突然急な斜面となる．急な斜面はもとからずっと海底であった．

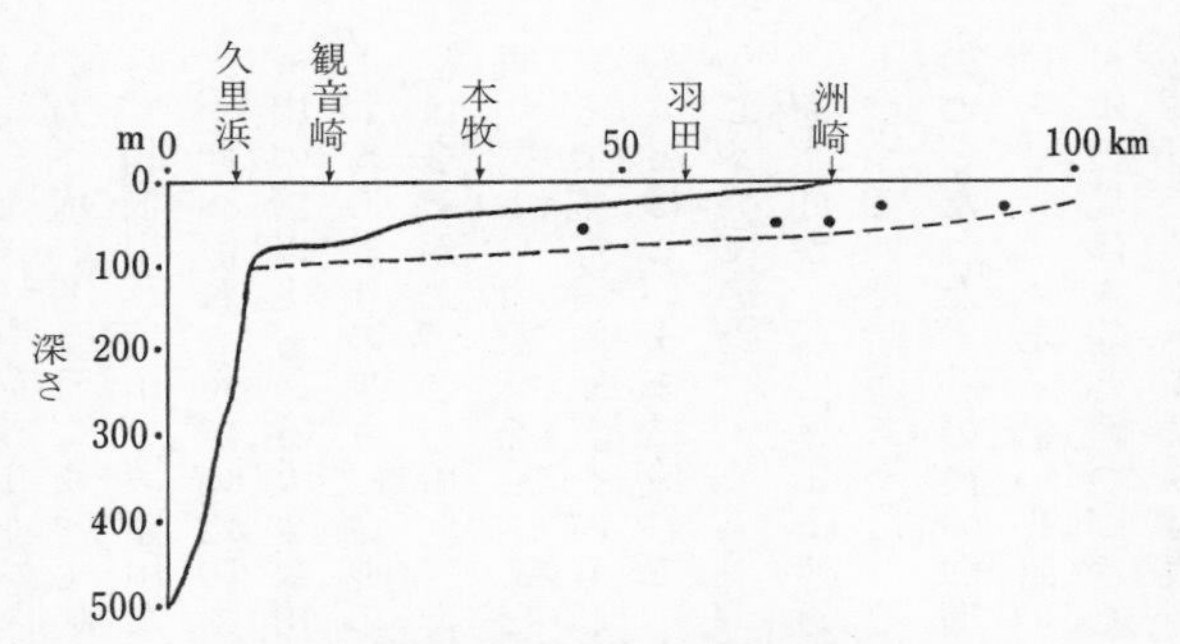

図 4-11　東京湾の川の跡に沿った縦断面　黒丸はボーリング調査でわかった有楽町層の底の深さ．有楽町層の底の一番深い所は，もう少し深く，破線のようになっていると推定した．

指す。それから先は急に深くなって浅い谷ではなくなってしまう。他方、横浜の沖より北にはその谷のつづきはない。これは川の運ぶ砂礫や粘土に埋められてしまったにちがいない。この堆積物が有楽町層のつづきだということは、ここまでよく読んでこられた読者には、すぐに察しがつくであろう。私は次に、この谷筋に沿って縦断曲線を描いた。図4-11がそれである。黒丸の点は、そのときまでにわかっていた有楽町層の底の深さで、これらを目安として、その一番深い所、つまり有楽町層堆積前の谷にあたるものを推定してそれを私は破線で書きこんだ。二万年ほど前にはここを大きな川が流れていたのだ。その後、間氷期に向かうとともに海面が上昇して今の位置にくる。その間に有楽町層がたまる。下町低地のところだけでなく、東京湾の底にもたまった。図の実線で描いた曲線と破線とにはさまれた部分が有楽町層である。破線にあたる川は、図4-10の谷筋を流れていた。現在の利根川は人工的に銚子の方へ流れるようになっているが、もともとは東京湾にそそいでいたものである。だから、利根川、荒川、多摩川などを全部支流とするような大河が、当時の浦賀水道地域で太平洋へ流れこんでいたのである。私は、その壮大な光景を思い浮かべてみた。今の利根川の倍以上もある大きな川があって、その谷底から遥か北西にも北東にも、一〇〇メートルあまりの高さに台地のへりが水平につらなっているのが眺められたにちがいない。私はひそかに、この川に、古坂東太郎という名をつけた。坂東太郎とは、「日本一の利根川」という意味をもつあだ名であるが、いかにも大洪水を起こすと、どうにも手におえない荒武者の風貌をおもわせる。人間が土木工事をまったくしなかった二万年前には、もっとほしいままに流れていたであろう。そのことを想像しながら、私は古坂東太郎とつぶやいていた。

海水面が一〇〇メートル近くも(あるいは一〇〇メートルをこえていたかもしれない)下がっていた時があった。それも何百万年前という大昔ではなくて、たったの二万年前のことだった。その後の海進によって、陸中・若狭などのリアス式海岸の形も、日本全国どこにでもある低い平野のできかたも、うまく説明できる。そのうえ、二万年前には日本の島は大陸と陸つづきだったことになる。日本の島と大陸との間の海峡は、どこでも一五〇メートルよりは浅いからである。そのころ陸つづきでも、海進とともに日本海を出入りするはげしい潮流が、たちまち五〇メートルほどの深さのみぞを掘ったことは、容易に想像できる。海進の前には、人間や動物は自由に往来できた。有楽町海進とともに、それらはほとんど完全にストップした。大海を渡ることのできる充分な舟が発達するまでのことだ。その間、日本はまさしく完全に「鎖国」状態となった。日本の縄文土器というものが、世界のどこにもなく、独自の発達をしたのも、そのせいであろう。その前の石器は、大陸のとよく似ているし、大陸と同じ形式の変遷をしている。それは、氷期だったから、そして海水面が低下していたから、と考えればすぐに説明できる。私のWRM作戦ははてしもなくひろがっていった。私は、若かったせいもあり、頭の中がこのことでいっぱいだった。一刻ものんびりしていられないという心境だった。

年代をどうしてはかる

そのころ、朝日新聞社では、「アサヒニュース」という、タブロイド判の週刊新聞を発行していた。外電が中心だったように記憶している。一九四九年五月一九日に出た一四一号に、炭素14の記事がのっていた。その記事には、一九四七年にアメリカのメリーランド州ボルチモアの下水の中から、炭素14が見つかったこと、その後の研究によれば、これにより年代測定ができるかもしれないということが書いてあった。炭素は原子量が12であって、原子量が14というのは、ふつうは窒素のはずである。だから、炭素14という新発見の物質は、原子核が窒素と同じ重さなのに、まわりの電子の状態がふつうの炭素(炭素12)と同じで、そのため化学反応などではふつうの炭素12と同じはたらきをする。そういう物質を一般に同位元素と呼んでいる。同位元素とは、原子核がちがうのに同じ化学的位置を占めているという意味である。同位元素のなかには安定なものもあるが、絶えず放射線を出して他の元素に変わる不安定なものもある。炭素14は不安定なものに属し、その原子の一つ一つがつぎつぎと窒素原子に変化してしまう。それで炭素14はしまいにはほとんどなくなるはずである。それなのになぜボルチモアの下水の中にあったのか? それは、炭素14が常に大気中で一様な割合で生産されているからである。大気中の窒素は、宇宙線によってわずかずつではあるが、炭素14に変わりつつある。植物が大気中の二酸化炭素を吸収するとき、化学的にふつうの炭素と同じ性質をもつ炭素14も、二酸化炭素の形で吸収してしまう。だから、生きている植物の中には、ふつうの炭素といっしょに、一定の割合で炭素14がふくまれている。その割合は、宇宙線による生産の割合と関係がある。生きている間は、二酸化炭素の吸収がつづくから、この割合は変わらない。ところが、植物が死ぬと、大気との関係がたち切られるので、炭素14は徐々に放射線を出しながらふつうの窒素に変化してゆく。つまり、またもとの窒素にかえるのである。したがって、炭素14が植物の遺体内にふくまれる割合が減ってゆく。減ってゆくありさまは、時間とともに一定の法則に従うから、割合を測定すれば、その植物が死んでからの時間が推定されるわけである。

「アサヒニュース」の記事には、シカゴ大学の原子核研究所で、世界各地から現在生えている木を一五種集めて測ってみたら、炭素14の割合はすべて同じであったこと、古代エジプトの墓のなかの木材は、五〇〇〇年前に切られたものであると推定されたこと、などが書いてあった。私は、この方法がまだ手をつけられたばかりで、年代測定の方法として確立されるためには、まだまだやらねばならないことが残されている、と考えた。と同時に、第四紀の出来事に関する時間を測る一つの有力な方法になるかもしれない、とも考えた。私のWRM作戦のなかに炭素14のことも計画だけは加えられた。しかし、私にとって炭素14のことまではとうてい手が届かなかった。その後、炭素14による年代測定の方法は、多くの人の研究のおかげでしっかりした裏づけを得て、いまや放射性炭素による年代測定という名で、確立されるにいたった。先に述べたような、一万年前とか二万年前とかいう数値がでてきたのは、じつはこの方法で推定された年代なのである。

ささやかな予言

この本ではあとで何度も、放射性炭素による年代測定の結果がでてくるので、いずれこのことを説明する必要があった。しかし、少しまわり道をしすぎたかもしれない。一九四九年五月、私はとりあえず自分の考えを学会で発表することにした。東京湾の中にある川の跡を示した地図や、有楽町層が東京湾の下にまで延長される断面図を中心に、東京付近の地形の発達が、海水面の変動によって、どのように影響されたかを、話した。この時、海水面の変動は、氷床の量に支配されたものであろうと述べた。

私は、その発表の時、一つの予言をしておいた。もし東京湾の川の跡にボーリングをおろしたら、その谷底にはやわらかい有楽町層があって、さらにそれを掘らないとかたい岩石はでてこないはずだという予言であった。実証できない仮説は、いくらたくさんならべたてても、それはいつまでたっても科学そのものにはならない。しかし、こうこうこういう作業をすればこうなるはずだ、という仮説を出せば、科学上重要な仮説になる。私はその意味で、科学的思考が何らかの予言に達することこそ最高であると考えていた。もっとも、今にして思えば一九四九年という年は、湯川秀樹さんが中間子の存在を予言したことでノーベル賞をもらった年なのだ。私が東京湾底の論文に、わざわざ予言めいたことを書きたしたのは、そういうことが無意識のうちに作用していたせいかもしれない。

大塚先生は、そのころは病床にあった。私は時々お宅をたずねて、私の考えを説明した。大塚先生は前にも書いたように一九五〇年の夏にとうとう亡くなられたが、最後まで、私の考えを認めてくださらなかった。そればかりか、私の知らないうちに、短い反論を書いていた。大塚先生の死後、その遺稿は一冊の本になって一九五二年に出版され

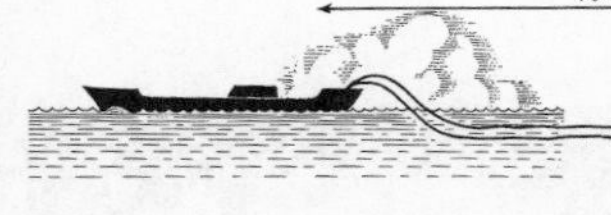

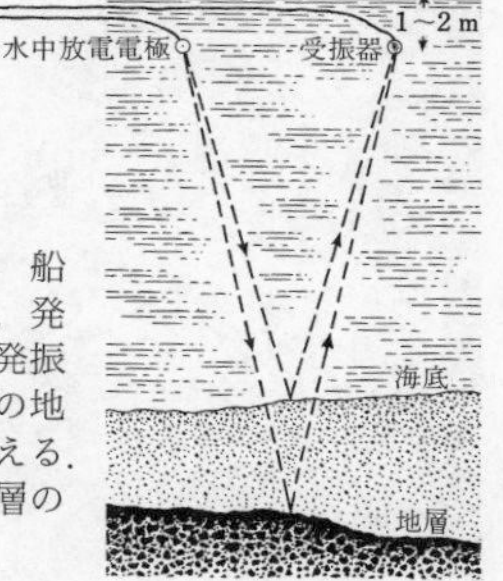

図 4-12　海底の地層を音波でしらべる　船のエンジンの音にじゃまされないように，発振器も受振器も長いロープでひっぱる．発振器から出した音波が海底の表面からも中の地層からも反射してくるのを受振器でとらえる．もどってくる時間のずれから，かたい地層の深さがわかる．

たが、その中には、私の名前を伏せて氷河制約説を安易に日本に適用するのはいけないことだという議論が、半ページあまりにわたって書かれている。全国いっせいに海進・海退があったことについて、大きな貢献をした大塚先生ですらそうであった。まして学界の他の人びとの反応はたいそう冷ややかなものであった。

東京湾の底に関する予言は、意外に早くためされることになった。海底のボーリングをしなくても、海面上から音波または超音波を発信し、それの反響を測定することによって、海底の地質の見当をつけることができるようになったのである(図4-12)。そして、一九六一年には、昔の川筋と私が考えた場所が川原につくられるような砂礫層でできていることが判明した。人はこれを古東京川と呼び、古東京川は音波探査によって発見されたということになっている。私は、予言が的中し

図 4-13　千葉県館山市城山から見た沼地区　よく見ると，平野が，水田の広くひろがる低地と，木の茂った小高い段丘とに，分かれていることがわかる．

たのでとてもうれしかった。音波探査を実施した人にそのよろこびを話してみたが、それはほとんど通じなかったようである。彼もまた、別のよろこびを味わっていたにちがいなかった。

海面が上がってきた時代

私はWRM作戦を開始する前には、友人の成瀬洋さんと房総半島の南端部の地質調査をしていた。その地域のなかに、館山市がふくまれている。館山市付近の海岸から少し山へはいった谷の中には、平野の周辺部の地層の中からサンゴの化石が見つかることがある。一九一一年にはじめてこの化石が研究の対象としてとりあげられたのは、沼という場所であった(図4-13)。ちょうど有楽町層という名

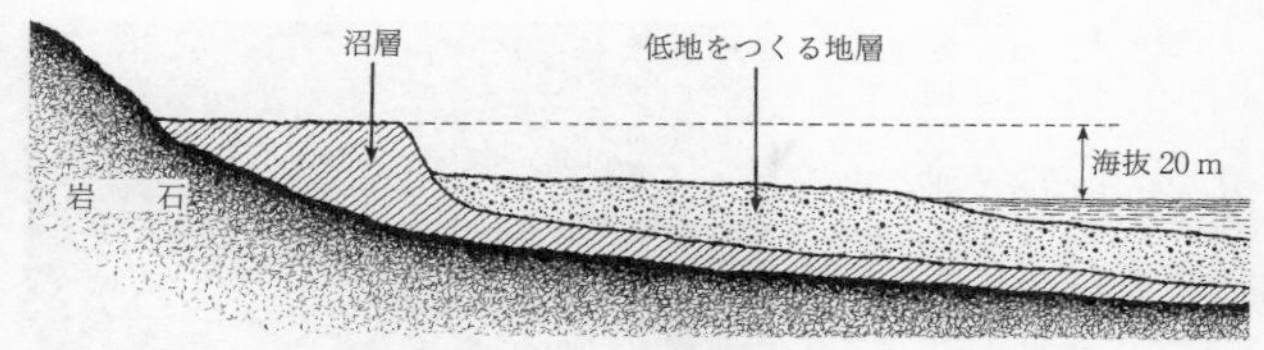

図 4-14　館山市付近の模式的な断面　低地をつくる地層は，段丘をつくる地層(沼層)より新しい．

前がつけられたのと同じ理由で、その水平な地層は沼サンゴ層と名づけられた。名前は沼層であるけれども、その地層は、沼地区にあるだけではなく、館山湾の南岸沿いに、あちこちに分布している。これらのサンゴ層に共通なことは、段丘をつくっていて、その段丘の表面の海抜の高さが一五メートルから二三メートルの間であること、図4-14のような関係から判断して、低地より一段と古い時期につくられたこと、である。このサンゴ化石は、造礁サンゴに属するが、熱帯ではないから南海のサンゴ礁のサンゴのような旺盛な生育をしたものではない(図4-15)。しかも、次の章に述べるように、土地は沈降するどころか隆起しているから、ここでは、海岸から沖へはなれた所に礁をつくってはいない。したがってダーウィンが感嘆したような、深い海の底から上へ上へと積み上げた巨大な建築物をつくっているわけではない。けれども、沼層のサンゴ化石の存在は、現在の館山湾よりは暖かかった時期のあることを示しているのである。それはいつなのか?

「沼層は段丘をつくっているから、東京の低地をつくってい

図4-15　館山付近のサンゴ化石の産状

る有楽町層よりも古い。しかしどちらも赤土(関東ローム層)をかぶっていないから、関東地方では最も新しい時期に堆積した。それぞれの時期を沼期↓有楽町期とする。有楽町期はその海進の絶頂が縄文前期であるから、沼期は縄文時代よりは古いのである」という考えが当時一般にひろまっていた。大塚先生の本にもそう書いてあった。だが、館山市付近にある谷の底が低地の堆積物で埋まる前を想像してみよう。有楽町海進でその谷は海水中におぼれてゆく。水はきれいな暖かい黒潮の水である。そのリアス式海岸には造礁サンゴが生育する。そこへしだいに砂などがたまって低地をつくる。とすると、サンゴ層はたしかに低地より古い。しかし、サンゴが生育したのは海が陸の中へ最も進入した時なのである。それは、貝塚の分布からわかった縄文前期と同じころでなければならない。ほかに何も証拠はない。だが、理屈ではどうしてもそう考えざるをえない。これは通説に反する考えであった。

私は成瀬さんと二人で、次の章で述べる研究といっしょに、関東南部における海水面

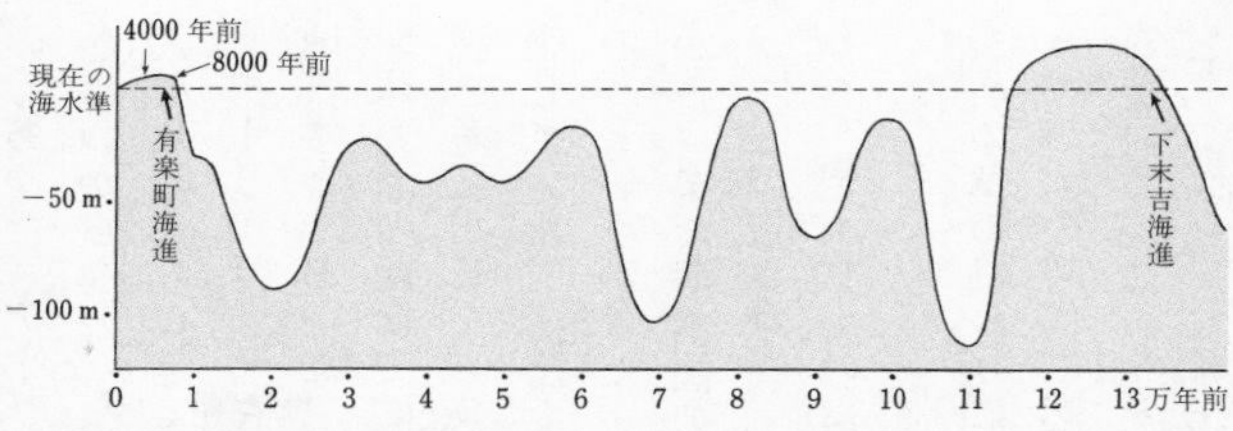

図 4-16 海面変化の推定曲線 海面の位置に関する直接の証拠や気候変化の証拠や地球と太陽との位置関係の変化に関する計算結果など，多くの推定を総合して描いたもの.

の変動について英文の論文を書いた。その時には、沼層と縄文時代とを同じ時期とみなすという「革命」をやってのけた。人びとがすぐに納得（なっとく）するような証拠があるなら問題ないし、またたとえ証拠はなくとも、いろいろの事実を総合するとそう判断するのが妥当（だとう）だと皆（みな）が思っていれば、それも問題はない。しかし、この場合は、そのどちらでもなかった。まったく「理屈」としてそうなると考えたにすぎない。人間の頭で考えたことであるから、まちがうこともありうる。コロンブスが西へ航海すればインドへゆきつくと思ったのと似ている。少なくとも私には勇気のいることだった。のちに、放射性炭素法で年代を測ったところ、沼層と縄文時代とはそれほどかけはなれた年代ではないことが明瞭（めいりょう）になった。

成瀬さんといっしょに書いた海水面変動の論文は、一九五五年の末に印刷された（図4-16）。そして抜刷（ぬきずり）（論文の載（の）る雑誌とは別に、その論文だけ抜き出して印刷したもの）をつくり、世界中に郵送した。その中にはデーリー宛（あて）のものもあった。デーリーは私たちの論文を受け取ったにちがいない。しかし読んだかどうかはわからない。なぜなら、私たちがデーリーから何の返事も貰わないうちに、彼は偉大な業績をのこして一九五七年九月にこの世を去ったからである。

デーリーは、イギリスのA・ホームズとともに、二〇世紀前半における最高の理論的地質学者であった。火成岩の成因から地球の内部構造、そして海底地形のできかたから地球表面の変転史にいたるまで、彼は地学上のありとあらゆる現象を総合し体系立て新説を考えだした。彼は、科学の進歩のためには空想がいかにたいせつかということを主張していた。「確実なデータがないから」と尻ごみし誤りをおそれていては進歩がにぶる、というわけだ。私と成瀬さんの論文に対しても、発表された当初は、一、三の先輩から「まだ海水面の変動だと言いきってよいほどデータが集まっていないのではないか」と忠告された。しかし、私にはそういう積み上げ方式の研究が歯がゆかった。何よりも、デーリーのような優れたお手本が、私の念頭にあったのである。

前の章の終わりにでてきた下末吉海進、これは有楽町海進(一万年前後に起こった)より一つ前の時代に起こったできごとであった。年代は今では一二―一三万年前と推定されている。これはそのころの氷期→間氷期のかわり目に行なわれた海水面の上昇であった。これも、大塚先生が推測していたような広域の地盤の上下運動を考えなくとも説明のつくことである。

私は、学生のときに、地盤沈下のことを本で読んで、これを地殻変動の研究からとり除くことができたのと同じように、何年も考えたり資料をしらべたりしたあげくに、海水面の変動を明らかにして、私の研究目標である地殻変動からとり除いたのである。今度は、ただ通り一遍に勉強して、なるほどそうかと思った地盤沈下の時とはちがい、自分で熱をあげたり人に話したり、そしてしまいには論文をいくつも書いたほどであった。年月をかけたおかげで、もつれた糸のなかから、かなり長い一本の余計な糸を別にしてとり出した感じを強くもった。

あまりまわり道をしては、肝心の話になかなかはいらないから、そろそろここいらで、ふたたび地殻変動そのものを登場させることにしよう。

5　関東地震

関東大震災。大火によって災害は凄惨なものとなった

大震災

二枚の油絵の写真がある(図5-1、カバー袖)。この二つの油絵は、同じ人物が同じ場所を描いたものである。画家は、大学の地質学教室で学術画の作成にたずさわっていた石崎順吾さん、場所は、千葉県の房総半島南端で、白浜の野島館という旅館から、南に向かって野島岬を描いたものである。油絵をうらがえしてみると、日付がしるされていて、上の絵には一九二三年一月、下の絵には一九二四年一月とある。この二つの日付をへだてる一年のあいだに、関東地方の南部では、おそろしい出来事があった。それは、一九二三年(大正一二年)九月一日の関東地震とそれによってひきおこされた、一五万近くの人命の損失をふくむ、莫大な災害であった。これをひとくちに「震災」と呼び、その後一〇年以上にわたって人びとはその恐怖を語りついだことであった。

東京は大火事に包まれた。この火事は三日間燃えつづけ、下町では少ない区域でも九五パーセント、多い区域では深川などは一〇〇パーセントの人たちが焼けだされた。山の手ではこれほどではなかったが、それでも被災率は麴町などで五五パーセントに達した。最低は小石川の三パーセントであった。下町と山の手とで焼失の割合のちがうのは、もとをただせば家屋の倒壊率がちがうせいである。家が焼けてしまったのだから、倒壊

図 5-1　石崎順吾さんが野島岬を描いた 2 枚の絵
上：1923 年 1 月．下：1924 年 1 月．

率などわかるまいと思うかもしれない。倒れて焼けたのか倒れなかったのに焼けたのか、あとからではしらべにくいが、警視庁では警察官の記憶をたよりに、倒壊率の分布をしらべた。その結果を図5-2に示そう。この図と、図2-3の有楽町層の厚さの分布図とをくらべてみると、有楽町層の厚い所で、倒壊率の高いことが、読みとれる。

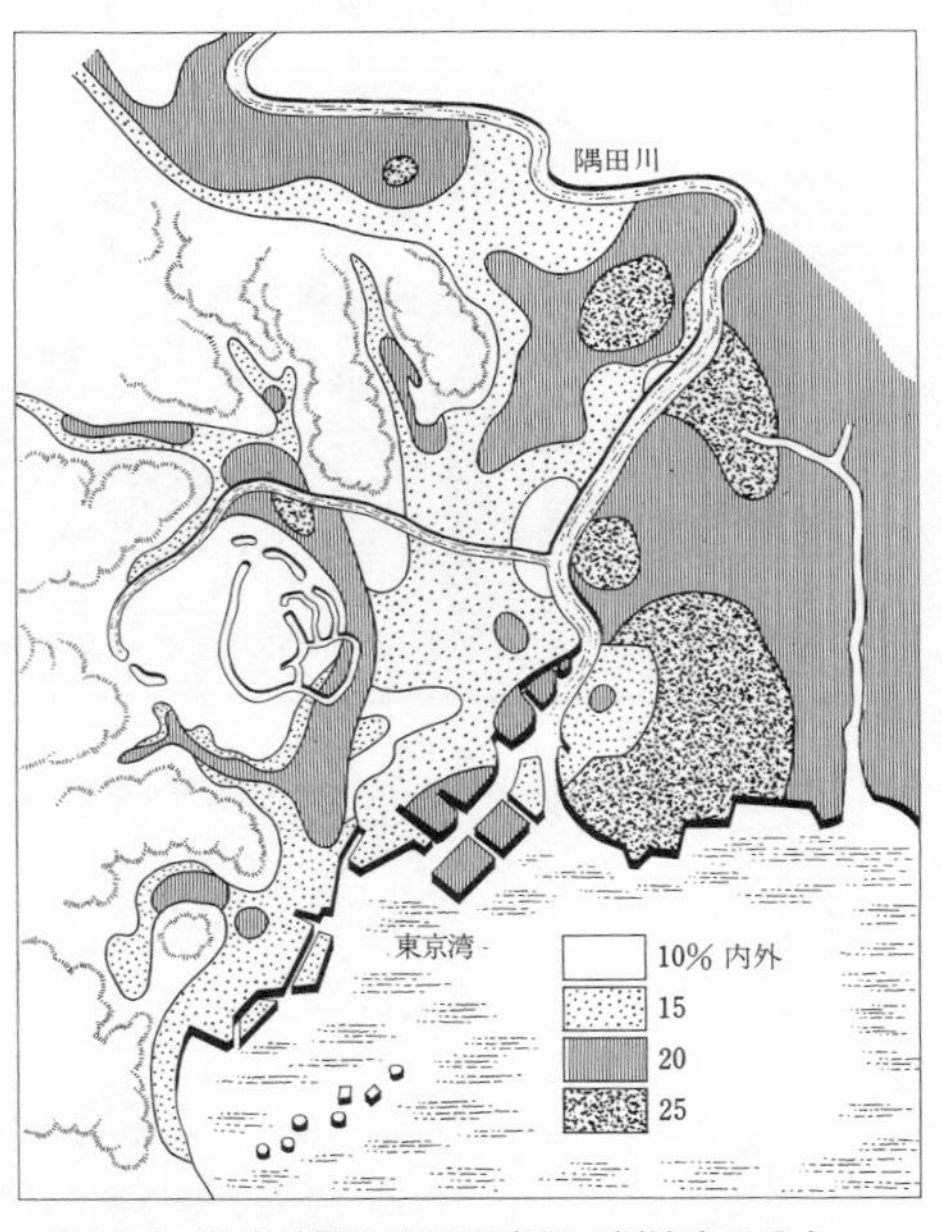

図 5-2　関東地震のさいの家屋の倒壊率の分布
東京の下町低地，特に有楽町層の厚い所に沿って多く倒壊している．

有楽町層は、まだ堆積したてのほやほやでやわらかいため、地震のときにはいつも山の手の台地よりは余計にゆれるのである。そればかりでなく、有楽町層の厚い所ほどゆれかたがはげしい。有楽町層の厚い所では、地盤そのものがくずれたり割れたりなどし、そのため家屋が破壊された例も少なくない。震災のはげしさは、概して地盤の良否に関係する。その話も重要だし、興味深い問題でもあるが、先をいそぐことにしよう。

地震にともなう隆起

野島岬では、油絵を一見してわかるように灯台がこわされてしまった(図5-3)。灯台がこわされただけでなく、絵をよく見ると、わずかではあるが「海退」していることがわかるであろう。潮の干満は、この付近では最大一メートル程度であるが、この絵は、その程度をこえた海面低下を示している。この「海退」は、関東地震にともなう地面の隆起によって起こったものである。

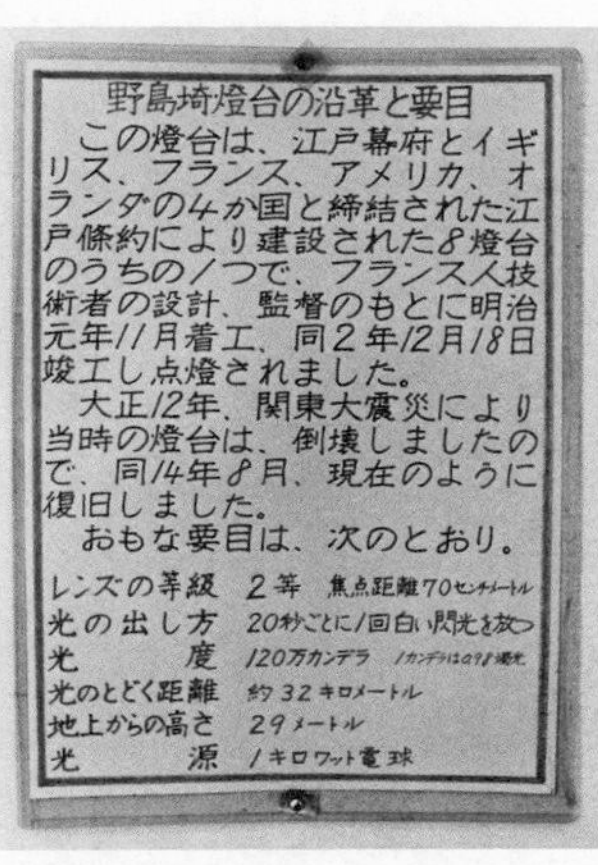

図5-3　野島岬の灯台の建物にかかげてある説明

神奈川県の三浦半島南端の油壺には、

国土地理院の検潮場（けんちょうじょう）がある（図5-4・5）。これは、人が数人はいるといっぱいになるほどの小さな煉瓦（れんが）づくりの建物であるが、中に検潮儀（けんちょうぎ）が一台すえられている。この建物の下に海とつながった海水の井戸（いど）があり、その中の水面の位置は、波にあまり影響（えいきょう）されずに海面の高さを示すというわけだ（図5-6）。検潮儀に記録された海面の高さを読むと、潮の干満がわかる。それだけではなくその記録から一ヵ月とか一年とかの平均海水面の高さを求めることもできる。平均海水面の位置の上下は、海の状態によっても左右されるが、地盤（じばん）の上がり下がりによっても左右される。図5-7は、関東地震をはさんだ五〇年間の一年ごとの平均海水面の位置を示したものである。ただし、平均海水面の位置

図5-4　油壺の検潮場　向こうにはヨットハーバーが見える．

図5-5　油壺にある検潮儀　検潮の仕事は毎日なので，これにたずさわっている人は，旅行もできない．

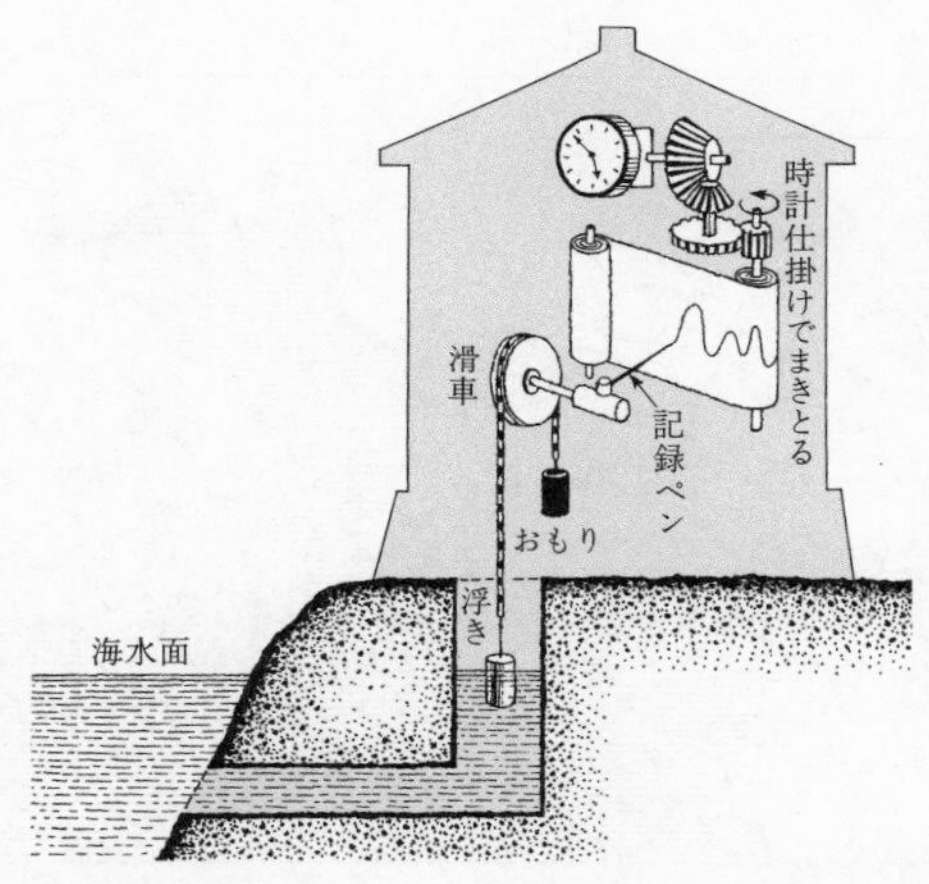

図 5-6　検潮儀のおよそのしかけ　海水面の変動につれて上下する浮きの動きを，記録ペンに伝え，記録紙に描かせる.

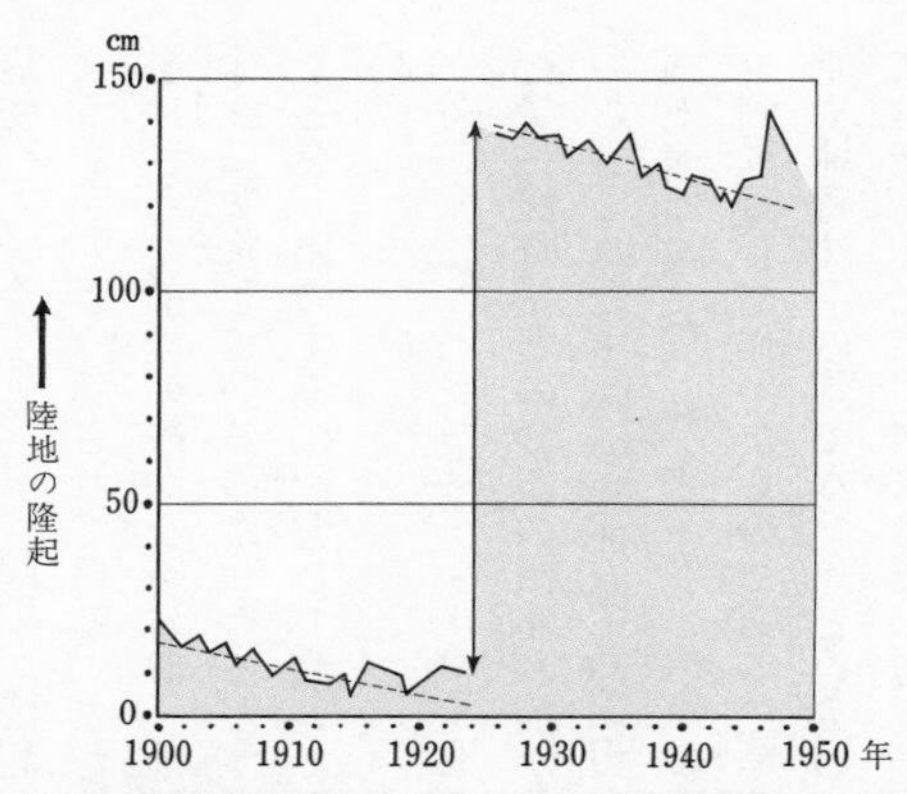

図 5-7　油壺の検潮儀の記録　関東地震の時は急激に陸地が隆起したが，あとはゆっくりと少しずつ沈降をつづけている．0 cm の位置は便宜的にきめられたもの.

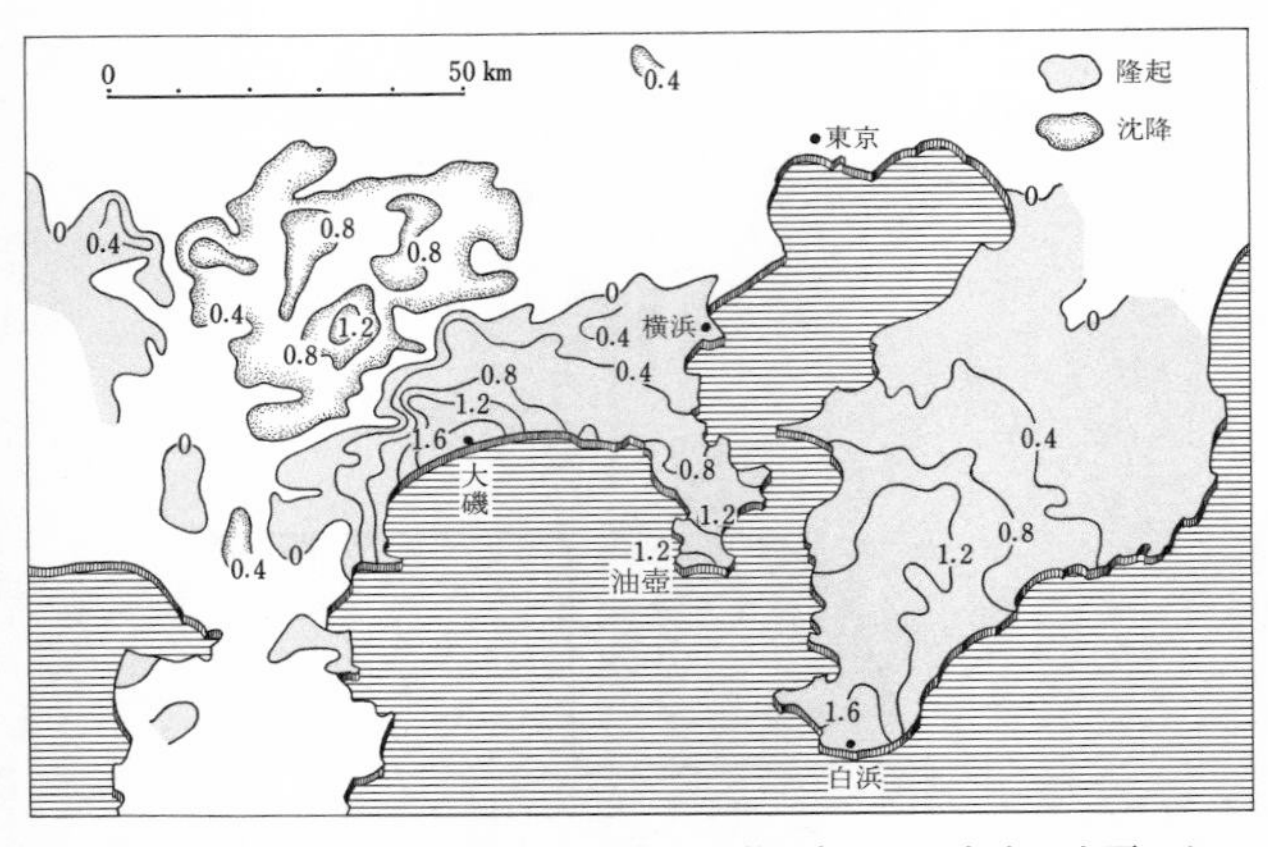

図 5-8　関東地震の時の隆起と沈降の分布　多くの三角点の上下した量を測定し，等しい値の点をつらねたもの．

を基準として陸地の相対的な高さを表わすように、描かれていて、地震のとき油壺で一・三メートルほど陸地が隆起したようすが、よく示されている。また地震をはさんだ前後の静かな時には、地盤が徐々に沈降しているのがわかるが、このことを、頭のすみに記憶しておいてほしい。

図5-8には、地震のときの陸地の隆起量と沈降量との分布の概略が描かれている。これは当時の陸地測量部(現在の国土地理院)が、数多くの三角点の高さを測り直して作ったものである(褶曲の話や地盤沈下の話で水準点というのはでてきたが、ここにでてきたのは三角点である。三角点は水準点と同じく標石の埋めてある地点のことであるが、水準点・

三角点のくわしい説明は、もっとあとですることにしよう）。この図を見ればわかるが、隆起のいちじるしい所は、神奈川県の大磯海岸と千葉県の白浜海岸で、いずれも二メートル近く隆起している。三浦半島南端の油壺の近くには、一・二メートルの等隆起線が走っていて、検潮儀の記録から読みとった値とほぼ等しいことを確かめることができる。この分布図を作るうえで資料となった測定値をしらべてみると、白浜の野島岬の隆起量は、一・八メートルであった。油絵をかいた石崎さんは、多分、房総海岸の絵をかいて歩いていた時、たまたま野島岬をおとずれたのであろう。そして、その年の地震の後、そこが二メートル近くも隆起したことを知って、翌年、前にかいたのと同じ一月に、わざわざもう一度そこをおとずれたのにちがいない。

図5-8の分布図をみると、隆起や沈降はかなりの範囲にわたっている。したがって野島岬でみられた地面の隆起は、関東南部の地殻全体の変形の一部と見なすことができる。つまり地殻変動の一部なのである。

この変動の結果、野島岬付近の五万分の一の地図は、図5-9上の図から、下の図にかきかえられた。この二つの地図を見くらべてみるとわかるように、もとは海中にあった、海岸線に沿う岩礁が、地震とともに海面上にあらわれて陸地になったのである。また、神奈川県の江ノ島は、図5-8から読みとれるように、一メートルほど隆起し、江ノ島の海岸沿いには、平らな岩棚が、干潮時には海面上に顔を出すようになった（図

5-11)。この平らな岩棚は、波にけずられてつくられたもので、地震前には海面下すれすれのところにあったにちがいない。図5-12は、そのような地形ができる順序を、横から見たようすである。このような地盤が、時々急激に隆起すると段丘の形になるのである。

第1章には、河岸段丘の話を書いた。ちょうどそれと同じように、**海岸段丘**というものができる。たいていの海岸段丘は、第4章に述べたような海水面の変動にともなって

図 5-9　野島岬付近の地図　上は関東地震以前，下は関東地震以後の，それぞれ5万分の1の地図(国土地理院発行).

図 5-10　野島岬の上空写真　現在はさらに人工が加わっている.

作られる。しかし、まれに地盤の隆起でできることもある。地盤の隆起はいちどに何メートルということはめったになく、多くは一メートル以下のわずかなものである。それで、隆起によって作られる海岸段丘は、その規模も一般には小さくて、なかなか目につきにくい。実際、野島岬のある白浜では、江ノ島の二倍ほども隆起したにもかかわらず、

図 5-11　江ノ島の隆起した波食棚　海面よりわずかに高い平らな岩礁は関東地震のとき隆起した証拠.

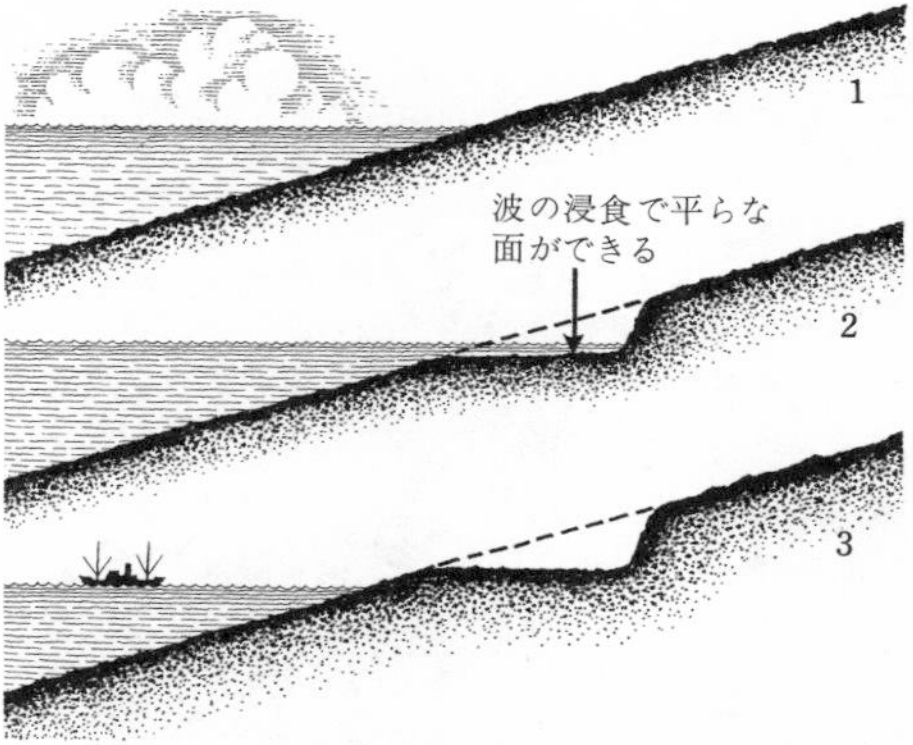

1

波の浸食で平らな
面ができる

2

3

図 5-12　海岸段丘のできかた　1：地形が，2：波にけずられ，3：隆起して海岸段丘ができる．

そのためにできた段というものは、江ノ島ほどは、はっきりしていない。不明瞭ではあるが、とにかく房総南端の海岸沿いには、関東地震で隆起したために段ができた。そして、それと似たような段が、陸側の高い方へ向かって次々に何段も認められる。つまり、海岸段丘が何段もできているのである。「これはきっと、過去の大地震のたびに隆起したためにちがいない。房総南端の海岸段丘のできかたは、地盤の隆起によって説明されるのだろう」。たまたま房総南端の地質調査をしていた私は、こういう印象を強く持ったのである。

余談になるが、この房総南端は、三浦半島とともに旧海軍の要塞地帯だったため、戦争が終わるまではあまり地質調査が行なわれていなかった。地質調査の時は、岩石の露頭の間の空間的な関係を明確にするため、自分で簡単な測量をして、こまかい地図を作る場合がある。要塞地帯でそういうことをしていると、怪しまれて訊問されるにちがいない。そこでは、軍事上の理由で、地図を作ることはもちろん、写真をとることも禁止されていたのである。大塚先生は、戦前三浦半島の調査をした時には、薄い上質の和紙に地図を描いて、人が遠くに見えたらそれをのみこんでしまう覚悟をしていたと話され、その薄い紙の地図を見せてくれたことがある。

戦争が終わって間もなく、大塚先生は、私と成瀬さんとに、房総南端の地質調査を担当させた。房総南端は、関東地震の時に隆起したし、同様の隆起が過去にあったことを示す海岸段丘がよく発達している(地形が広く形成されていることを「発達している」という)ので、私自身は、かねてから志していた地殻変動の研究には、じつによい場所だと思った。そういうわけで、地質調査が終わったあとは、房総南端で海岸段丘をしらべることにしたのである。

今村明恒のアイデア

研究者は、ある問題に手をつける時、まず先輩が同じような問題をどのように扱っているかをしらべる。それには、文献目録の中から論文を拾い出したり、読んだ論文に引用されている別の論文をさがしたりする。さらにその第二の論文の中に、第三の論文が引用されていると、それをまた読む。

三浦半島や房総半島の隆起について、こんな勉強をしたあげく、従来の研究のなかで最も重要だと思ったのは、今村明恒という戦後まもなく亡くなった地震学者のした仕事であった。今村さんは、海岸の磯に棲む貝のなかで、岩に穴をあけてその中に棲む穿孔貝に注目した。三浦・房総の両半島には、穿孔貝の古い穴が満潮の時の海岸線より高い所にあるのだ。これは、いうまでもなく、貝が穴をあけてからのちに土地が隆起したためである。この穴が、今の海面の上何メートルかの高さに横に一列になってならんでいると、今村さんは見なした。私は、そのように穴が横に一列になっている所を見たことがないから変に思ったが、今村さんは、平均の位置が同じ高さのところにならぶと書いている。高さのちがったところにある列の数だけ隆起の回数があったとして、低い方から順に、歴史に記録されている三回の大地震に対応させたのである。私は、関東地震と同じような大地震の時の隆起を過去にさかのぼってしらべる、という今村さんの考えかたに従うことにした。

　しかし、穿孔貝が海面付近にだけ棲んでいれば、穴の列をしらべて過去の隆起を推定することができるが、この貝は海面より少し深いところにも棲んでいるので、そうなればいくら平均をとっても、横に一列になることはないはずである。私は、今村さんが例として挙げている三浦半島の諸磯や、房総半島の仁右衛門島へいってみた。諸磯では、岩石が層をなしていて、ある層には穴が多く、他の層には少ない。岩石の性質により、穿孔貝の棲みやすい所とそうでない所とあるのかもしれない。そうすると、この岩石の層が水平につづいている所では、穴が、ある高さに集中することになるわけだ。また仁右衛門島でもキョロキョロとさがしてみたが、今村さんのいうような穴の列や、比較的（ひかくてき）穴の集まっている高さ、というようなものはみつからなかった。そこで私は、過去の海岸線の位置を知るには、穿孔貝の穴を研究するよりも、海面からもち上がった波食棚（はしょくだな）、つまり海岸段丘（かいがんだんきゅう）をしらべた方が、ずっと確実だと考えた。今村さんの論文が出たあとで、房総南端（なんたん）の海岸段丘の分布図を示した人もいる。しかし、これだけでは、今村さんの考えたこと以上のことは、何もわからない。私は段丘の分布図をつくる以上の仕事をしたいと思った。

歴史をさかのぼる

まず、過去の大地震（だいじしん）にどんなものがあるかを知らねばならない。日本は、地震の古記（こき）録（ろく）が豊富な点では世界一といえる。それは、日本が地震国であってしかも、文書をよく残しているほとんどただ一つの国だからである。

一九二三年の関東地震は、東京で大火が発生したため被害（ひがい）は東京を中心にしているようにみえる。災害はたしかにそうであったが、地震のゆれかたは決して東京を中心としてはげしかったわけではない。震源はじつは、相模湾（さがみわん）の地下にあったのである。倒壊率（とうかいりつ）も東京より相模湾岸の方が大きかった。

さて、歴史をさかのぼるとまず、一八五五年(安政二年)の江戸地震がある。この地震のため、藤田東湖という学者など多くの人が死んでいる。江戸の震度は、当時の被害のもようから推定すると、一九二三年のときの東京と同じで、震度六であった。震度六といえば、多くの人びとが立っていられないほど地面がゆれることである。しかし、震度の大きかったのは江戸だけで、これは江戸の真下に震源があったためと考えられている。この震源は、関東地震の時の震源よりは遥かに近い所にあるのに、東京で同じ震度を生じた。したがってこの地震の規模は関東地震より小さかったはずである。地震の規模は、**マグニチュード**という量であらわす。昔の地震については、推定された震度の分布などから推算されるが、関東地震のが八前後で江戸地震のは六と七の間である。これだけマグニチュードの差があるということは、地震のエネルギーでいいあらわすと、江戸地震は関東地震の約一〇〇分の一ぐらいの大きさしかなかったことになる。江戸地震のように規模の小さい地震では、地殻の変形も小さい。実際に安政の江戸地震では、海岸線の異常については、まったく記録されていない。

もう少し昔の一七〇三年(元禄一六年)の地震の記録をみると、震度は大正のときの関東地震とよく似た分布をしていて、江戸で震度六、相模湾岸で震度七と、南の方ほど震度が大きい。震源はやはり相模湾底にあったにちがいない。これも「関東地震」と呼んでもさしつかえない。しかし、それではまぎらわしいから、この本では以後、この二つを大正地震、元禄地震と呼ぶことにしよう。元禄地震の時には、大正地震の時と同じように津波があり、そのため大島の南端にある一つの爆裂火口が海とつながってしまった。そこは現在、波浮港となっている。では、地面の隆起はどうだったろうか？　房総南端では、海岸線に沿って幅「八―九町ないし一里程干潟になれり」と書いてある。やはりその時も隆起したらしい。白浜の数キロメートル西に、相浜という漁港がある。さきに述べた今村さんは、相浜漁業組合事務所にある古地図をもとに、元禄地震の時の隆起量を六メートルと推定した。この古地図は、元禄地震の四九年前に作られたもので、当時から相浜は漁港であったため、港の海岸線がかなりくわしく描かれている（図5-13）。その海岸線の位置を大正地震前の地図の上にたどると、海抜六メートル前後の所にくるというわけであろう。ただし、最近の研究によれば、この古地図から推定した元禄地震の時の相浜の隆起量は、三―四メートルにすぎないようである。

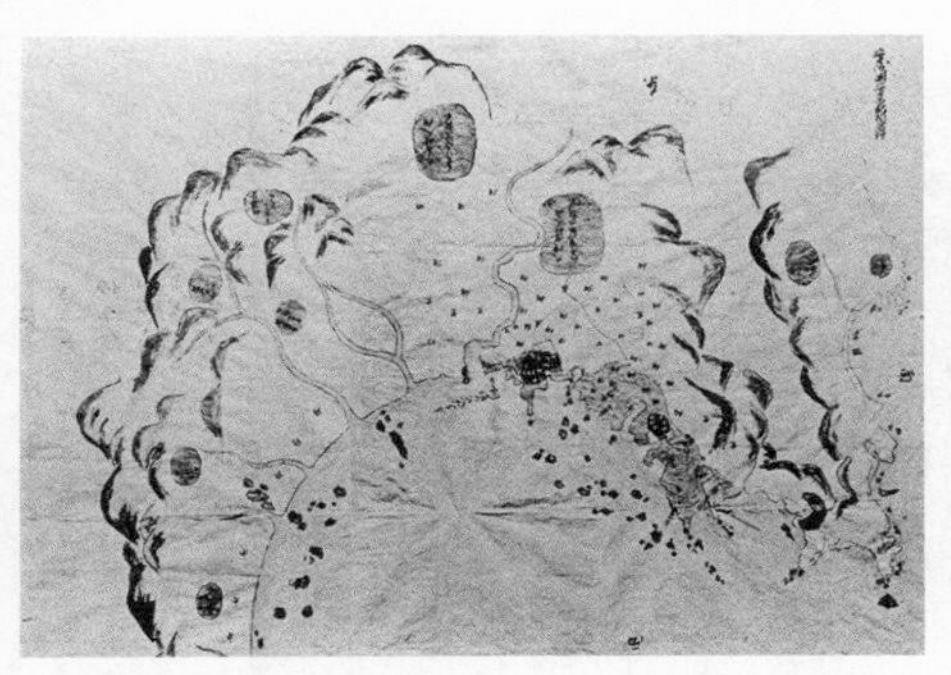

図5-13　相浜の古地図　今村さんはこの古地図をたよりに元禄地震のときの隆起を求めた．

　房総半島の海岸に沿って広く干潟になったとい

う記録を残している大地震は、もう一つある。それは一六〇五年(慶長九年)の地震である。これを慶長地震ということにしよう。震度分布をしらべてみると、震源が二ヵ所にあったらしく、慶長地震は、関東地震と南海道地震とが同時刻に起こったものと推定されている。しかし、元禄地震のマグニチュードは八・二という、史上まれな大きさが推定されているのに反し、慶長地震のマグニチュードは七・九と推算されている。南海道の分を差し引いて関東だけのマグニチュードにすれば、もっと小さくなる。大正地震よりも小さかったのかもしれない。もっとも、マグニチュードの推定はむずかしく、これらの値はかなりあいまいなものであることをことわっておかねばならない。

慶長より前は、地震の記録はいくつもあるが、「干上がった」というような記録は見つからない。慶長地震の前少なくとも三〇〇年ぐらいは、隆起をともなう大地震はなかったようである。

房総南端の海岸段丘

野島岬付近の海岸段丘のようすを、これらの古い記録と照らし合わせてみると、次のようになると考えられる。現在の海抜四—五メートルの段丘面は、元禄地震の時に海面上にあらわれた波食棚であろう。波食棚の最高点、つまり当時まで海面のあった所は、現在海抜五メートルである(図5-14)。だから、この段丘面を「元禄の段」と呼んでおく。

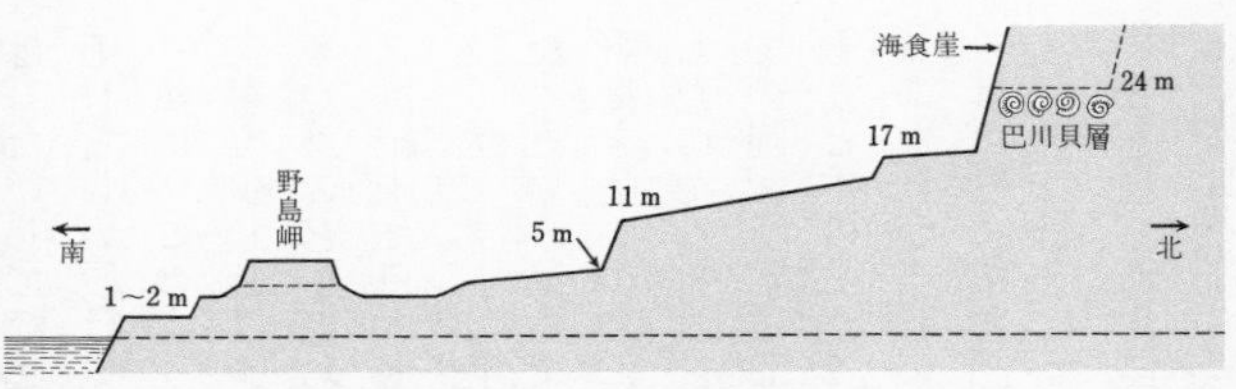

図 5-14　房総半島南端の模式的な断面　白浜では最高の段が海抜17 m であるが，その西方に，沼層と同時期の巴川貝層があり，その上面は海抜 24 m の段をつくる．右上の破線はその部分を，白浜の断面に重ねたもの．

元禄の段は、戦後まもなくのころは、牧場や畑になっていた海抜四メートルの部分と、人家の密集した海抜五メートル前後の部分とから成っていた。今では人工が加わって、全体が平らに見える。また現在一―二メートルの高さにあるのは、「大正の段」、すなわち、大正地震のとき海面上にあらわれたものである。

元禄地震は、震度の分布から推定したマグニチュードが、大正地震より大きかった。震源地は、どちらも相模湾底と推定されている。それで、地震にともなう隆起も、元禄の方が大きかったのかもしれない。マグニチュードが大きいほど隆起量が大きいということには必ずしもならないのかもしれないが、ここでは仮にそう考えておこう。隆起の大きさは、白浜では、大正地震の時二メートルであったが、元禄地震の時には、三メートルぐらいあったようだ。なぜなら、現在元禄の段は二回の隆起を合わせて、海抜五メートルの高さにあるからである。また、マグニチュードが大きいほど隆起量が大きいということなら、慶長地震の時には、たいして隆起しなかったのではないか、と想像することができる。野島岬付近でも、それらしい段は見当たらないのである。

私は、このように、海岸段丘と古記録とを対応させるために、房総半島に関する古い文書を少しあさってみた。そのうちのいくつかには、元禄以前に「野島」が景勝の地であったことを思わせる記述がのっていた。「亀の背のような」という形容もあった。一二世紀末に日本で最初にさむらいの政府を作った源頼朝が、まだ旗上げをしようとしていたころ、小田原の石橋山のいくさにやぶれて房総へにげたとき、「舟で野島へ渡った」という話もでてきた。これなどは、その後たしかに隆起した証拠になる。なぜなら、野島を陸つづきにしている部分は、新しい堆積物ではなく岩石であり、海面下から隆起したのでなければ説明がつかないからである。「野島」岬という地名自体がすでにかつての隆起を暗示しているといえるだろう。野島岬の写真を眺めてみよう(図5-15)。こんもりと木の生えている所は、頼朝のころから島だった所である。その手前、小屋が見えるあたりが当時の波打ちぎわで、それよりさらに手前の広場が、元禄の段である。これらは、今までお話ししたことを念頭にいれて見ると、野島岬の隆起を物語っている。

人間の記録したものからは、慶長より古い隆起を推定することはもはやできない。古いことは、海岸段丘をしらべて、推定するよりほかしかたがない。白浜付近では、図5-14に描いたように、一一メートルの高さからだらだらと高くなる広い段丘面がある。

図5-15　野島だったころの波食棚

これは、高さの差が一―二メートル程度のこまかい段丘面の集合ではないかと思われる。この間に大地震が何回もあって何段も段丘面ができたが、今では、段の区別が不明瞭になってしまったのであろう。しかし一番下の、元禄の段との境だけは、人の背より高い立派な崖になっている。このときに、とてつもなく大きな地震があって、いちどに数メートル隆起した可能性がある。

もっと古くにさかのぼると、ついに二〇メートル近くのところで、高さ一〇〇メートル前後の高い崖にぶつかる(図5-16)。段丘はここでおしまいなのである。白浜付近ではおしまいになるが、少し離れた富崎付近へゆくと、もう一段高いのが見つかった。そこは海抜二四メートルであった。成瀬さんは、その段丘を構成している地層をしらべて巴川貝層と名づけた。海に棲

図 5-16　白浜付近の海岸段丘の背後につらなる高い崖　地平線を見よ．崖は 100 m の高さをもつ．野島岬の灯台より望む．

む貝の化石が何種類も出てきたのだ。房総南端では、この段が海岸をふちどる段丘のなかでの最高で、ここで本当に段丘はおしまいになる。すると、大地震も、それ以上昔には起こらなかったのであろうか？　私は、白浜での地殻変動の研究で、最初にこの疑問にぶつかった。そのことをあまり深く考えこまないうちに、海水面の変動のことに思い当たった。有楽町海進の前に大地震があったとしても、海面はずっと低い(最も低いときは前章に書いたように現海面下一〇〇メートルよりも深い)ところにあったから、たとえ大地が隆起しても海岸段丘は現在陸上では見られないはずなのだ。私は、WRM作戦を進めるかたわら、白浜で地殻変動のことを考えはじめていたから、このような発想に手間はとらなかった。

図5-14に二四メートルと書きこんだ巴川貝層の段のつづきを、北の方へさがしてゆくと、館山

市のあたりで、サンゴの化石で有名な沼層の段につづくのであった。この段は、有楽町海進の終ったころにできたものにちがいない。その後の研究により、沼層は今から六〇〇〇年ないし八〇〇〇年前だということがわかっている。ここでは七〇〇〇年前ということにして話をすすめよう。

東京湾の南と北

海水面の変動のところで書いたように、沼層は低地より一段と古い段丘をつくる地層である。ここで低地というのは、もちろん館山市付近の低地を指す。しかし昔の地質学者は、低地はどれも同じ年代につくられたと考えていたから、低地の地下にある地層は、東京付近の有楽町層と同年代だと思っていた。そのため、沼層は有楽町層より古いものだと考えられていた。

けれども、大地震にともなう隆起が七〇〇〇年前からずっとつづいていたとすれば、七〇〇〇年前に海面直下にできたサンゴの地層が、現在二〇メートル前後の高い所に存在していても、少しもふしぎではない(図5-17)。七〇〇〇年前の有楽町海進のときは、かなり急速に海面が上がったから、土地の隆起がこれに追いつかなかった。そのため館山市付近の多くの小さな谷の中へ海が進入し、その海岸にサンゴが生育したのであろう。したがって、サンゴ化石をふくむ沼層は、有楽町層と同じ時代にできた地層なのである。

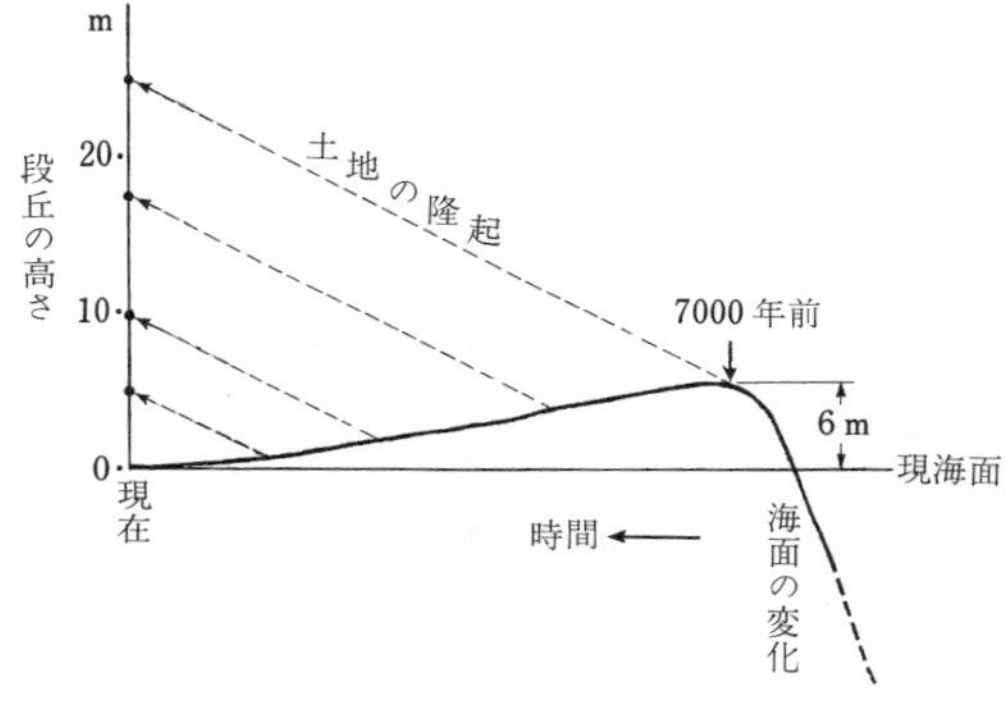

図 5-17　海面の変化と土地の隆起との関係　縦に高さをとり，横に時間の経過をとる．左の縦軸の所が「現在」で，この軸上の黒丸は，現在の段丘面の高さ．一番上の黒丸は，巴川貝層の段丘(24 m)をあらわす．この図は，現在の段丘面の高さが，形成後の海面低下の量と，土地の隆起の量との和であることを示している．

その後地盤は隆起する。沼層は干上がって段丘をつくる。新しく段丘より低い所に低地ができる。館山市付近の低地は、有楽町海進直後にできた奥東京湾の低地よりは新しいわけである。この章でお話ししたような隆起のことが念頭にあったからこそ、私はサンゴ化石の出る沼層が、奥東京湾周縁の貝塚の示す縄文時代と同じ年代であろうという、「革命」的な判断をすることができたのである。

奥東京湾は今はない。今の江戸川の所から東京湾にそそいでいた昔の利根川は、北の方からたくさんの土砂を運んできて、この奥東京湾を埋めたててしまったのだ。それに荒川や多摩川などの運ぶ土砂も加わり、これらの土砂に海岸沿いの流れ(沿岸流)が作用して、東京湾の北部はまるみをおびた海岸線になってしまった。

東京湾の南部は、といえば、利根川のような大きな川がないから、有楽町海進で谷が海におぼれた形のまま、その谷の埋立てが終っていない所が多い。横須賀や浦賀などの港は、谷の中へはいりこんだ海を利用しているわけである。油壺のことは、海進と海退の章(第3章)で述べたが、その時の言葉をつかえば、東京湾の北部は平滑海岸で、南部はリアス式海岸なのである。一方、関東地震にともなう地殻変動をみても、沼層以後七〇〇〇年間の地殻変動をみても、東京湾の北部よりも南部の方が隆起しているのである。したがって、リアス式海岸=地盤の沈降と考えてはいけないことが、いっそう明瞭に理解されるだろう。

奥東京湾のあった低地は、現在海抜五メートル程度しかない。なかには、地盤沈下のため海抜以下の土地もあってゼロメートル地帯などと呼ばれている。そのような低地と、二〇メートル前後の高さをもつ沼段丘面や二四メートルの巴川貝層の段丘面とが、同じ時期にできたのである。七〇〇〇年たつうちに、館山や白浜は二〇メートル内外も隆起したのに、東京付近はほとんど隆起していないようである。そのありさまは、関東地震(大正地震)のときの隆起沈降の分布と同じ傾向ではないか。一九二三年の地震のときに一瞬にして上がったり下がったりした地盤のくせが、七〇〇〇年間のくせと似ているらしい、ということである。どのくらい似ているか? もし大変よく似ているならば、それは、一九二三年のような変動が七〇〇〇年のあいだ何度もくりかえされたためにちが

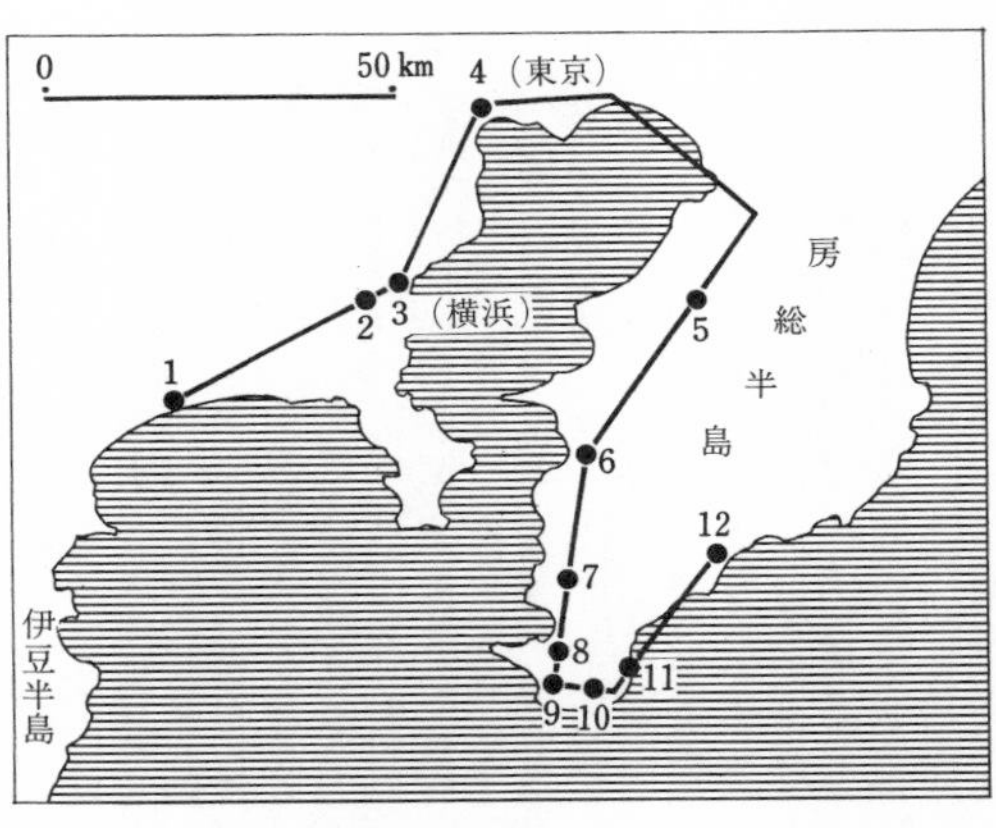

図5-18　7000年間の隆起量を測った場所(1～12の黒丸)と大正の関東地震の時の隆起量をグラフ(図5-20)に描いた場所(太い線)

いない。隆起する所はいつも隆起するくせをもっており、沈降する所はいつも沈降するくせをもっているのではないか？　こういう問題に答えるためには、七〇〇〇年前の段丘などの高さをしらべて、七〇〇〇年間の隆起沈降の分布図をつくればよいわけだ。そこで、私と成瀬さんとは、海岸段丘の調査を、房総南端だけでなく関東南部全体にひろげることにした。

地域的な分布

私たちは、図に一番から一二番まで番号をつけた地点で、有楽町海進当時の海岸線の高さを測った(図5-18)。その高さが、ほぼ七〇〇〇年間の地盤の相対的な隆起量を示すからである。「測った」といえば簡単であるが、じつはその前に、海がある高さまで進入したという証拠をさがしたわけである。この一二ヵ所は、そういう証拠がうまく見つかった場所である。うまく見つかった、といっても、すでに先輩の誰かが論文の中で報告していたり、私たちの友人が、自分の調査の経験を私たちに話してくれたりした場所が多い。また、まったくそうした手がかりがなく、二人でその場所へいってはじめてさがした所もある。

ではいったいどうやって海がそこまでやってきたかを判定したのか？　私たちは二つの目安を利用した。一つは、海岸段丘の存在である。海岸段丘は房総半島の南部では、現在の海岸から一段一段と高くなり、一〇メートルから二〇メートルの高さのあたりで高い崖にぶつかって、段丘はおしまいになるのが通例である。もっと高い所たとえば海抜四〇メートルとか五〇メートルとかの高さにも平らな所があり、段丘面のなごりと思われる場所がいくらでもあるが、その上へあがってみると必ず関東ローム層が堆積している。関東ローム層は第2章で述べたように有楽町層より古い。したがって、これらの平らな面が有楽町海進よりも前であることがわかる。このような場所は、たとえ段丘であったとしても、私たちが問題にしている時代より古い時代にできたので、私たちの研究対象としては失格になる。そういうわけで、一〇メートルから二〇メートルの高さのあたりで段丘がおしまいになった場合、有楽町海進がおわった時点つまり七〇〇〇年前は、その高さまで海がやってきた、と判定する。そのような高さを測ってその分布を見ると、七〇〇〇年間の隆起の大きさが場所によってどの程度ちがうかがわかる。

しかし、海岸段丘を目安につかうだけでは、外洋に面した所ではうまくゆくが、内湾に面した所や、現在外洋に面していても、七〇〇〇年前に内湾に面していた所などではうまくいかない。磯波が波食棚をつくるのは外洋に面した所だけだからである。そこでもう一つの目安が必要になってくる。それは、海底に堆積した地層つまり海成層の存在である。

ここで私たちの問題としている年代(有楽町海進のはじまってからあと)の海成層は、「有楽町層または他の地域のこれに相当する地層」のことに他ならないから、「　」の部分を簡略にしてズバリ「有楽町層」と呼んでしまうことにしよう。その海進後、海が退いたあとにも、川の堆積物など、海成層でない地層もたまるから、まず海成層とそうでないものとを見分ける必要がある。海成層にはたいてい、海に棲む貝の残した殻がふくまれている。それで私たちはまず、貝の化石がどことどこに出るかをしらべた。論文にすでにのっている所もあるし、同じ地質学の仲間に聞いた所もある。私と成瀬さんとはそういう場所をまわり歩いた。貝殻は、もう七〇〇〇年もたったあとだから、ほとんど色あせて白くなっているが、時々殻の模様の色が残っていることもある。白くなっていると誰でも化石だとすぐ納得してくれるが、色が残っていたりすると、「これでも化石ですか?」などときかれることがある。地学では、生物の遺骸は、どんなに新しくとも、時には昨日死んだ生物の場合だろうと、それは**化石**と呼ぶ。年月がたっているとか、まっ白な塊りになっているということは条件としないで、この言葉を使っている。まして、化石という文字から受ける「石にバケた」ということは、この際まったく関係がない。少し脱線してしまったが、そうして貝の化石をみつけると、それをふくむ地層、つまりここでいう「有楽町層」の上限がどこであるかを、次にしらべる。そして上限の場所が、現在海抜どのくらいにあるかを測るのである。

海岸段丘と海成層の二つの目安のどちらを使うにしても、最後にはそれらの海抜の高さを測らなければならない。それには現在の海面からの高さを測っておき、あとで潮の干満の表をしらべて、平均海面とその時刻の海面との差を加減して求める。また、国土地理院などですでに測量して平均海面からの高さのわかっている地点から、何メートル高いか、あるいは何メートル低いか、測るやりかたでもよい。いずれにしても、私たちは高さを測る必要があった。それにはポケットコンパスという軽くて携帯に便利な測量機械を使った。精密な機械ではないが、とにかく三脚の上に水準器とコンパス(磁針)と望遠鏡が載っている。もう一つ箱尺といって、細長い四角な筒に目盛りをつけたものを使った。筒の中には、ひとまわり小さい筒がはいっていて、そのまた中に、また一つ小さい筒がはいっている。それらを中からひき出すと、二メートルぐらいの筒が六メートルぐらいまでのびるのである。二人でポケットコンパスと箱尺をかついで、房総半島や三浦半島などを歩いてまわった。

図5-18の地図に番号をふった一二ヵ所について、一つ一つ述べると長くなるので、ここには例として、大磯にある1番の地点の露頭の地質柱状図を示すにとどめよう。地質柱状図というのは、地層の重なりかたを、縦に細長くあらわした図のことである。ここに示した地層には、図5-19の中ほどの貝殻の記号でわかるように海に棲む貝の化石がふくまれていて、この地層が海成層であることがわかる。しかし、その海成層は図の上方の矢印で示した所までで、その上には川の堆積物が積み重なっている。だから、有楽町海進で上昇した海面は、少なくともこの矢印のところまでは上がってきたということができる。二人で測った結果、そこは海抜二三・五メートルであることがわかった。

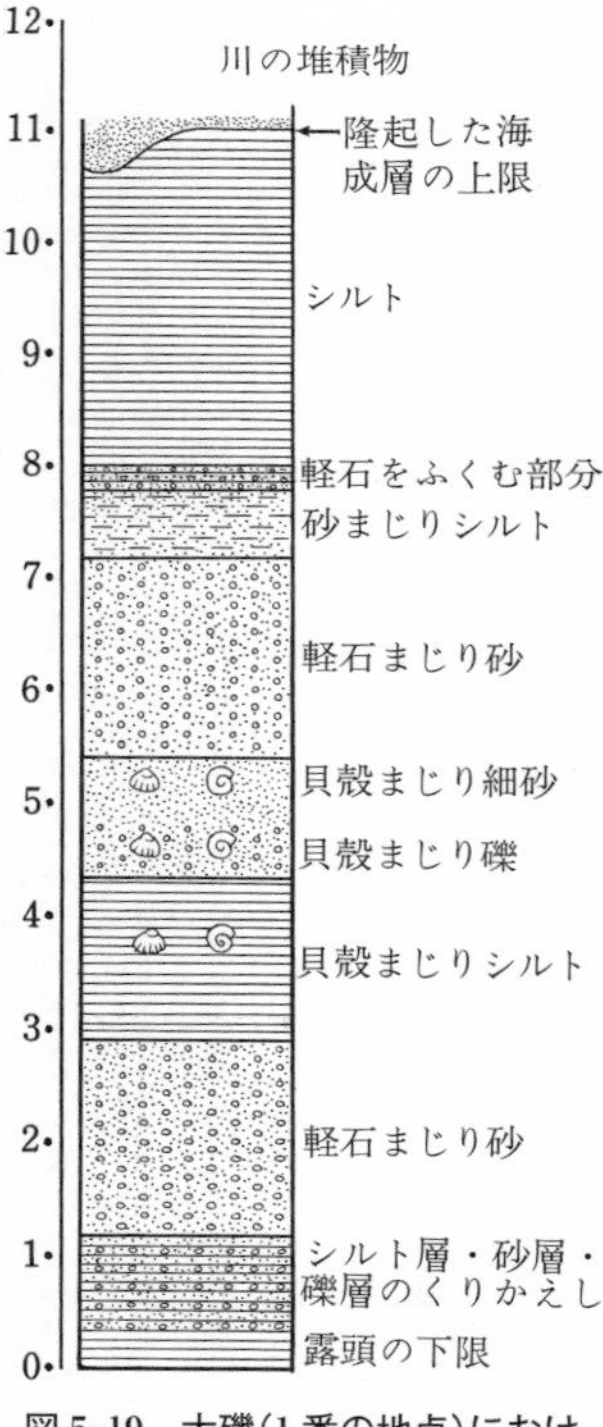

図5-19　大磯(1番の地点)における地層の露頭の柱状図　最上部の川の堆積物以外は，全部海成層．この海成層は房総半島の沼層と同時期のもの．川の堆積物とこの海成層との境が海抜いくらであるかを測った．

こうして関東南部全体にわたって十数カ所の、海成層の上限の高さを求めることができた。そのうちの一二ヵ所の高さを、図5-20の上半分に示す。この図で破線でつないだ点がその一二ヵ所の高さをあらわしている。

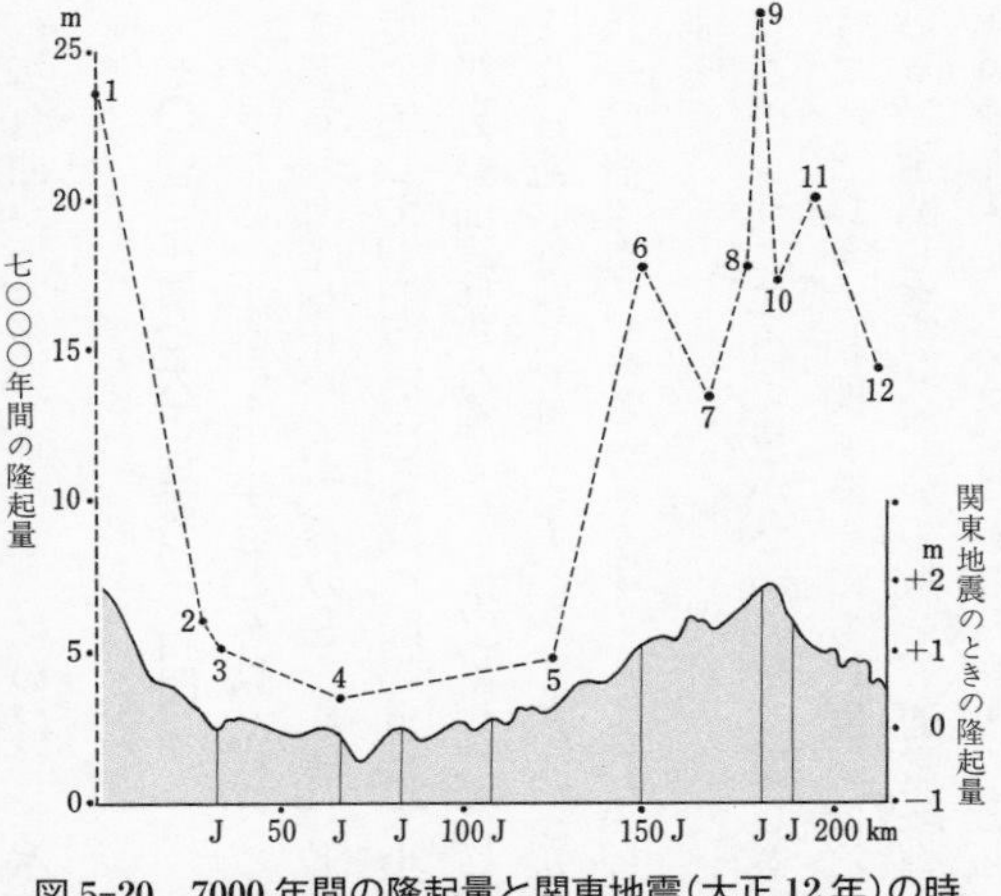

図 5-20　7000 年間の隆起量と関東地震(大正 12 年)の時の隆起量との比較　二つの曲線はたがいによく似た形をしている．ただし目盛りの長さがちがうことに注意．関東地震の方は，隆起量が誇張されている．

グラフの下半分には、一九二三年の関東地震(かんとうじしん)のときの隆起量の分布が示されている。こちらの方は、少数の地点をつないだものではなく、ほとんど連続的に値がわかっている。ここでも縦軸(たてじく)は隆起量であるが、上半分の縦軸と目盛りを変えてあって、上半分に比べ、隆起量を誇張(こちょう)してあらわすようになっている。横軸上の位置は、上半分とまったく同じである。地図上の線が折れている地点にJという記号をつけた。JとJとの間は地図上で直線であるが、全体としては折れ曲がった線をまっすぐにのばし、グラフの横軸に示したわけである。

七〇〇〇年間と大正地震との相関

グラフの上半分と下半分とを見くらべると、形がよく対応している。上で山のところは下でも山になり、上で谷のところは、下でも谷になっている。一九二三年の隆起の程度に応じて、七〇〇〇年間の隆起量に大小があるのだ。ただし、右にも書いたように、上半分の曲線(折れ線という方が正確だが)と下半分の曲線とは、縦の目盛りのちがうことに注意しなければならない。七〇〇〇年間の隆起は一九二三年のときの隆起のじつは一〇倍ぐらいあるのである。しかし、見やすくするために、わざと目盛りをかえてある。

このように二つの量がたがいに関係しあって変化するときに、この二つの量は「相関する」という。相関するのにも程度がいろいろあり、対応が明瞭なら「相関がいい」という。相関している二つの量を、通常縦軸と横軸とにとって、相対応する値を組にして黒丸を記入し、グラフにあらわすと、黒丸がみな、ある直線のまわりにあつまってくることがわかる。ここでもそのやりかたをとってみよう。

図5-21にそれを示す。さて読者はここで、「おや約束とちがうではないか」と思うにちがいない。黒丸はたしかに前の図からとった一二点を使っているが、直線はそれら一

二点のまんなかを通るように引くのが、相関の問題を解くときのふつうのやりかたである。それなのに、ここでは上の方に引いてある。「変なやりかたもあるものだ」と思うであろう。このことについて少し弁解しておこう。一九二三年の隆起量(横軸)はたしかに隆起量そのものである。しかし、七〇〇〇年間の隆起量というのは、はたして正確にわかったのだろうか？　私たちはせっせと測って歩いた。しかしそれは、私たちの知るかぎりでの「有楽町層」の上限や海岸段丘の上限であって、海は少なくともここまでき

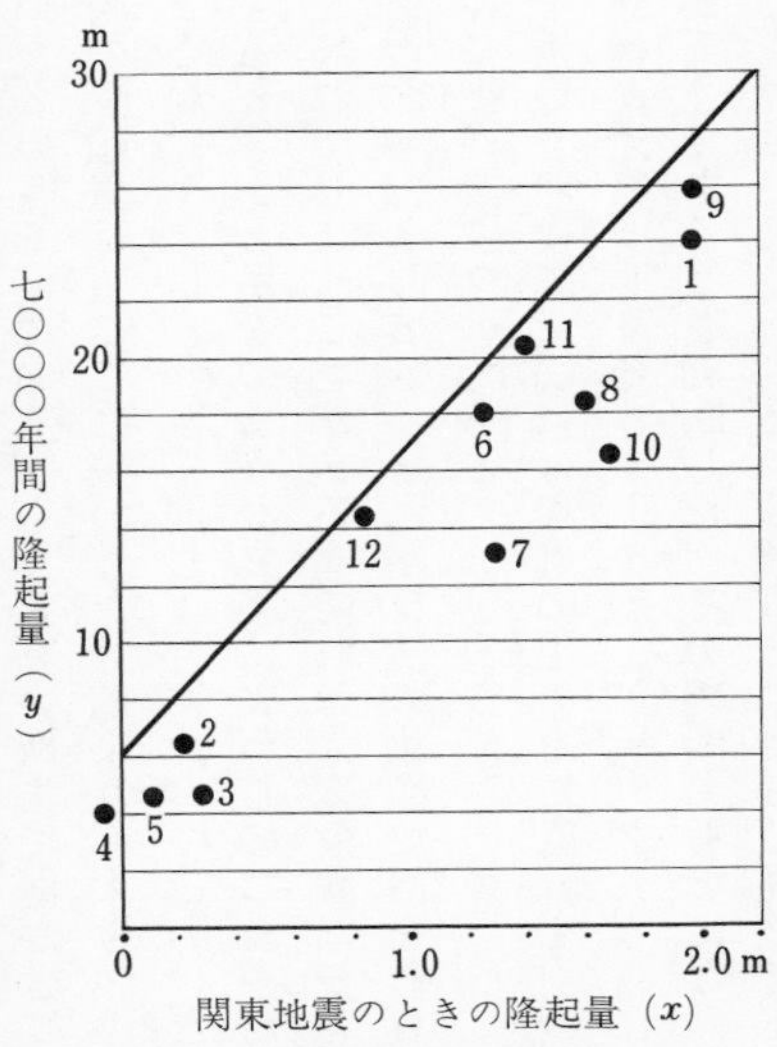

図 5-21　2 種類の隆起量の相関をみるためのグラフ　1 番から 12 番までの地点の一つ一つについて，図 5-20 の二つの隆起量を縦と横にとり，それを黒丸であらわす．斜めの太い線については本文参照．

ていたということである。もっと高い所まで海がきていた可能性もあるのだ。だから、本当の隆起量は、ここに表わした数値よりも大きいのかもしれない。そう考えると、横軸xと縦軸yとはまったく同じように比べてはいけないのである。私たちはついうっかりすると、xとかyのような文字に表わしてしまったとき、もともとそれが何であったかを忘れてしまうことがある。それは大変危険なことであって、いくらむずかしい数式をあつかったとしても、それが自然の状態で何をあらわしているのかを常に頭に入れておくことが必要なのである。

そういうわけで、図には黒丸の上の方に直線を引っぱってある。あまり上の方にすると想像が過ぎるし、そうかといって、黒丸ぎりぎりにするほどのことはない。まあこの辺が妥当であろうと判断した。その判断のもとになったのは、私たちがどのくらい「上限」を見つけえたか、という調査そのものの経験である。

この章の結論は次のようになる。少なくとも関東南部では、この七〇〇〇年間、**地震隆起**(一九二三年の隆起のようなものを、こういう言葉で表現しておこう)が、場所場所で固有の大きさをもちながら、積み重なってきた。房総南部は、地震隆起がいつでも大きい。東京湾の北部ではほとんどゼロで、沈降すらしている。七〇〇〇年間の隆起量は、一回の地震のときの隆起量に比例していて、それらが大きい所はいつでも大きい。どうもそう結論せざるをえない。

ところで、図5-21の斜(なな)めの直線は、グラフの原点を通らずに、縦軸を高さ六メートルの所で切っている。これを私たちは、七〇〇〇年前の海面の「高さ」だと判定した。つまり七〇〇〇年前には、海面が陸地に対して相対的に、現在よりも六メートル高かった、と考えたのである。斜めの直線が切っている所は、一九二三年の隆起量がゼロのところである。地震隆起はそこでは常にゼロだとしてみよう。それなのに、七〇〇〇年前の「有楽町層」の上限はそこでは六メートルたらずの所までできている。これは、海面がそれ以後六メートルほど下がったせいではあるまいか？　こう考えると、この図は万事説明がつく。

次に、比例関係をみよう。この斜めの直線からわかることは、七〇〇〇年間の隆起が一九二三年の隆起の一一倍あるということである。地震隆起する所は通常、この隆起に比例して、地震のない静かな時には沈降することが知られている。次の地震が起こるまでに二分の一沈降するようなら、一九二三年の隆起の二分の一が永久の隆起として残ることになるから、七〇〇〇年間には二二回、大正と同じような大地震が起こればつじつまが合う。これは、三〇〇年に一回ほどの割合である。現在の沈降速度から考えても、歴史に記録されている地震の回数から考えても、三〇〇年に一回の地震というのは比較(ひかく)的(てき)ありそうなことである。もちろん、地震というものは、太陽系のなかでの地球の運行のように完全に規則正しく起こるものではないから、三〇〇年に一回というのは単に割合のことで、周期ではない。最も確かな事実は、一七〇三年の次はそれから二二〇年のちの一九二三年に起こっていることであって、この次はいつになるのか今のところは見当がつかない。

さまざまの地変

震災は東京でひどかった。それは前に述べたように、有楽町層のやわらかい地盤が下町に広く分布していたためであり、また家屋が密集していて火災が起こったためである。しかし、震度は相模湾岸で一番大きかった。それは震源に最も近かったせいである。そのため、丹沢の山でも箱根の山でも、たくさんの山くずれが起こった。神奈川県にある震生湖と名づけられた池は、山くずれによってできたものである。

箱根火山の東の麓にある根府川では、地震動のため山の土砂が動き出し、斜面を急速に流れくだった。この土石流の流れた速さは毎秒二〇メートルほどであった。これは時速七二キロメートルに相当する。この速さでふつうの道路を自動車で走ったら、スピード違反になるくらいの早さである。このため、全部で八〇戸あった根府川の家のうち六〇戸が押し流された。この時ちょうど上りと下りの二本の列車が通りかかったが、下り列車は駅の建物といっしょに海におちてしまい、上り列車は地震のためトンネルの出口から機関車だけ首を出して停まっていたが、歩き出した乗客は鉄橋とともに土石流にさられ、機関車は土石流にうずめられた(図5-22)。この一つの土石流のため、結局四〇人以上が犠牲となったのである。

このような変動は、山くずれであって、地殻のごく表層の部分が移動するだけであるから、地殻変動とはいわない。地殻変動とは、すでに述べた関東南部全体の地震隆起や、これらが積み重なったと考えられる大磯や白浜の二〇メートルもの隆起など、ひろがりの大きなもののことをいうのである。しかし、一九二三年の地殻変動は、もちろん隆起だけではない。伊豆半島の東側の地域と、丹沢山地から東京都の高尾山にかけての地域とが沈降した。あとの方の地域については測量してはじめてわかったことであって、海岸とちがって直接目撃できる証拠はない。そこで、隆起沈降を総まとめにしてみると、大磯・白浜に最高の隆起があり、それを中心に、房総・三浦地域が隆起し、一方大磯のすぐ北方のあたりでは丹沢地域が沈降している、ということになる(図5-8)。この分布のもようは、最後の章の話ではたいせつなことになってく

図5-22　根府川の土石流　関東地震直後の写真.

るのである。

関東地震では、まだほかの地変も起こった。次の章では、地割(じわ)れのことと、そしておもに地震断層のことをお話ししたいと思う。

6 地震断層

根尾谷断層の水平ずれの跡。まっすぐだったお茶の木の列が、S字状に曲がった

図 6-1　関東地震の時の地割れ　東京小石川大曲．写真の右側は川のふち．

地割れと断層

大地震が起こると、盛土した道路や堤防とか、沖積平野の表面など、地盤の悪い所には、地割れがたくさんできる。関東地震のときにも、これがあちこちにできた(図6-1)。地割れは、地震により地盤が振動したためにできるもので、地表付近だけに限られ地殻の深い所まではつづいていない(図6-2)。

地割れほど頻繁ではないが、大地震のときには地殻の深い所までつづく岩石のひび割れができてその両側が相対的にずれる、つまり**断層**が見られることがある。断層とは、「層を断つ」という字のごとく、地層または岩石にくいちがいができている現象に対して名づけられた言葉である。図6-3の断層は、いつごろくいちがってできたのかわからない。地層のできた時代よりあとではあるが、遠い昔の地質時代に動いたものか

図 6-2　福井地震による国道の地割れ　福井県吉田郡高木橋付近.

図 6-3　小さな断層の露頭　道路の切割りに，黒い地層をずらせている何本もの断層が見える．鎌倉市稲村ヶ崎.

もしれない。しかし、もしこれと同じような運動が、今起こったとしたらどうなるであろうか。それが上方の地面までつづいていれば、地面をくいちがわせ、そこに小さな崖をつくるにちがいない。実際に、日本では、一八七一年から一九七〇年までの一〇〇年間に、地表に断層のあらわれた地震は一四回ほど起こっている。いずれも大地震である。海底に断層があらわれたと考えられるものをふくめればもっと多いわけであるが、海底に関してはいままではほとんど確認されていない。地震の時にできた地表の断層を**地震断層**ということがある。

関東地震の時にも、いくつかの地震断層ができた。その一つは三浦半島南部の北下浦にあり、下浦断層と呼ばれている。私は、この断層を報告した山崎直方の論文から、地図を写しとって、それを片手にそこをおとずれてみた。山崎さんの報告によると、下浦断層は、三浦半島の東海岸に始まり丘陵を二つ三つ越えて一〇キロメートルほどつづいている。海岸近くでは**断層線**(断層が地表と交わる線)はおよそ東西の向きに走り、この線の南側が北側の地盤にくらべて二〇—三〇センチほど落ちたとある。今そこに行ってみると、たった三〇センチの高さの崖ならば、付近にいくらでもあるので、どれが下浦断層なのかわからない。この辺かなと思う所で、働いているお百姓さんに聞いてみた。その人は、当時のすさまじい地震のもようを話し、田のあぜ道を指して、「断層はここです」という(図6-4)。それまで一枚の田だったのが、ここを境に段ができたので、二枚の田になったと説明してくれた。いうまでもなく、ひとつづきの水田は、ほぼ水平の地面だったわけで、断層による崖ができてからは、両側を別々の田にしなければならなかったのである。

関東地震の時にできた地震断層の第二の例として、千葉県館山市北東部の延命寺断層をあげておこう。ここでも、田で働いている人にたずねて、一メートルほどの高さの南向きの崖がそれであることがわかった(図6-5)。

断層というものは、このように両側の地盤がくいちがう現象のことをいうので、どのようにしてできたかわからない崖をさして、くいちがいを確かめずに断層だというのは間違いである。たいていの崖は、他の原因、たとえば川に削られたりして、できるものである。また、断層が地表にあらわれた時に、必ず崖ができるかというと、そうではない。断層の両側の地盤が水平にくいちがう場合には、崖はできない。図6-6で、崖の

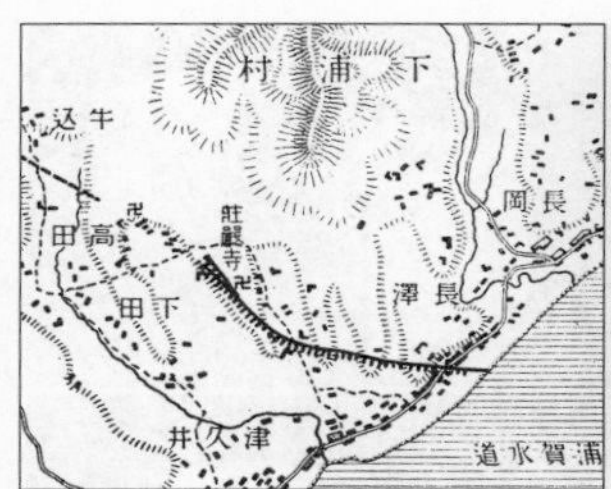

図 6-4　**下浦断層**　手前のあぜ道が断層．20〜30 cm の垂直ずれを示す．1963 年撮影．

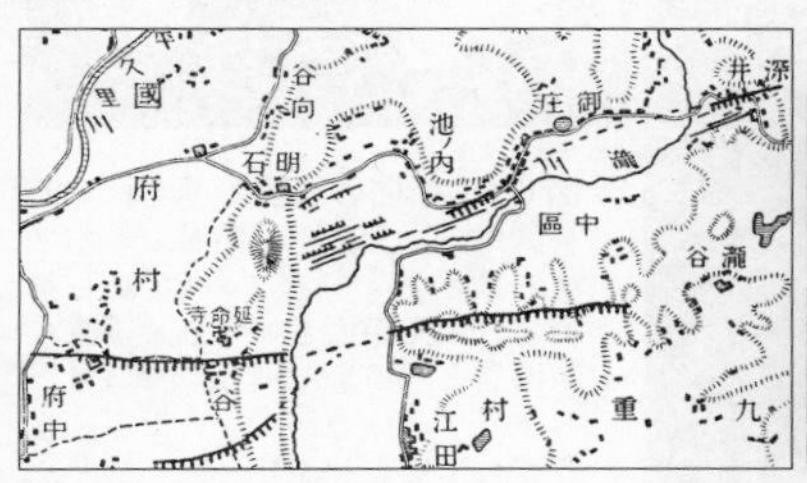

図 6-5　**延命寺断層**　今では土木工事のためこの写真と形が変わり，当時の面影はない．

できる垂直ずれ断層と、崖のできない水平ずれの場合と、そして両方が同時に起こった場合とを説明する。②と③は極端な場合で、一般には④や⑤のような断層運動が起こる。相対的な動きの方向がちょうど垂直だったり、ちょうど水平だったりするという例は、どちらかといえばめずらしい。それで、たいていの断層は、水平ずれが少しで垂直ずれが大きいか、垂直ずれが少しで水平ずれが大きいか、のどちらかの型に属する。これらはそれぞれ、大きい

図 6-6　断層の説明　①ずれる前の状態，②垂直ずれ断層，③水平ずれ断層，④斜めずれ(ただし垂直ずれの方が大きいから，垂直ずれ断層と呼ぶ)，⑤斜めずれ(ただし水平ずれの方が大きいから，水平ずれ断層と呼ぶ)．

方のずれで代表させて、**垂直ずれ断層・水平ずれ断層**という名前で呼んでいる。下浦断層や延命寺断層は、垂直ずれ断層である。

世界に名高い根尾谷断層

一八九一年(明治二四年)一〇月二八日午前六時三七分、濃尾平野を中心に大地震が起こった。一九七〇年までの一〇〇年間に日本の陸の部分で起こった最大の地震である。このとき地震断層も、日本では最大のものができた。そのおもな断層線を根尾谷断層という。この断層は、

図 6-7　水鳥の断層崖　濃尾地震直後の写真で，小藤さんの論文にのったもの．これが世界中に知られることになった．

岐阜市北西方の根尾谷を中心とし、南東へは愛知県犬山市の北東までのび、全長八〇キロメートルにわたっている。

地震後に根尾谷断層をしらべた小藤文次郎は、地震と断層との間に密接な関係のあることを主張した学者であるが、現地へ写真屋をつれていって断層でできた崖の写真をとり、これを論文にのせた(図6-7)。当時はまだ、素人がカメラをもっていなかったのであろう。その写真は、後に世界中の地質学や地震学の教科書にのせられたので、根尾谷断層は有名になった(図6-8)。私がモスクワからきた地震地質学の専門家をそこに案内した時には、彼は涙を流さんばかりに感激し、「四〇年来の夢がかなった」といって、崖に生えていた野の花を記念としてだいじに摘んでいったくらいであった。根尾谷断層はそれほどに、世

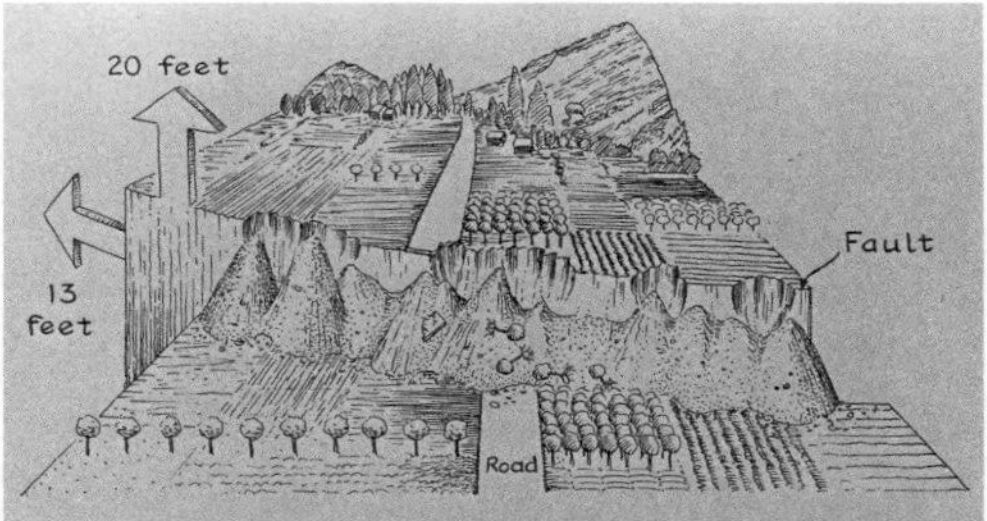

Figure 8-1. Cliff formed during the Mino-Owari earthquake, Japan. The displacement, as measured on the offset road, was 20 feet vertically and 13 feet laterally. (From a photograph by Koto.)

図6-8　外国の教科書にのっている水鳥断層　ギルリー他著『地質学の原理』より(巻末参照). Fault とは英語で断層のこと.

界的によく知られた名前である。なかでも一番立派な**断層崖**(断層でできた崖)は水鳥地区の傍らにあり、その崖の部分を、水鳥断層と呼ぶことがある。「水鳥」とはちょっと読みにくい名前である。外国人に「ミドリ断層」といわれて、てっきり「緑」断層だとおもい、はてそんな断層は聞いたことがないなどと早合点したえらい先生もいたくらいである。水鳥断層では、崖もできたが、道路のくいちがいでわかるように、水平にも四メートルほどずれた(水鳥断層の現状は図6-9の通り)。

図6-10は、水鳥の南約四キロメートルの日当地区の川原でとった写真である。ここは、根尾谷断層の露頭である。左側(西側)が白っぽいチャート、右側(東側)が黒っぽい粘板岩で、それらが、平らな面(写真では線)で接している。この面のことを**断層面**という。これに沿って両側の岩石がたがいにすべり動いたのである。たがいにくいちがう地層がひとめで見わたせる場合(図6-3)と、ここで

図 6-9　根尾谷の水鳥断層(現状)

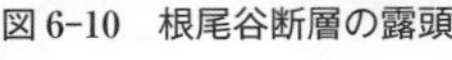

図6-10　根尾谷断層の露頭

は少しようすがちがう。それぞれ片側の岩石のつづきは、多分何キロも離れた地点へ移動してしまい、目の前にくいちがいを見ることができない。根尾谷断層は、ずれの大きな断層なのである。このずれの大部分は遠い過去に生じたものである。そして濃尾地震の際に起こったずれは、じつは、岩石の中にみられるずれの、何百分の一か何千分の一かにすぎないのである。

日本のように地殻変動のはげしい地域では、地質調査をすればわかるように、いたる所が断層できられている。岩石は、いわば寄木細工の一つ一つのきれはしのようになっている。しかし、地質に見られる断層は、ほとんどすべてが遠い過去にずれた跡であって、今は少しも動かない。根尾谷断層のように人の見ている前でずれたものは、そんなにたくさんはない。前にも述べたように、一九七〇年までの一〇〇年間には一四回の大地震の時ずれた、いくつかの地震断層があるだけである。これらの地震断層は、例外なしに、地質の断層とその位置が一致する。しかも、岩石中にのこされたずれの総量の何百分の一、何千分の一という小さなずれが、地表にあらわれたのである。

図 6-11　中地区の水平ずれ

根尾谷断層は、型でいうと水平ずれ断層である。水鳥地区には崖がたしかにできたけれども、根尾谷断層全体として水平ずれの方が大きかったし、場所によってはほとんど水平ずれだけのところがかなりの部分をしめていた。水鳥の北約四キロメートルの中地区での現象はそのことを今でも物語ってくれる(図6-11・12)。本章扉の写真をみると、お茶の木の列がS字状の形をしているのがわかる。これは二軒の農家の畑の境である。そういう境がいくつもならんでいて、どれもいっせいにS形に曲がっている。曲がった部分は、一線上にならぶ。この線が根尾谷断層線にほかならない。畑の境は地震前はまっすぐだったのが、このように断層線のところで曲げられてしまったのである。そしてそのまま今日におよんでいる。このありさまは、林上さんの測量した平面図を見ると、一層よくわかる。おもしろいことに、根尾村の村役場で一九七〇年現在使われている地籍図は、一八八九年(明治二二年)につくられたまま、その二年後に生じ

図 6-12　根尾谷中地区の水平ずれ(高い所から望む)

た地震断層による地面の変化を修正していない。そのことを知った林さんは、この図を現状とくらべることにより、中地区の水平ずれの量をもとめることができた(図6-13)。その結果、じつに七・四メートルであることが判明した(図6-14)。水鳥での水平ずれは約四メートルであったが、水鳥を越えてさらに南東の別の地区へゆくと、ふたたび七・二メートルというような大きな水平ずれになることが、当時の報告からわかっている。このように断層線に沿ってずれの大きさは一様ではなく、しだいに変化し、断層線の末

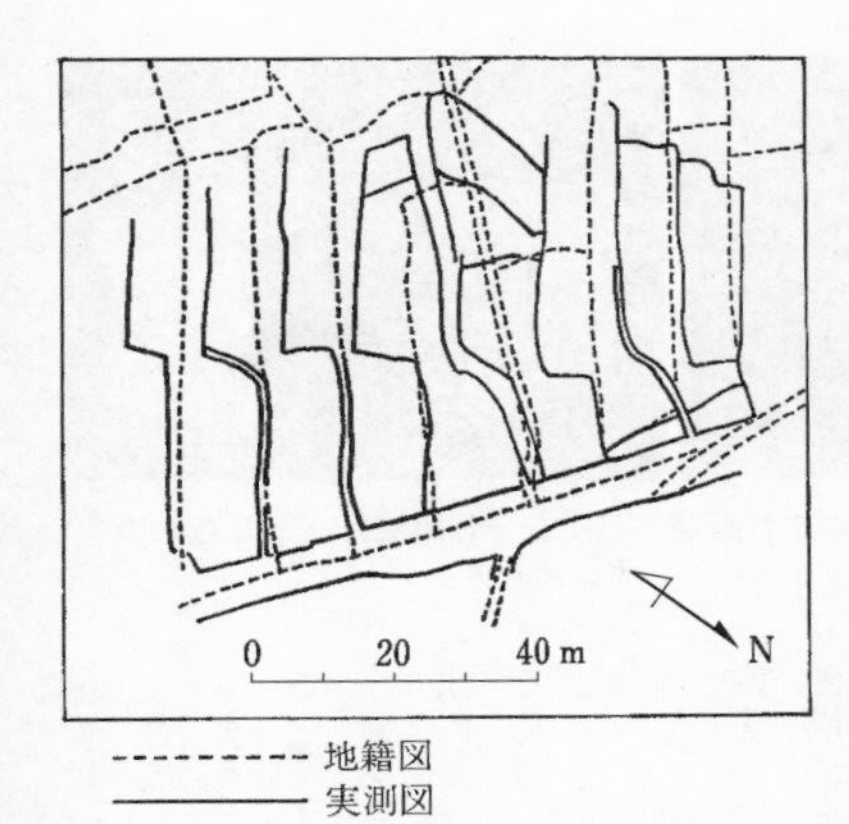

図 6-13　林さんのつくった比較図

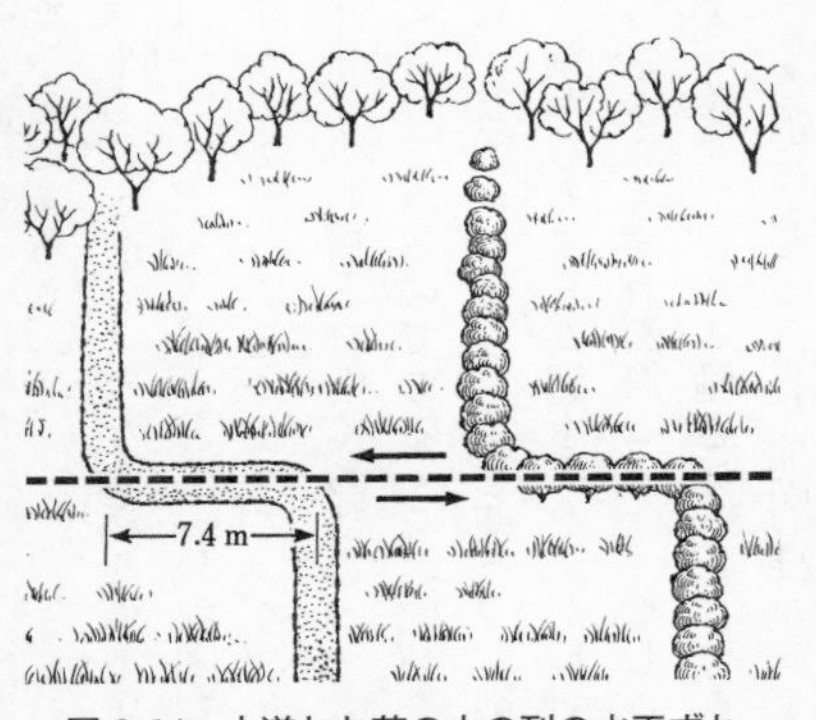

図 6-14　小道とお茶の木の列の水平ずれ

図 6-15　左ずれ断層と右ずれ断層　左：左ずれ断層は，どちらの側から見ても左にずれている．右：右ずれ断層．

端ではゼロとなるのであろう。

さて、この水平ずれを前のような簡単な模型になおしてみよう。図6-15の左がそれであって、右の図と比べてみると、ずれの向きがたがいに逆になっていることに気がつくであろう。水平ずれ断層とひとくちにいっても、向きによって二種類に分けられるのである。その種類を区別するために、左ずれ・右ずれという言葉を使う。左の図では、人の立っている側からみて、断層をへだてた反対側の地面は左へ動いているから**左ずれ断層**という。もしこの人が反対側の地面へ乗り移ってこちら側を見たとしても、やはり断層の向こう(移る前に立っていた地面)は左へずれる。この模型をどんな向きに向けても同じである。これに対して、反対側の地面が右へ動いたものは、**右ずれ断層**という。そして、水平ずれ断層には、左ずれと右ずれの二種類しかない。根尾谷断層は左ずれ断層なのである。

左ずれ地震断層の例をもう一つだけここにつけ加えておこう。それは、一九三〇年の北伊豆地震の時にずれた丹那断層である。丹那断層は、伊豆半島の北部にあり、その中央で丹那盆地を南北に横切っている。国鉄(当時)の丹那トンネルはこの丹那盆地の地下を、ほぼ東西に横切っているのである。断層は北方では、田代盆地の西のへりに沿って走っていて、そこには当時の左ずれの跡が、図6-16の写真のように残っている。

図6-16　北伊豆地震の時にずれた丹那断層　左の石柱に，「田代鎮座火雷神社」とあり，その右に地震前には鳥居があった．鳥居は，左側の柱と右側の柱の下の方だけを残して，地震でこわれてしまった．鳥居の姿を復元して想像してほしい．鳥居と向こうの石段との間に左右に断層が走り，左ずれに動いた．石段は鳥居の正面にあったのである．

福井地震と震源の断層

私の属していた大学の地質学教室では、毎週月曜日の夕方に、先生も学生もいっしょに誰か(先生のことも学生のことも、またよその人のこともある)の話を聞く談話会が開かれるならわしになっていた。一九四八年六月二八日も、私は教室のうしろの方で話をきいていた。話のなかみはおぼえていないが、その途中で建物がゆらゆらとゆっくりゆれたの

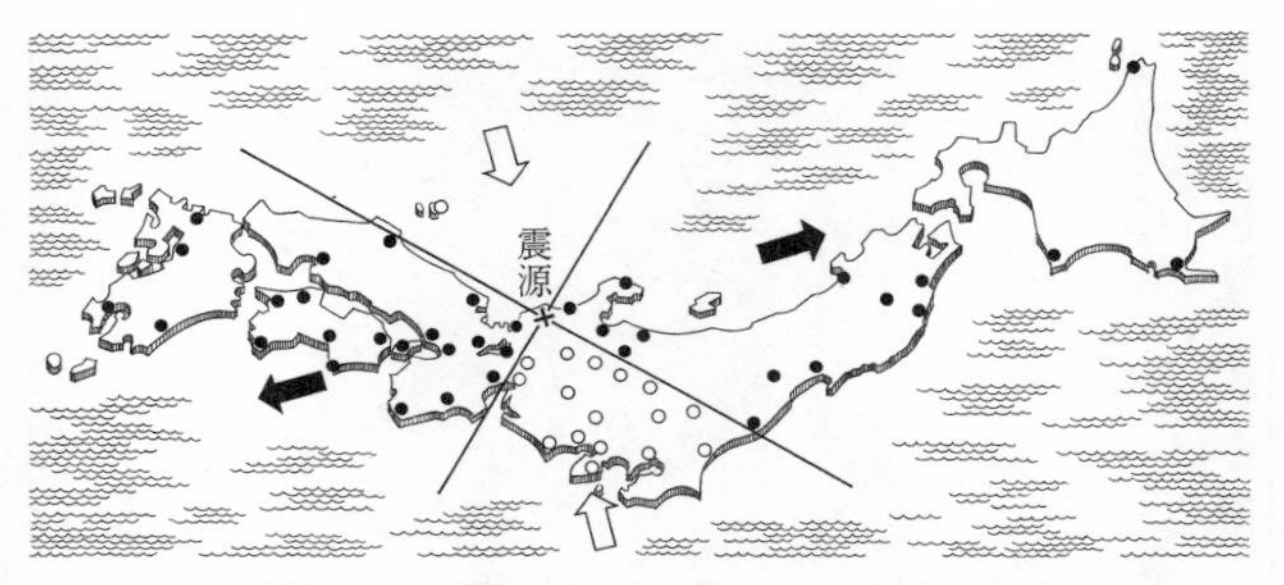

図6-17　福井地震の初動の押し引き分布　黒丸は福井の方から押す方向へ動きはじめた場所，白丸は福井の方へ引く方向へ動きはじめた場所．いずれの点も測候所があって地震計で観測をした所．

はよくおぼえている。どこか遠い所で大地震があったな、と思った。それは、福井から東京までつたわってきた地震動だったのである。東京での震度は一—二であったが、福井平野は震度が五に達し大変な災害をこうむった。特に、地盤の悪い沖積層の低地の上にあった福井市の建物は散々にこわされた。地割れもたくさんできた(図6-2)。これを調査したある人が、これらの地割れを地震断層と呼んだが、それを実際にしらべた私の友人から観察談を聞いて、当時病床にあった大塚先生は私に、「断層とは思えない」と語ったものである。多くの学者も同意見で、はじめは断層が地表にはあらわれていない、ということになっていた。

病床での対話は、さらに図6-17のような現象に関してつづいた。各地の測候所でとった地震の記録をしらべてみると、地震のゆれの最初の向きが、この図に示したように規則正しく分布している。これは福井地震に限ったことではなく、どの地震にも見られる。震源が深いと必ずしもこの図のような直線の境とならないが、福井地震のように、震源が比較的浅い(福井地震では二〇―三〇キロメートル)と、十文字形の境をつくることが多い。このような現象を、地震初動の押し引き分布といっている。押し引き分布は、あとで説明するように、震源で岩石が割れる時などの、衝撃的な力の方向を推定する重要な資料で、最近になってその研究が世界的にますます重要になってきた。地震の初動の向きが規則正しい分布をするというこの現象に、はじめて気がついたのは、志田順であった。志田さんは、一九一七年(大正六年)五月一八日に、天竜川流域で起こった地震について、最初にこのことを見いだし、同年それを発表したのである。その後も、日本の地震学は、この問題について伝統があり、本多弘吉さんを中心として立派な貢献をしてきた。

いったい、この十文字に境された押し引き分布は、震源でどのようなことが起こった時に生ずるのだろうか? 本多さんのグループは、二つの直角に交わる偶力が同時に作用してそれが地震を起こすのであろうと主張していた。偶力とは、たがいに大きさが等しく向きが反対で、作用線が平行であるような二つの力を一組にしたもののことである。一般に一つの偶力が作用するときは、物体を回転させるようにはたらくが、作用線が直角に交わる二つの偶力を合成すると、図6-18に示されるような押し引きの分布が導き出せる。だから福井地震の場合も、図のような南北に近い向きの左まわりの偶力と、東

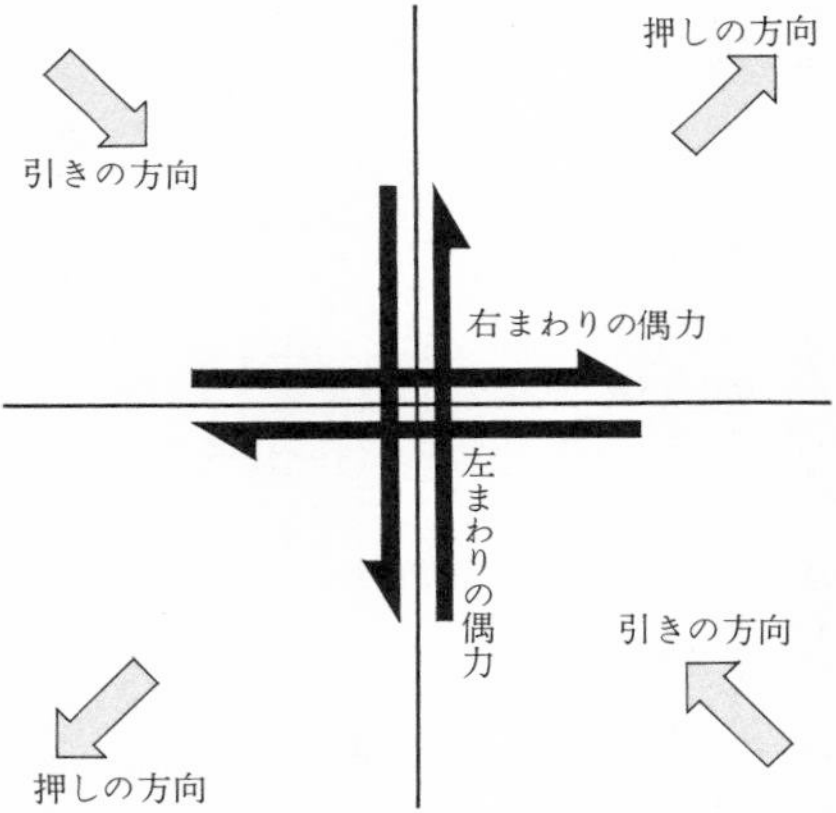

西に近い向きの右まわりの偶力との、二つを地震の原因として考えるのである。

一方、福井地震については別の考えかたもあった。福井地震では、南北に近い方向の地割れが多かったので、そのことを押し引きを境する南北に近い直線にあてはめて、根尾谷断層と同じ左ずれ断層が動いた結果、地震が起こったのだろうという憶測である。想像されたこの左ずれ断層線は根尾谷断層の北方のつづきに当たってくる。私は大塚先生にそういう話をしたのであった。大塚先生は床にふせったまま、押し引き分布は震源での力によってきまってくるのであって、断層運動などと混同してはならないと私をいましめたのである。そのいましめは、ずっとあとになって意味がはっきりしてきた。その意味の説明をする前に、福井地震のあとで行なわれた測量の話をしなければならない。大塚先生が、福井平野の地割れが「断層と

押しの方向
引きの方向
右まわりの偶力
左まわりの偶力
引きの方向
押しの方向

図 6-18　押し引き分布をもたらす二つの偶力　震源に図のような２組の偶力がはたらくと，その結果，図に示した押し引き分布があらわれる．それぞれの象限で二つの力の合力を求めてみよ．

は思えない」と話したり、押し引き分布と断層とを混同するなとさとしたりした直後に、私にとっては意外な事実があらわれたのである。

国土地理院(当時は地理調査所といった)で福井平野およびその周辺の三角点の位置を測量したところ、地震前にくらべて、場所によると二メートル以上も動いていることがわかった。三角点の移動の方向と量は、図6-19で三角印と矢印との組合せがそれを示してい

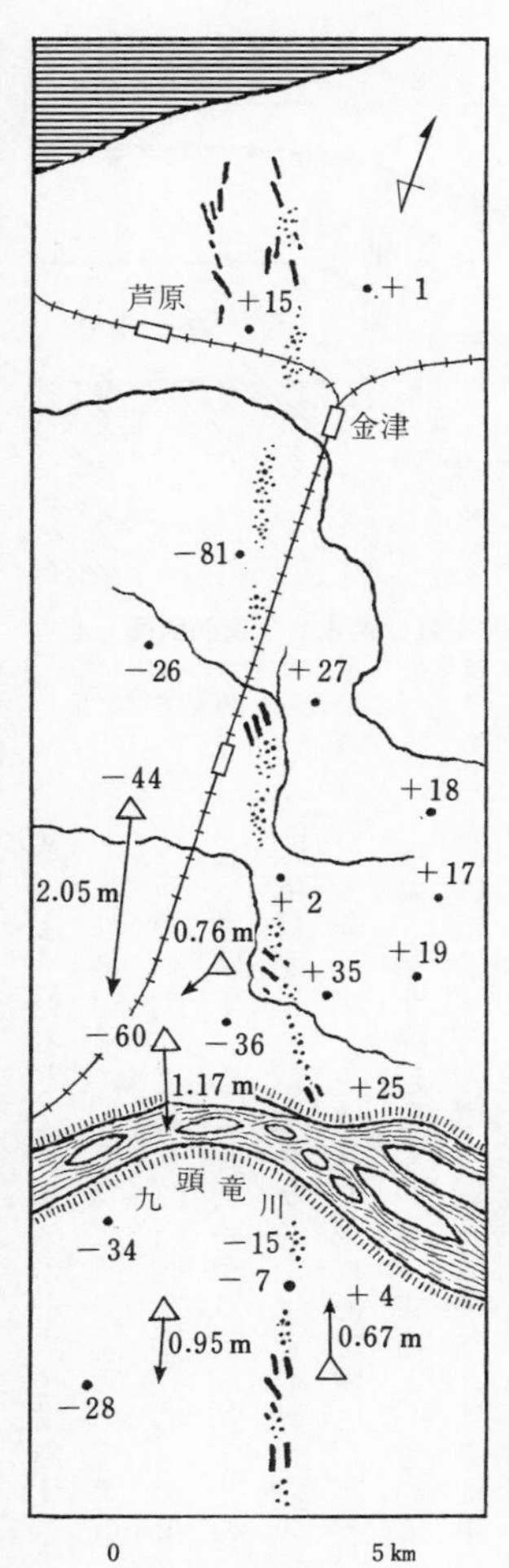

水平変動方向と量
垂直方向の変動量(cm)
地割れ帯

図6-19 福井地震の時の変動と，地割れ帯の分布 地割れ帯の下には，断層がかくされている．

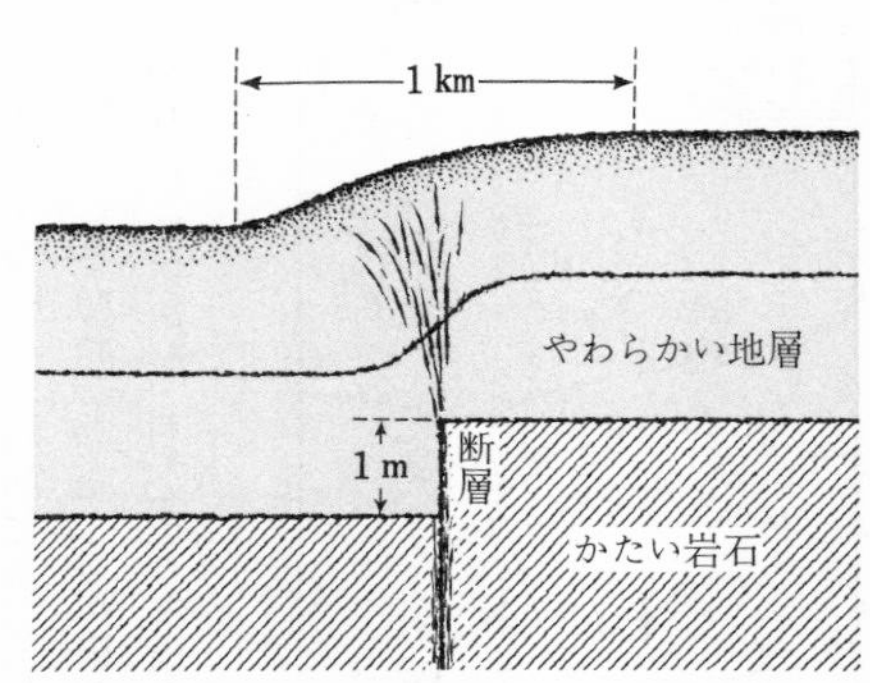

図 6-20　福井平野の模式的な東西断面　上下に誇張して描いてある．上をおおうやわらかい地層が，その下で起こった断層運動のずれをやわらげてしまう．

る。よく見ると、この図の中央を縦断する地割れ帯を境にして、左側(西側)の三角点は皆南へ動いており、右側(東側)のものは北へ動いていることがわかる。また、この図には測量の結果わかった上下運動も記入してあるが、やはり地割れ帯を境に、西が沈降、東が隆起している。すると、この地割れ帯は、この章の最初に述べたような単なる地割れ、つまり振動のため地表付近だけにできる通常の地割れの集まりではなさそうである。

福井平野は、前にお話しした東京の下町低地と同じように、沖積層でできている。この地層はできたてでまだやわらかい。このようなやわらかい地層がかたい岩石の上をおおっていると、かたい岩石の中に断層ができても、地表には明瞭な断層崖ができない(図6-20)。福井地震のときも、どうやら地下の岩石には、ちゃんとした地震断層ができたらしい。しかし、地表付近は沖積層におおわれているため、その部分では、地面は少しずつずれているにすぎないのであろう。図

6-19でみると、測量でわかった上下方向のくいちがいは、最大八〇センチメートル程度で、大きく見積もっても一メートルである。それが、約一キロメートルの幅の地割れ帯のなかで少しずつずれているとすると、地面は平均一〇〇〇分の一だけ傾ければよい。これはなかなか肉眼では気のつきにくい変化である。けれども、もしこのずれが、一ヵ所に集中するとすれば、一メートル近くの崖、つまり断層崖ができるから、これなら地震断層を生じたことが一目瞭然となるはずである。こうして福井地震の時には、地下にはやはり地震断層を生じたのである、と結論された。これは、まったく測量のおかげで判明したのであり、測量がなかったら、いつまでたっても水かけ論で終っていたにちがいない。

こうしてわかった断層は、福井断層と名づけられた。福井断層は、水平ずれが二メートル以上あるので、水平ずれ断層といえる。前に掲げた地図からもすぐにわかるように、このずれは左ずれであり、この点は根尾谷断層と同じで、しかもこの断層は根尾谷断層の北北西方向の延長上にある。前に書いた一部の学者の憶説のとおりであったことがはっきりしたのである。

ここで、地震断層のできかたに関する弾性はねかえり(弾性反発)の考えを紹介しておく必要がある。それは次のようなものである。地震の起こるまでの長い間に、外から力を受けて地盤が徐々に水平にゆがんでゆく。しかし、地盤の弾性のおかげで、ゆがみの

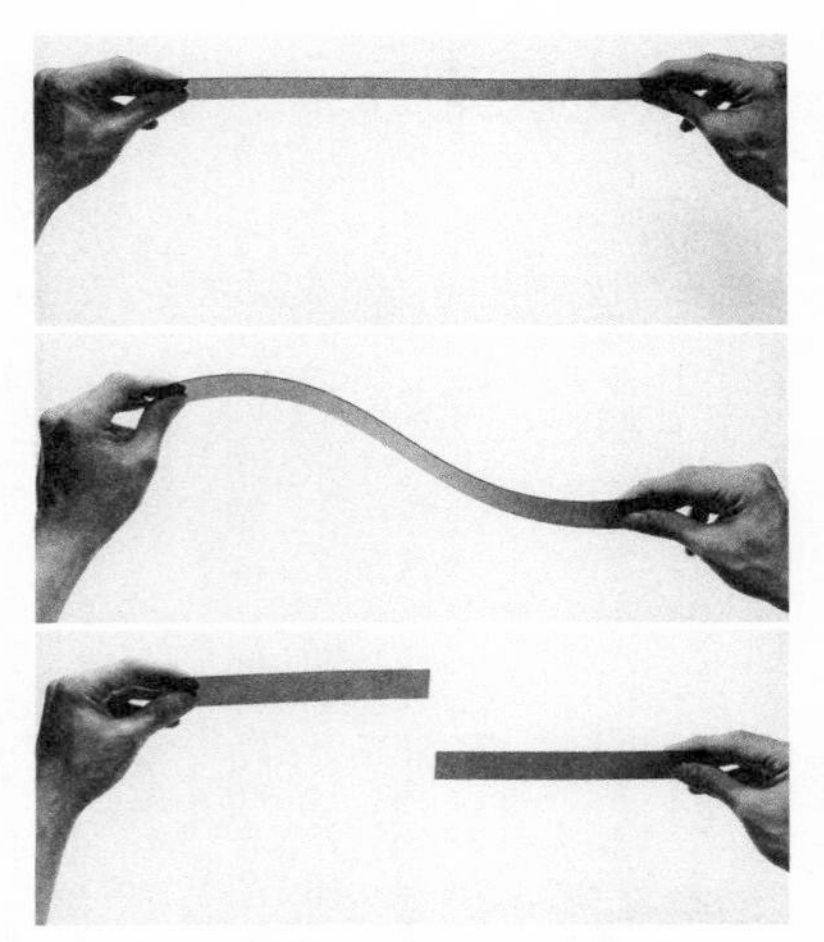

図 6-21　弾性はねかえりを示す模型
地盤が徐々にゆがんでゆき，ついにまんなかで切れてしまって地震を起こす．

小さい間は断層ができずにもちこたえている(図6-21中)。そのうちゆがみが限界をこすと、いちどに断層面に沿って地盤が割れ(図6-21下)、その時地震を起こすという考えである。この考えは、実際と最もよく合う説明であることが、いくつかの研究の結果しだいにはっきりしてきた。たとえば、一九二七年(昭和二年)の丹後地震の時にできた郷村断層の左ずれの運動および、断層周辺の地盤の水平方向の運動の実際の分布は、弾性はねかえりの考えから計算で出した分布とじつによく合っている(図6-22。郷村断層のことは、最後の章でもういちど出てくる)。

さて、弾性はねかえりの考えにもとづいて、震源での岩石の変形のようすをしらべてみよう。図6-23の①ははじめの状態、②はそれから水平に地盤がゆがんでゆく途中の状態で、まだ地震は起こっていない。③で急激に岩石は割れ、断層面にそってすべり、

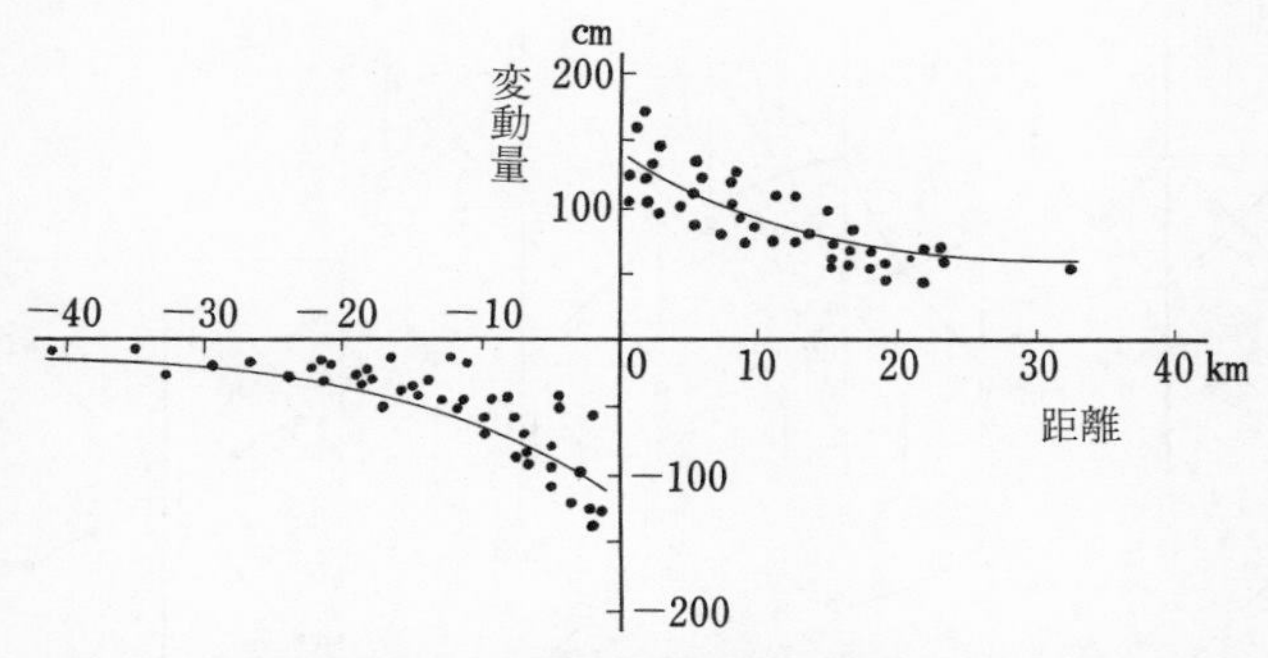

図 6-22　丹後地震の時に，郷村断層の両側の土地が，水平にどれだけ動いたか　グラフの中央が断層(南北方向に走る)の位置．横軸の距離は断層線からそれに直角の方向へとったもの．プラスの距離は東の方，マイナスは西の方をあらわす．黒丸の一つ一つは三角点．縦軸のプラスの変動量は北の方への動き，マイナスは南の方への動き．曲線は，弾性はねかえりならこのように動くはずだという計算された変動量をあらわす．

地震が起こる。地震が起こった時の岩石の変形は、図の右に描いたように、断層面と四五度をなす四つの方向に押しと引っぱりとがあらわれるのである。このような四つの方向に作用する押し引きの力は、二つの直角に交わる偶力が同時に作用したと説明しなければならない。このようにして、弾性はねかえりの考えは、本多さんのグループが長年主張していた二つの偶力の考えを、強力に支持することとなった。じつは、丸山卓男（まるやまたくお）さんという理論家が出現してはじめて、その理論が数式によるきちんとした形で確立されるにいたったのである。それは、一九六三年のことであった。

押し引き分布と断層との関係は、こ

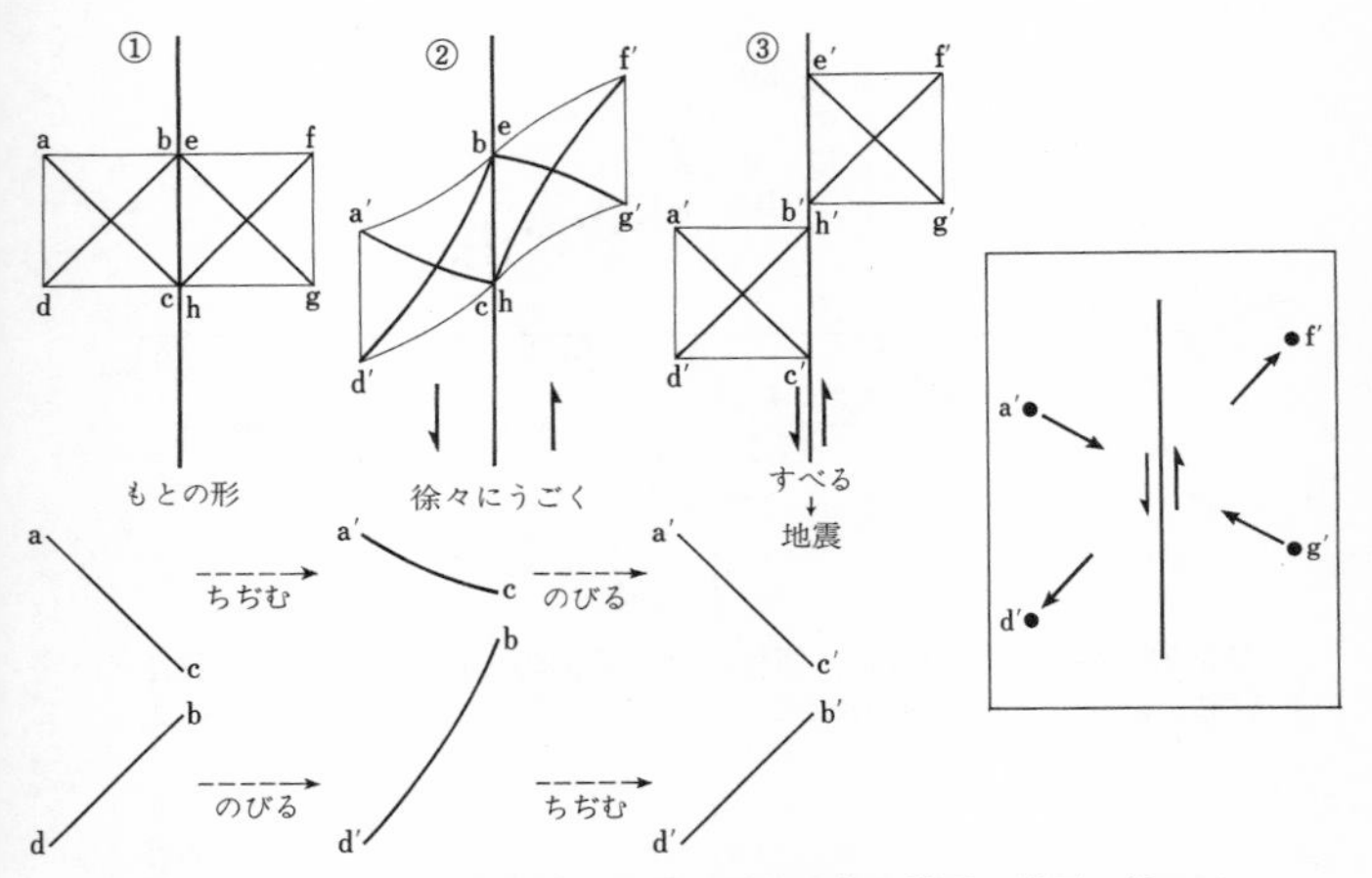

図 6-23　弾性はねかえりによる押し引き分布の説明　地震の前には，大地は①から②のように徐々にゆがむ．a → a′，f → f′ などのように動くが，b，e などは不動．あまりゆがむとついにたまりかねて，②から③のようにはねかえる．今度は，b → b′，e → e′ などのように動くが，a′，f′ などは不動．一方，対角線は下半の図のように伸び縮みする．最後は，a′ 不動で伸びるから c′ が右下の向きへはね，d′ 不動で縮むから b′ は左下の向きへはねる．結果は，右はしのわくのなかに示すような押し引き分布となる．

れで本当に明快に理解できるようになった。ここまで学問が進むのに、福井地震の時から一五年の歳月がたっているのである。あの時、押し引き分布と断層とを単純に結びつけた憶測と、大塚先生（あるいは本多さんたち）の厳密な議論の進めかたと、どちらが正しかったのだろうか？　じつはどちらも正しかったと私は考える。前者は一種の見通しである。そのことをわきまえてさえいれば、仮説はどしどしと提唱した方がよい。そしてこの場合には、押し引きの原因についての断層説の見通しは正しかったのである。しかし一方、押し引き分布と断層とを単純に結びつけてはいけない、という主張ももちろん正しかった。この二つの現象の間には、弾性はねかえりの考えを挿入する必要があったのである。

ここで話をもういちど福井地震にもどすことにしよう。福井断層の長さは二五キロメートルであった。一方根尾谷断層の方は延長八〇キロメートルにもおよんだ。濃尾地震の方が福井地震よりも大きかったのである。地震の大きさをあらわす尺度であるマグニチュードでいうと、濃尾地震は八前後、福井地震は七・三ぐらいである。エネルギーで比べれば、一〇倍以上ちがう。この二つの地震を比べてみると、断層線の長さが三倍ぐらいちがうし、断層の長い方の地震のエネルギーが一桁大きい。断層が大きいほど規模が大きくなるようである。ほかにも例はいくつもあり、どうも震源の断層が大きいと、マグニチュードの大きい地震が起こるようだ、という意見が有力になった。一九五五年ごろのことであった。

もし震源の浅い地震だけに話を限った場合、マグニチュードが大きければ、震源の断層も大きいから、その一部は地表に顔を出すだろうし、逆にマグニチュードが小さければ、断層も小さいから、地表には何もずれを示さないにちがいない。そうすると、地表に地震断層を生ずる地震は、ある程度大きいものにちがいない。地震断層をともなう地震は、マグニチュードいくら以上という、きまった値をもっているだろう。私はこういう予想をたてた。

地震断層を復習する

そのころ、野外で地質調査をしながら露頭で観察される断層を研究していた星野一男さんという私の友人がいた。私は自分のたてた予想を星野さんに話した。星野さんは、それを聞いて大変興味をもち、それから「地震断層をともなう地震のマグニチュードの下限」というテーマと、本腰でとりくみはじめた。地震断層とひとくちにいっても、地割れを断層と混同しているものもあるし、マグニチュードとひとくちにいっても、算出のしかたがいろいろあって、単純に比べるわけにはいかない(表6-1)。星野さんは、古い地震の報告書をあさり、専門の地震学者に話をききにいったりして、かなりの時間をかけたすえ、マグニチュードが七・四以上だと必ず地震断層が地表にあらわれ、七・〇と七・四との間(福井地震のように地下にかくされていることが推定されている場合も「あらわれた」とする)だと、あらわれたりあらわれなかったりし、七・〇以下だと地震断層は地表にまったくあらわれない、という規則性を見つけた。そして翌一九五六年に、地学術雑誌にその論文を発表した。それから一〇年以上の間に、この方面の研究はかなり進歩した。今では、震源の深さ、地震断層線の長さ、ずれの大きさなどとマグニチュー

表 6-1　1871～1970 年に起こったおもな地震(日本付近)

年月日	マグニチュード	名称(または場所)	死者(行方不明をふくむ)
1891. 10. 28	7.9～8.4	濃尾地震	7273
1911. 6. 15	7.7～8.2	喜界島地震	12
1923. 9. 1	7.8～8.2	関東地震	142807
1927. 3. 7	7.4～7.8	丹後地震	2925
1930. 11. 26	7.0～7.2	北伊豆地震	272
1933. 3. 3	8.3～8.5	三陸地震	3008
1938. 11. 5	7.5～7.7	塩屋沖地震	1
1944. 12. 7	8.0～8.1	東南海地震	998
1946. 12. 21	8.1～8.2	南海道地震	1432
1948. 6. 28	7.2～7.3	福井地震	3895
1952. 3. 4	8.1～8.2	十勝沖地震	33
1953. 11. 26	7.5	房総沖地震	0
1960. 3. 21	7.5	三陸沖	0
1964. 6. 16	7.5	新潟地震	26
1965. 8. 3 以後	総計 6.3 に相当 (1970 年末までに有感 62821 回)	松代群発地震	0
1968. 4. 1	7.5	1968 年日向灘地震	0
1968. 5. 16	7.9	1968 年十勝沖地震	52

マグニチュードの値は，有効数字 2 桁まで明確に求められるものではなく，下の方の桁は幾分あやしい場合が多い．ことに，昔起こった地震についてはなおさらである．

ドとの間の統計的な関係式も導かれていて、震源にある断層の実態は相当に明らかになってきている。星野さんの仕事は、そのような研究にさきがけるものであった。

さてそれでは、日本にはいったいどのくらい地震断層ができたのだろうか？　一八九一年の濃尾(のうび)地震以来一九五六年までに二〇ぐらいはたしかにできた。これらのなかから、水平ずれ断層だけをとり

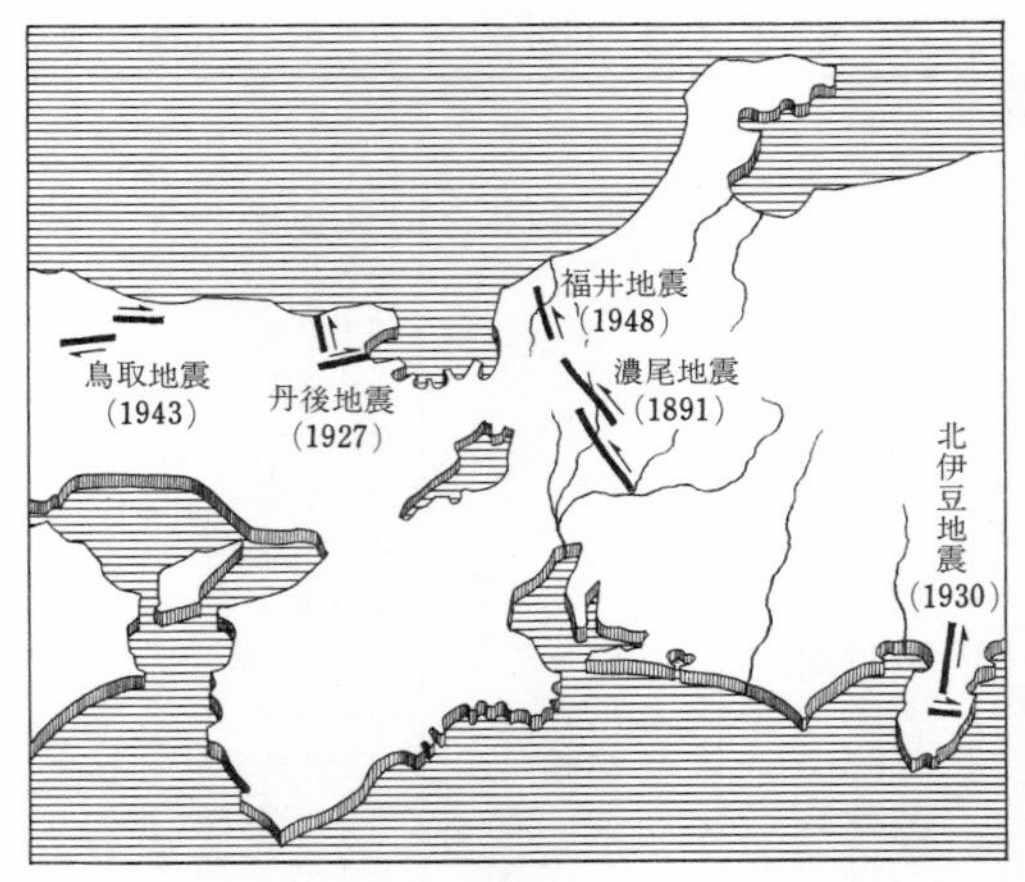

図6-24　水平ずれ断層の規則正しい分布　左ずれの断層線は南北か北西-南東の向きに走り，右ずれの断層線は東西か北東-南西の向きに走る．ここには，1891年から1956年までに目撃された水平ずれ地震断層だけをあつめてある．

出し、これらを左ずれと右ずれに分ける。すると、左ずれのものはどれもみな南北か北西-南東か、その間の方向に走り、右ずれ断層は、かならず東西か北東-南西か、その間の方向に走る、というきわだった規則性がある(図6-24)。この規則性は、一九三六年に大塚先生が「地震断層の諸特徴」の一つとして強調していたことである。

図6-24でかぞえるとわかるように、左ずれが五つ、右ずれが四つある。丹後地震や北伊豆地震では左ずれと右ずれとが組み合わさっている。このような組合せを共役断層系といい、一方の断層は他方の断層と共役であるという。

私は、成瀬さんと二人で関東南部の地震隆起を、七〇〇〇年前までさかのぼってしらべ、関東地震と同じような地震がその間にずっとつづいていたにちがいないと推定した。その次に、星野さんが地震断層についておもしろい成果をあげた。ここで私は、地震断層の動きを、過去にさかのぼってしらべる仕事をしようと心にきめた。

根尾谷断層と並行して滋賀県と岐阜県・福井県との県境近くに柳ガ瀬断層という断層がある。この断層も左ずれにちがいないと思ってしらべた。やはりそうであった。柳ガ瀬断層が左ずれだとわかって小手調べに自信をえたところで、念願の阿寺断層をしらべることにした。阿寺断層は長野県と岐阜県との県境近くを、やはり根尾谷断層と平行して走る断層である(図6-25)。

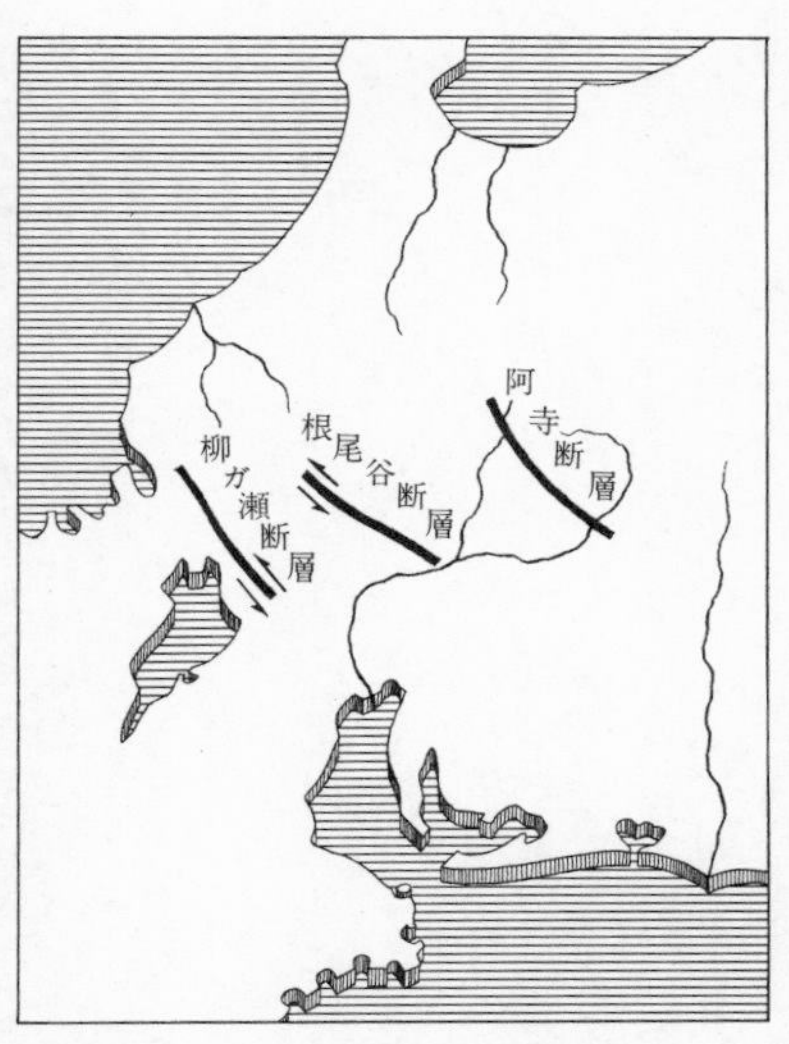

図6-25　なかよくならんでいる三つの断層　西の二つは左ずれ断層とわかったが，残る阿寺断層ははたしてどうか？

7 阿寺断層

濃飛流紋岩の露頭

接峰面図のはなし

阿寺断層の話をするにはまず接峰面図というものの話から始めなければならない。皆さんは、学校や博物館で地形模型を見たことがあるだろう。なかには自分で作ったことのある人もいるにちがいない。できあがった地形模型に、薄くて柔らかい布切れを一枚かぶせたと想像しよう。そうすると、布切れの形は、地形に応じて高い所は出っぱり低い所はへこむにちがいない。しかし、こまかな谷の地形などは布切れにかくれてわからなくなってしまう。そうしてできあがった形を、地形図と同じように等高線によってあらわすとすると、等高線の形は地形図の場合よりもずっと単純になるはずである。このような図を**接峰面図**という。ある地域の地形の特徴を大きくつかむのには、接峰面図を眺めるのがよい。接峰面図をかくには、地図の上を一定の小面積に区分し、おのおのの区分の中で最も高い地点を一つずつえらんでおいて、これらの中で高さの等しいものをつらねて等高線を描くとよい。

図7-1は、このやりかたで作った接峰面図の一例である。場所は、岐阜県と長野県の県境付近で、左が岐阜県、右が長野県である。中央上方やや右寄りに、等高線が同心円状にたくさん描かれている所がある。ここが特別高いところだということは、皆さん

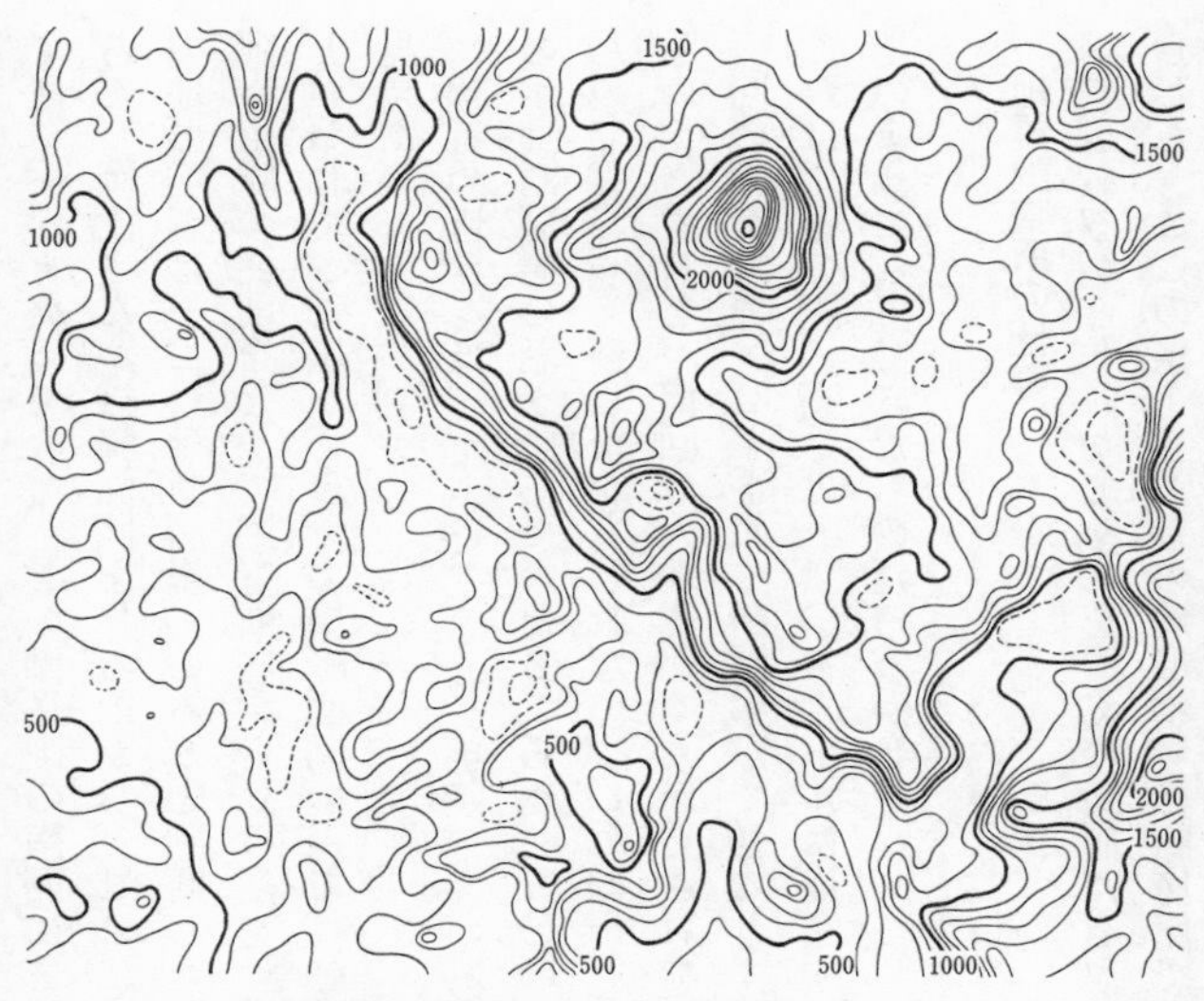

図 7-1　阿寺断層周辺の接峰面図　等高線が 100 m ごとに描かれている．点線にかこまれた部分は，まわりより低い．

にもすぐわかったこととおもう。これは御岳山という火山である。

　御岳山の左下に、左上(北西)から、右下(南東)へ、等高線が何本も束になって走る所がある。少なくとも五本ぐらいは、ずっと束になっている。これは、何だろうか？　その束の南西の側には高さ一〇〇〇メートルを示す太い線が、北東の側には高さ一五〇〇メートルを示す太い線がある。するとここは、北東から南西へ落ちる、高さ五〇〇メートルあまりの崖だということがわかる。

　私の先輩の岡山俊雄さんは、日本全国の接峰面図を描いた人である。かき終えてみて、この御岳山の南西にあるみごとな崖にひきつけられた。もちろん、岡山さんが接峰面図を作る前から、ここに急な崖のあることは知られていた。昔の地形学者は、これは断層崖であろうと判断した。そして、この崖の高い方にそびえる阿寺山脈の名前をとって阿寺断層崖という名をつけていた。岡山さんには、阿寺断層崖といわれてきた崖が、自分の接峰面図の上で、じつに新鮮でなまなましいもののように見えたのである。

読者の皆さんは、たった三〇センチメートルの下浦断層崖や、五・五メートルの高さの水鳥断層崖の話を読んできたところへ、五〇〇メートルもある断層崖のことがでてきたので、びっくりしたかもしれない。これは、もちろん、一回の大地震でできた崖ではない。とすると、何回も大地震がくりかえされてできたものだろうか？ もしかりに、一回の大地震で一メートルの断層崖ができるとすれば、同じような大地震が五〇〇回起これば、その崖の高さは五〇〇メートルに成長するはずである。阿寺断層崖ははたしてそのようにしてできたものだろうか？

地質調査所の仕事

崖があるからといってそれをすぐに断層だと思うのは、まちがいであると前にもお話しした。ここの場合も、昔の地形学者は断層崖であろうと判断したけれども、本当にそうなのかどうかが問題である。さいわい、ちょうど岡山さんが興味をもってこの地域をしらべ始めた一九五七年ごろには、地質調査所にいる私の友人の山田直利さんたちがこの付近の地質をくわしくしらべていた。一九五八年にはその一部の地質図が印刷されるくらいまで調査が進んでいた。ここに掲げる図7-2は、その地質調査の結果をおおまかにまとめたもので、簡略化した地質図ということができる。

　この図に太線で書きこまれているのが断層線で、それらのうち長くつづくものは、まさしく阿寺断層崖に沿って北西から南東へ走っている。だから、この崖の成因を断層運動と判断してまずまちがいがないことになったのである。断層線の近くに温泉の記号が二ヵ所書きこまれている。西の方の温泉は下呂温泉といって名高い。温泉の水は、断層面に沿って深い所から上ってきたにちがいない。

　一九五七年、岡山さんは阿寺断層の地形をしらべるため、現地を歩きはじめた。そこへゆくには、国鉄(当時)の中央本線の坂下でおり、そこからはいるのがよい。坂下町は断層の南東端に近い所にある(図7-3・4)。岡山さんは、坂下の駅をおり、駅前のある宿屋に本拠をおいた。じつは、この時から一〇年以上の長い間、この宿屋を経営している一家と、我々との間のつきあいがはじまったのである。坂下駅前の広場には、濃飛バスが停まっている。濃飛とは美濃と飛騨とを合わせた名前である。地質調査をした山田さんたちも、初期のころはこのバスを大いに利用した。それまでは、石英斑岩といわれ

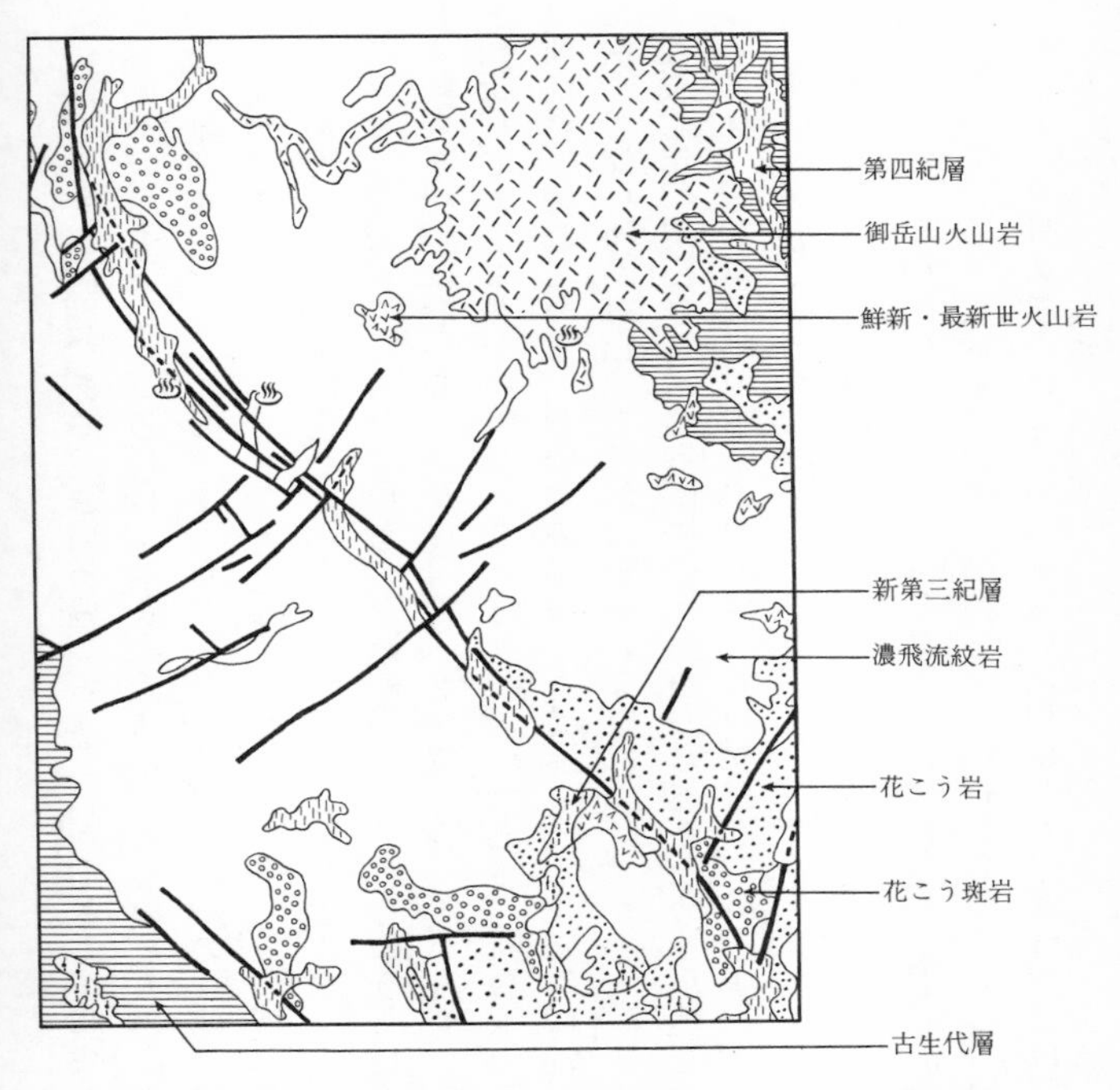

図 7-2　阿寺断層周辺の地質図　太線は断層，太い破線は第四紀層の下に断層が走っていると推定されるところ．右の欄外には，ほぼ生成の年代順に地層や岩体の名前をならべた．上に書いたものほど新しい．

ていたこの地方の岩石が、流紋岩であることがわかり、そのできかたも明らかとなってきたので、山田さんたちはこれに名前をつけることになった。地層の場合と同じである。この流紋岩が美濃と飛驒とにまたがって分布しているのがおもな理由であったが、おせわになったバスに敬意を表する意味もあって、濃飛流紋岩という名をつけた。濃飛流紋岩の名前は、その後の山田さんたちの研究の進展とともに、また同じような岩石が日本の各地で見つかるにつれ、地質学の分野ではしだいに有名になった。今では日本列島の一億年前の歴史を語る時には欠かせない名前となっている。

新鮮な断層崖の発見

岡山さんもこの濃飛バスを利用して、坂下町の北西にある付知というところへいった(図7-4)。付知は、阿寺断層崖の下に、崖沿いに細長くのびる町である。付知で彼は奇妙な地形を見つけた。それは付知川の河岸段丘上のひとつづきの崖である(図7-5)。その高さは六メートル内外で、延長一キロメートル以上にわたってほとんど変化がない。これが段丘の崖つまり段丘崖であるとすれば、それを削ってつくった川があったはずである。図7-6の左上から右下に向かって走る崖は付知川と平行でなくてそれとまじわっているから、これはかつての付知川の支流が削ったことになる。ところが、その上流にあたる山をみても、支流を流したと思われる谷がない。ほんの小さな谷はあるが、そ

字を描いて，右端の鉄橋の方へと流れる．画面中央に左右にひろがる

んな谷を流れた川が、高さ六メートルもある崖を削り、その下側をこれほど平らにしたとは考えられない。この地形は、根尾谷（ねおだに）の水鳥（みどり）断層崖によく似ている。そうだとすれば、この崖の上側と下側の平らな段丘面はもとはひとつづきだったのであって、この崖はそれをくいちがわせた断層崖でなくて何であろう。段丘面はあまり浸食（しんしょく）されていないから、そんなに古いものではない。少なくとも、一〇万年よりは新しい時代に断層が動いて、この小さな崖を作ったのではないか。崖は阿寺断層崖の下に接近していて、それとほとんど平行に走っている。ということは、阿寺断層そのものが、新しい時代にも活動して、この崖を作ったということにな

図 7-3　坂下町の全景　南西方より望む．木曽川は画面の遠方よりS
平野が，あとに述べる問題の河岸段丘である．

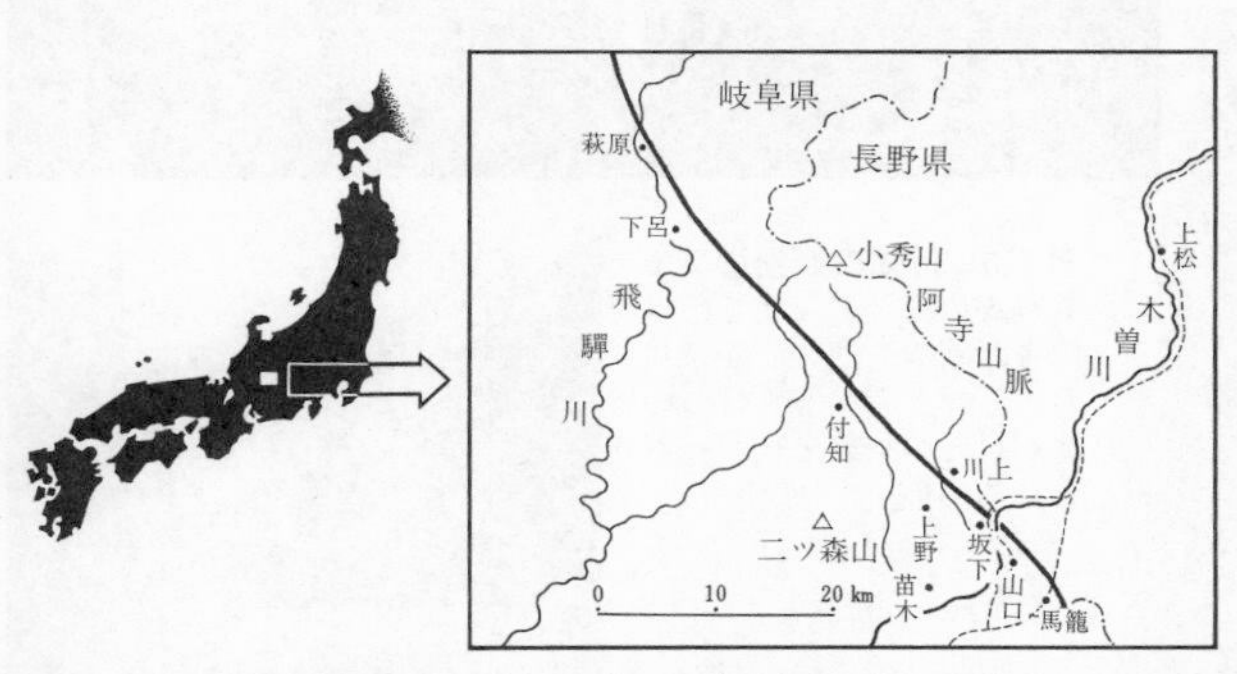

図 7-4　阿寺断層周辺の地名　点線は馬籠を通る古い木曽路と坂下を
通る新しい木曽路.

図 7-5　付知の断層崖　上の写真の背後に見える山は阿寺断層崖．西の方から見おろした．右の写真はこの崖が付知の道路と交わったところの坂．

るではないか。接峰面図に見られた新鮮な印象も、まんざら理由のないことではなかったのだと、岡山さんはひそかに満足をおぼえた。

東京へ帰ってこのことを私の友人の阪口豊さんに話した。阪口さんは空中写真で付知の崖をのぞいた。「のぞいた」と書いたが、空中写真は立体視するのがふつうなので、あたかも現地を空からのぞいているような感じなのである。ついでに阿寺断層崖沿いに、同じような崖はないかと目をこらす。すると、木曽川の河岸段丘が、坂下町のなかで、阿寺断層崖の延長上で、どうも切れているらしい。切れ目は直線状である。岡山さんにその話が伝わる。岡山さんは、坂下ならすでに歩いてだいたいの地理はつかんでいるので、もし断層崖があればそれに気づかなかったはずはないと思った。翌一九五八年、岡山さんは半信半疑でまた坂下へいった。

あった。じつにみごとな真新しい断層崖があった。彼は、ことによると世界にも類例の少ない珍しい地形かもしれないと思って、簡単な測量をはじめた。その結果つくられた図を、簡略にしたものを示しておこう(図7-7)。岡山さんは、これを掲げて一九五九年に学会で坂下の断層崖について発表した。その時には、図の上方に点線で等高線

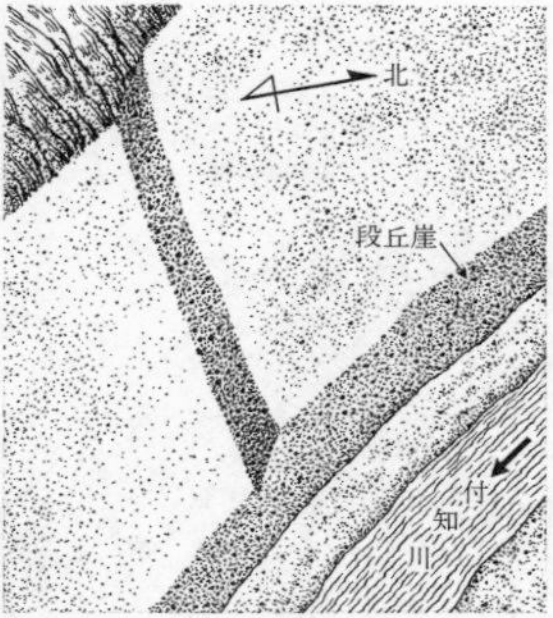

図7-6　付知の河岸段丘を横切る断層崖

を書きこんだ部分を丘陵（きゅうりょう）であるとした。河岸段丘はその丘陵より新しくて、古い順にⅨ、Ⅷ、Ⅶ、Ⅵ、……と形成されたと考えた。断層崖は、Ⅶ以下の段丘を切っているというわけである。

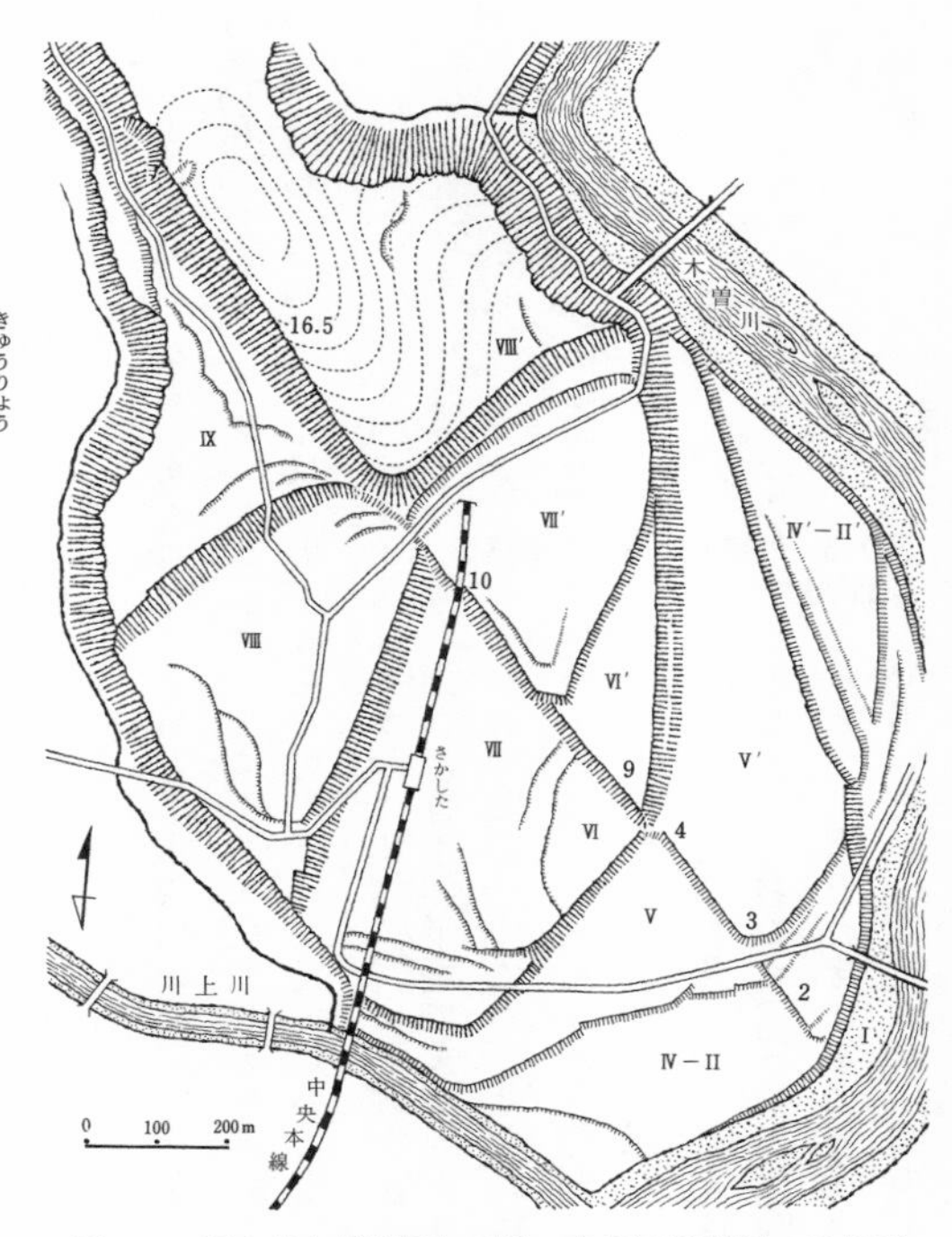

図 7-7　岡山さんが測量して作った坂下の地図　アラビア数字は断層崖の高さのメートル数．北部にある点線は「丘陵」部分の等高線で，3mごとの高さを示す．段丘の番号(ローマ数字)は，便宜上あとに出てくる番号を書きこんである．

図に書きこまれた数字は、崖の高さをあらわすメートル数で、Ⅶ面は一〇メートル、Ⅵ面は九メートル、Ⅴ面は三—四メートル、Ⅳ面は二メートルずれていることがわかる。誰かがこれを見て、北西ほどたくさんずれたのですね、といった。これはまちがいである。なぜまちがいか？　ヒントは、段丘面のできた時代に新旧があるということである。河岸段丘が順次できながら断層も少しずつ動いたのである。答を図7-8に示す。断層運動は、坂下町のなかに関するかぎり場所によるちがいはほとんどないのであって、見かけ上、北西の部分では古くからのずれがつみかさなって大きくずれた結果になっており、南東の部分では新しい時代のずれだけが見えているから、断層崖の高さが小さいのである。つまり、いつでも阿寺断層の北東側の段が時間とともに相対的に順ぐりに高くなるように動いており、断層崖は古い段丘のところほど高いというわけだ。私は岡山さんが学会で発表した図7-7を眺めながら、四段の段丘を切る断層崖がどんな意味をもっているかを考えてみた。そして重要だと思ったのは、これらの断層崖が付知の断層崖とともに、大変に新しい時代に阿寺断層が活動していることのしっかりした証拠になっているということであった。

学会では当然のことながら大きな反響があった。私はたまたまこの学会に出席しなかったので知らなかったが、私の友人たちは、ぜひ見にゆこうと意見が一致して、岡山さんに案内を乞うて一団となって見学にいった。むろん、坂下では例の宿屋に泊まったの

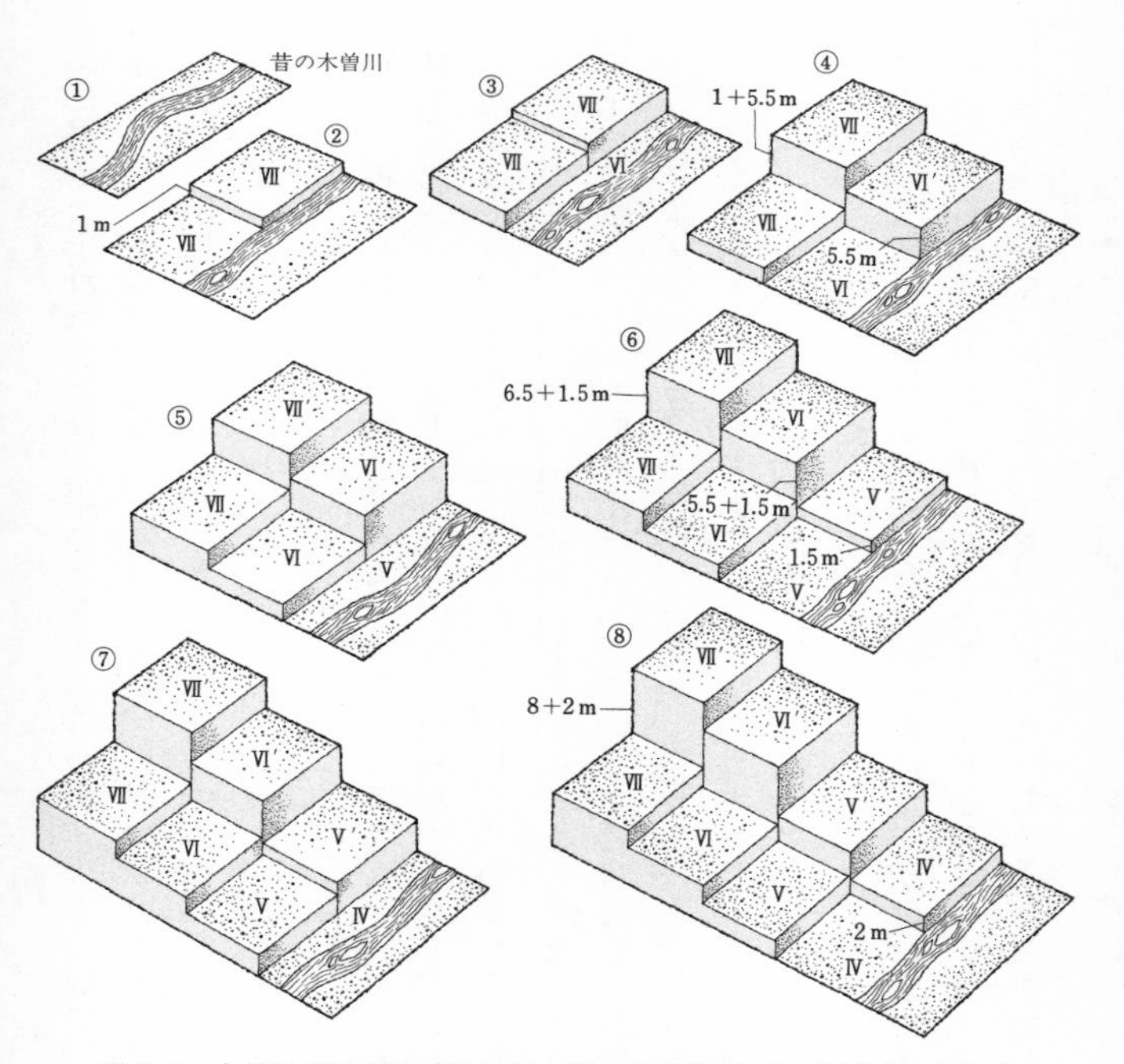

図 7-8　木曽川が河岸段丘を作り，それらの段丘が阿寺断層によりくいちがってゆく順序　①は第Ⅶ段丘面の作られたころの木曽川，以下②③……⑧とつづく．⑧以後現状になるまでの間も，同様なので省略．ここには，段丘の形成と断層運動とが交互に起こったように描かれているが，それぞれの起こった期間の長さは必ずしも同等であると考えるべきものではない．

である。そのなかのひとりの中村一明さんは、東京へ帰ってきて私に会うなりこう言った。「あれはぜひ一度見なければいけませんよ。あんなに生々しくて、動いたばかりのような崖はめったにないでしょうから」と。

前にお話ししたように、私はそのころ、地震断層を中心として、新しく活動した断層をしらべる仕事を始めようとしていたので、この中村さんの話には強く心を動かされた。私がそれまでに知っていた地震断層に関する知識のなかで、最も魅きつけられていたのは、大塚先生の『地震断層の諸特徴』に書かれていた水平ずれの規則性であった。この規則性をあてはめると、前章の最後に出てきた柳ガ瀬断層やいま問題にしている阿寺断層は――もしそれらが水平ずれ断層だとすれば――、左ずれにちがいない、ということになる。ただし、それには前提が必要である。これらの断層が新しい時代に活動した断層、つまり**活断層**だという前提である。そうでないと大塚先生のいう規則性をただちにあてはめるわけにいかない。その前提は、少なくとも阿寺断層に関しては岡山さんが確立してくれた。私が中村さんの話に動かされたのはこの点なのであった。岡山さんにとっては接峰面図上の新鮮な崖が動機であったろうけれども、私の動機は水平ずれの規則性であった。そして私は柳ガ瀬断層も阿寺断層も左ずれの水平ずれ活断層だろうと予想したのである。前にちょっと述べたように、柳ガ瀬断層については予想どおりだという見当がついたので、次にいよいよ阿寺断層にとりかかることとした。

調査にのりだす

私はまず手はじめに、岡山さんの測量図が見たいと思った。阪口さんにたのんだら快くそのコピーをとってくれた。これが前に説明した図7-7のことである。よく見ると、ⅥとⅦとの二つの河岸段丘面の間を走る段丘崖、いわば過去の川岸線の跡が、なめらかな線を描かず、断層のところで左へ横ずれしているではないか。あとで伺ったことであるが、岡山さんはそのころは水平ずれについては考えずひたすら忠実に測量をしたそうで、その忠実な測量の結果、段丘崖のずれまで、図にあらわれていたのである。私はしかしこれが本当かどうかをすぐに信じたわけではない。これはどうしても現地で、そういう目で測り直さねばならないと思った。

ちょうどそのころ、地震学界では、地震予知研究計画というものを作り、政府に研究費を要求しようという気運が高まっていた。私の友人の松田時彦さんはそれまでに地質時代の地殻変動の研究をひととおり終え、地震に目を向けはじめていた。そのため地震にともなう地殻変動をかたっぱしからしらべてやろうと意気込んでいた。その松田さんと二人で相談して、「活断層の研究計画」という刷り物を作った。せまい意味の地震学者だけでなく、我々のような地震地質学者も、予知研究に参加させるべきである。なぜなら、近い過去の断層活動の分布が判明すれば、それらは今後も動きそうな断層なのであるから、地震予知のための精密観測をそのような断層について実施すればよい。我々のような研究がなければ、どの地域で観測をすべきかを決めることができないのではないだろうか、と書いた。この刷り物は採用され、私たちの研究計画は、まもなく地震予知研究計画のなかに加えられることになった。

図7-9　オートバイに乗る松田さん(調査当時)
向こうに見えるのは根尾谷の斜面.

私は松田さんをさそって岐阜県へ出かけた。一九六一年一二月七日のことだった。岐阜で列車をおり、あらかじめ発送してあった地震研究所所属の二五〇ccのオートバイを受け取る。松田さんはこれに乗り(図7-9)、私はバスに乗った。目的地は根尾谷断層の中心地である。そこで落ち合い、翌日から松田さんの運転するオートバイのうしろにまたがって、二人で根尾谷断層をしらべて歩いた。いろいろとおもしろいことがわかって二人の意気は大いにあがった。一一日には荷物を全部荷台にのせ、その上に私がまたがって断層沿いに南東へ向かって出発する。ところどころで断層の露頭がありはしないかとさがしたり、変わった地形

図 7-10　坂下の河岸段丘　おもな段丘崖が3本黒く左右に走る．一番手前は現在の川原に臨む崖，うしろの2本は断層のところでずれ，右側が高い．後方の山の左斜面は阿寺断層崖．

があると、断層運動のためかどうかを考えたりしながら進んだ。途中でいちど交替して私が運転したこともある。根尾谷断層の南東端まで来たら、今度はそこから東へ向かって進む。第二の目的地は坂下である。木曽川沿いに国道を走る。多治見・土岐・瑞浪・恵那・中津川と、いくつもの町を通りぬけ坂下につく。根尾谷出発以来二日かかって、一六三キロメートルを走った。

どんな結果がえられたか

一二月一三日から、坂下で断層崖の調査をはじめた(図7-10・11)。まず岡山さんの地図をたよりに断層崖を見る。見たところ段丘崖と少しも変わらない。地図を描いてみなければ、ただ眺めただけで

図 7-11　坂下の断層崖　古い段丘を切る所ほど，断層崖が高い．①Ⅸ面を切る崖，②家の建っている高い所がⅦ′面，その手前の畑がⅥ′面，左手の道路が向こうの方で二股に分かれるあたりがⅦ面，③左手の自動車の走る道路のうしろがⅥ面とⅤ面(田)との間の崖，右端の家はⅤ′面上に建っていて，その後方の高い所にⅥ′面がある．画面中央の竹やぶは，左側のやや高いⅥ面と右側のやや低いⅤ′面との間の断層崖に生えているもので，垂直ずれだけなら左を向くべき断層崖がここでは水平ずれのため右を向いている．図 7-12 を見よ．④Ⅲ面を切る崖．断層の左側が田，右側の高い所は畑になっている．新しい段丘になると，断層崖の高さも人の背ぐらいに低くなる．

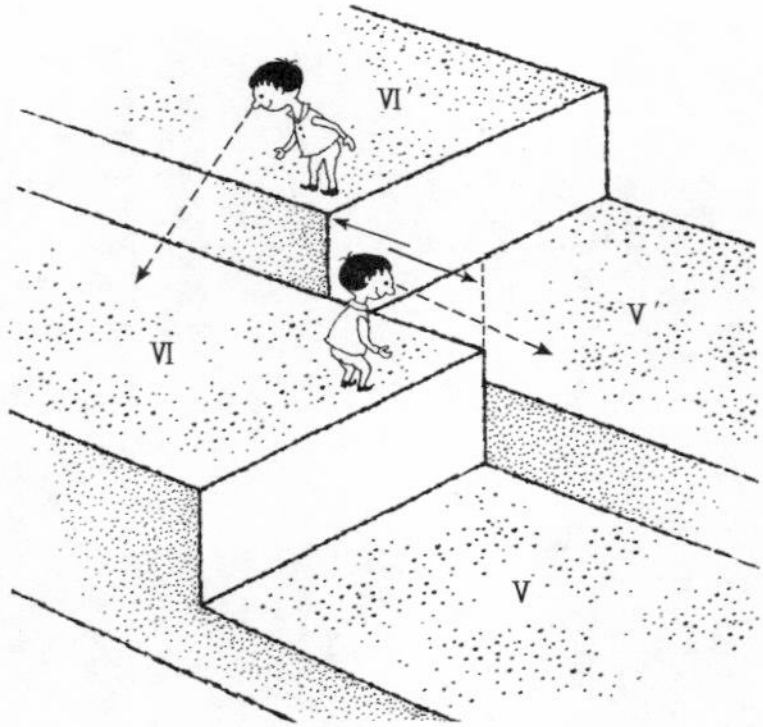

図7-12　**逆向きの断層崖**　断層により上がった側の方が水平ずれのため隣りよりかえって低い.

は気がつかないのも当然である。次に断層崖から目を移して、段丘崖が水平にずれているかどうかしらべてみる。断層線の北東側で段丘崖沿いに見通すと、そのつづきは断層線のあたりから急に左へ出っぱっている(図7-12)。今度は南西側へまわってみる。そこで逆向きに段丘崖沿いに見通す。すると断層線の向こうで急に段丘崖が左へひっこんで見えなくなる。また、別の段丘崖についてもしらべてみる。やはり同じだ。段丘崖というものは、一般に必ずしも直線状につづくとは限らず、ところどころで曲がっていることも多い。しかし、何段もある段丘崖がどれも、断層線のところで同じように左へずれているのは、偶然にしてはあまりに合いすぎている。これは、垂直ずれだけでなく水平左ずれの断層運動があったためにちがいない。そう思って今度は、岡山さんが丘陵とみなした小高い場所へいってみた。そこは浸食が進んでかなり平らさがなくなっているけれども、やはりもとは段丘であったらしい。しかし、断層線をはさんで段丘崖があまりにもひどく水平にくいちがって一〇〇メートル以上ずれた位置にあるので、断層線の南西側にある段丘ⅧやⅨは断層線のところで終り、そこから先の北東側へはつづかないように見えるのだ。段丘崖の左ずれのことを考えていなかった場合は、断層線の北東側が段丘ではなく別の地形だと考えられたのもごく自然のことだと思った。けれども、もし段丘崖の左ずれを考えにいれてみると、丘陵らしく見える所も全部段丘であるとしてつじつまが合う。これは、東京で岡山さんの測量図を見ただけからは予想できないことだった。段丘崖の水平ずれの量は、古い段丘ほど大きくなってゆく。これはおもしろいぞと思った。あの小国川の場合と同じではないか。断層運動は時とともに積み重なってゆくのだ。

二人で相談してまず丘陵に見える部分が、ⅧやⅨのつづきの段丘かどうかを確かめることにした。段丘をつくった川の堆積物、つまり砂礫などの特徴をしらべて、断層線の両側が同時期に生成されたものと判定することを試みた。一般にこのように二つの地層を比べて同時期のものと判定する作業を**対比**するという。その作業は二人で歩きまわって、ⅧについてもⅨについてもうまくいった。次に、断層線の南西側の段丘崖の傾斜と、北東側にある丘陵のように見える場所——そこは墓地になっていたが——の斜面の傾斜とを測量して比べてみた。グラフに横断面図を描いてみると、どちらの斜面も、それほど傾斜にちがいのないことがわかった。つまり、明瞭な崖にみえる所でも、少し浸食されれば丘陵の斜面のように見えるのである。

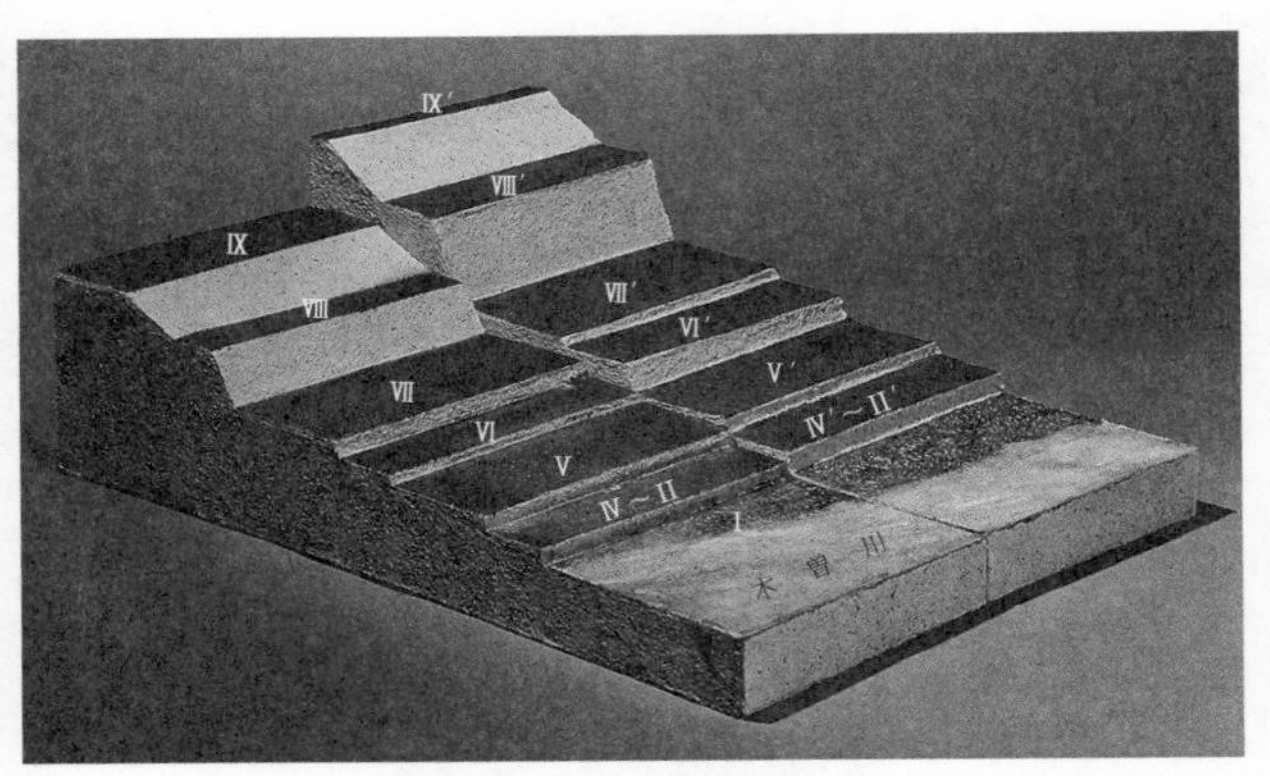

図 7-13　坂下断層の模型　段丘面の番号は，新しい方から順に付けてある．坂下における阿寺断層を坂下断層ということがある．

ここまでの調査の結果を整理してみよう。私たちはまず、新しい方の段丘から順に番号をつけた。現在の木曽川(きそがわ)の川原(かわら)がⅠである(図7-13)。最も古い段丘がⅨである。断層の北東側には、それぞれにダッシュをつけた。これらの番号は、この章ではすでに岡山さんの図(図7-7)や図7-13の模型にもあてはめて使ってある。

それから二人で断層崖沿いに、一つ一つの段丘面の高さの差を測った。これは、垂直ずれの断層運動の大きさをあらわすことになる。次に、段丘崖のくいちがいを測った。これは、水平ずれの量をあらわすわけである。垂直ずれと水平ずれとが同時に起これば、斜め(なな)に動くこととなる。私たちの測った垂直ずれの量と水平ずれの量との二つを組み合わせると、断層運動の斜めのずれの向きと大きさとがえられるわけである。これを逆にいえば、斜め方向の断層運動は、垂直成分と水平成分とに分解できるということになる。斜めの向きの大きさを、このような成分に分解して考えるやりかたは、我々のよくやる方法で、この本の最後の章にもまたでてくる。坂下では、私たちは阿寺断層運動の垂直成分と水平成分とを測ったのである。

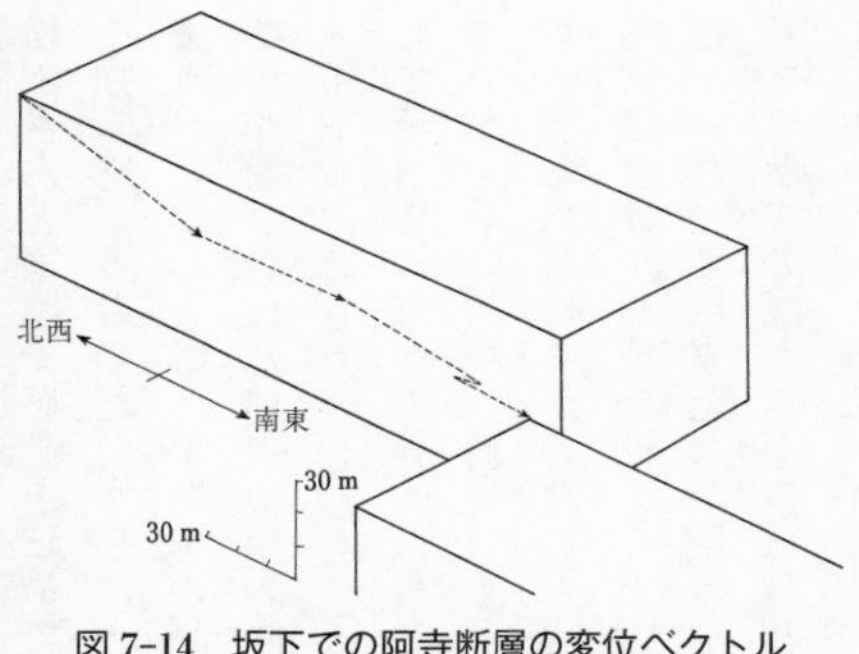

図7-14　坂下での阿寺断層の変位ベクトル

それらを組み合わせた結果を図7-14に示す。宿屋に帰って二人でやった測量のデータを整理し、このようなグラフをかきおえて、二人で興奮していた。予想どおり左ずれだったこと、また予想外に水平成分の方が大きくて、垂直成分の五倍ぐらいあること、古い段丘になるとどちらの成分も大きくなり、時間が長ければ長いほどたくさん動いていること、などがはっきりしたからである。地殻変動がどの時期でも同じように進行しており、時期を長くとれば変動の結果も大きくなるという、かねてからの考えかたに私はますます自信をもったのである。

断層の水平成分が意外に大きかった点について、

松田さんと宿屋で感慨をこめて次のようなことを話し合った。人間は一般に垂直の長さを強く感ずるものだ。水平に一〇メートルといえば、歩いてもあっという間に着いてしまう。しかし一〇メートルの高さの建物は、見上げなければならないし、その存在に気のつかない者はない。根尾谷断層の所でも、中地区のS字状の曲がりは、水平に七・四メートルに達した。しかし、人びとは水鳥の五・五メートルの崖の方におどろいた。そしてそちらの方が世界的に有名になり、水平の七メートルものずれは長いこと忘れられていた。早い話が、胸をつくような急な坂道の勾配である。あんなに急だから五〇度も六〇度もあるにちがいないと思うのだが、測ってみると二〇度ぐらいしかなかったりする。とにかく垂直方向のことは何事も誇張されて感ずる。逆にいえば、水平方向のことは、いたって目立たない現象なのである。ある人は「海面下一万一〇三四メートルのマリアナ海溝の底から海抜八八四八メートルのエベレスト山頂までの垂直距離は、水平にしてみれば、一日にハイキングできる距離にすぎないのだ」と書いている。岡山さんをはじめとして何人もの人が坂下をおとずれたが、断層崖はそういわれさえすれば誰でもすぐに認めるような顕著な現象である。にもかかわらず、測ってみたら水平ずれの五分の一程度にすぎなかったのである。感じだけで物を言うことがいかに危険であるかという教訓にもつながる。科学はできるだけ数量であらわして考えるべきである。数量を用いた描写を**定量的**な描写という。定性的(数のほとんどはいらない場合)な描写も重要であるが、それが定量的になると格段の差で普遍性をもち科学らしくなるのである。「水平にもずれていますよ。感じからいうと垂直の方が大きいようです。水平成分はたいしたことないようですが、あることはあります」というように私が人に話したとしたら、左ずれの予想というせっかくの考えも台なしになってしまうだろう。

有志の集まりの研究

私たちの研究は、もう一つの幸運に見舞われた。岡山さんが学会で坂下のことを発表した一九五九年ごろから、長野県や岐阜県の学校の地学の先生を中心として、大学の地学の学生もおおぜい加わり、木曽谷第四紀研究グループを結成して、共同で木曽谷の堆積物をしらべはじめていた。木曽谷の谷底の平野は坂下の所で広くひらける。河岸段丘もこのあたりで一番よく発達している。一つ一つの段丘面も広いし、段の数も多い。研究グループの人たちは、坂下の所を段丘の標準として、そこから上流や下流へしらべていった。調査の順序は必ずしもそうではなかったけれども、理屈としては、坂下の段丘から出発したのである。図7-15に、グループでしらべてわかった段丘堆積物の断面図を示しておこう。

私たちには時間がなくてとうていできなかった仕事を、このグループの人たちがやっていた。それは段丘面上に降りつもっている火山灰や、御岳火山の噴出した泥流の研究

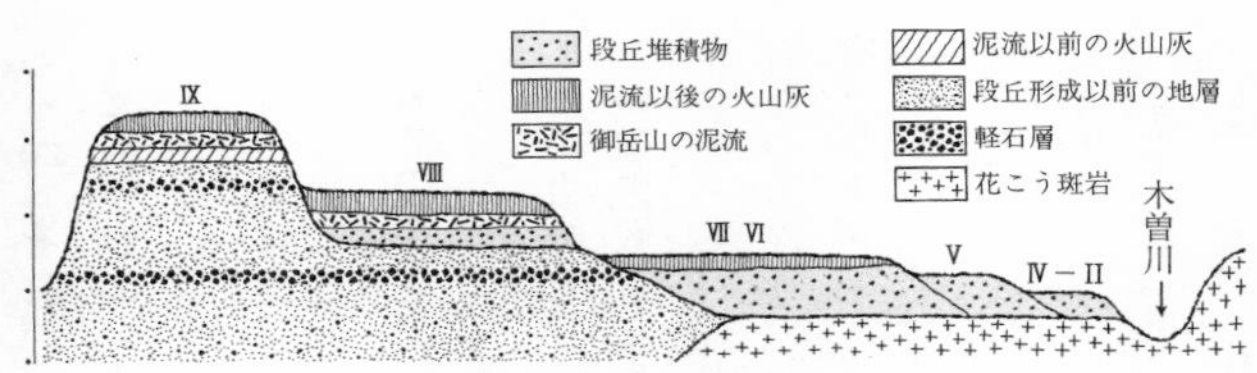

図 7-15　坂下における段丘の横断面

である。図に縦線模様で書いた地層は火山灰で、II－Vの面の上にはつもっていない。このことは、V面を作った川が火山灰を流してしまったことを意味する。東京の下町低地に関東ローム層が見られないのと同じである。IX面やVIII面の縦線の火山灰層の下にあるのが御岳山から流れてきた泥流で、これはVII面以下には見られない。VII面形成時代の木曽川が運び去ったためである。IX面の下には斜線模様の地層がある。これは泥流より古い火山灰である。このようなぐあいに、古い段ほどいろいろなものをかぶっている。こういうことをしらべれば、段丘面が途中でとぎれても、上流から下流へ、また下流から上流へ、ひとつづきの段丘として対比できる。

木曽谷第四紀研究グループはこのようにして木曽川沿いに河岸段丘を追跡し、どこのどの面が、坂下の何面にあたるか、ということを明らかにしていった。たとえば、VIII面上を流れた泥流は、時々IX面上にもあふれ出たようであるが(坂下でもそうなっている)、上流は御岳山麓の末川泥流にはじまり、坂下を通って、下流は、じつに名古屋北方の犬山付近まで、蜿々一五〇キロメートルにわたってつきとめられた。この泥流の調査のおかげで、犬山付近では犬山台地をつくる面が坂下のⅧ面と同じ時代であることがわかったし、犬山台地はさらに、その南方の小牧面へつづいている。

「同じ時代」といっても何年ぐらい前なのか？　段丘面のできた年代を知るには、段丘をつくる地層の年代がわかればよい。厳密にいえば、面は地層より少し新しい。しかし、およそのことならば、段丘面の年代は地層のそれとほぼ同じとみてよい。私と松田さんとは、Ⅷ面とかぎらず、どの段丘でもよいから、年代測定のできるような木片がふくまれていないかとさがして歩いたが、坂下の付近では見つからなかった。木曽谷第四紀研究グループの人たちは、とうとう木片の発見に成功した。犬山の少し上流の美濃加茂の付近（木曽谷のつづきはかつてその辺を通っていた）で、御岳山の泥流の中に見つけたのである。放射性炭素の量を測ってこれが約二万七〇〇〇年前であると出た。二つの標本を使い、同じぐらいの数が出たから、まずまちがいはないであろう。これで、Ⅷ面の年代の見当もついたわけである。

じつは、この年代測定の研究は、少しあとになってからのことで、それより前にも私たちはこの研究グループの恩恵をこうむった。それは、図7-15のような断面に見られる火山灰や泥流の重なりかたを用いて、グループの人たちがすでに、坂下の断層崖の両側の段丘面を対比して、面の対応について私たちと同じ結論に達していたからである。

私たちは、坂下付近だけを少ししらべて見当をつけたにすぎないし、段丘をつくる川の堆積物を主としてしらべたのであるが、グループの人たちは、広い地域を何日もかかって、火山灰や泥流のように確実に対比できる地層をしらべていた。その結果はたよりになるものであった。

山田さんたち、岡山さんたち、そしてこの研究グループの人たち、そういう多くの人たちの基礎的な研究にささえられて、私と松田さんの阿寺左ずれ断層の物語は、いよいよ確実な基盤の上に建てられていった。私たちは、一九六二年に地震研究所で発表をした。阿寺断層は最近何万年かの間ずっと動いていること、だから今にもまた動くにちがいない活断層であること、根尾谷断層とほぼ平行で同じく左ずれ断層であること、したがって阿寺断層も地震断層かもしれないこと、地震予知のための観測はこういう所でやるべきであること、などを話した。地震研究所だけでなく、二、三の学会の席上でも話をした。私たちの話はかなりの人びとに感銘をあたえたが、その話の基礎には目立たない地味な研究があったのである。多分そのせいかと思うが、私たちの発表を聞く側の空気は、私が海面変化のことを発表したときの学界の空気とはちがってあたたかく感じられた。だがもしかすると、それは、私が無名の若者であった時とちがって、いくらか研究者としてみとめられたあとだったからなのかもしれない。もしそうとすれば、これは日本の学界のかなり重要な欠点ではないだろうか。誰が発表しようと、学問はその内容によって評価されるべきものである。有名な人のいうことが、いつも正しいとはかぎらない。

空から写真をとる

ここで一つのエピソードをお話ししておこう。前に話した地震予知研究計画はその後もさらに進展していたが、これを報道する新聞記者も、毎回同じような題目を書きならべるだけではおもしろくなくなってきた。朝日新聞のSさんは少なくともそう思った。地震研究所のある先生に、「何か写真をのせたいのですが、よい題材はないでしょうか？」とたずねた。その先生は、ちょっと前に聞いたばかりの私たちの発表に思い当たった。それから話はとんとんと進み、坂下の断層崖を空から写そうということになった。相談の結果、私がついてゆくことにした。新聞社の飛行機というものは、事件がある時はいそがしい。予定しておいても何かでつぶされることが多いので、こういういそがない写真をとる時は、直前に決心をする。私はつごうのよい日をいつといつと、Sさんにいっておいたが、そのなかのいつゆくのか朝にならないとわからないのである。それに天気という条件もある。晴れていなければ、よい写真はとれない。

一九六三年四月のある日、朝五時半にたたき起こされた。電話の前ぶれもなしにいきなり家の前にSさんがあらわれたのだ。羽田から新聞社のプロペラ機で名古屋へ向かっ

図 7-16　その時のヘリコプター

た。その日は快晴で、富士山に一点の雲もかかっていなかった。空路一時間あまりで小牧空港に着く。空港のある平野は、坂下のⅧ面と同時代の小牧面である。そこにはあらかじめ手配してあったヘリコプターが待っていた(図7-16)。私は風防ガラスの中で操縦士とカメラマンとにはさまれ小さくなって目の前の棒につかまる。一〇時出発。木曽川に沿って上流へさかのぼる。私は旅行が好きだが、ヘリコプターがこんなに楽しい乗り物とは思わなかった。低空を飛ぶから地上のものがよく見える。多治見、土岐、瑞浪、恵那、中津川と、松田さんのオートバイのうしろにまたがって走ったなつかしい国道の上を、どんどんと通りすぎた。

坂下の上空に着き、何回も断層崖のまわりを旋回し、写真を何枚もとった。帰途、中津川市郊外のある運動場へ降りて待つ。やがて車がやってきて燃料を補給してくれる。写真一つ撮るにも、あらかじめ手配しておくことがいろいろあるものだなと思う。それからふたたび小牧をへてその日のうちに羽田へもどったのは言うまでもない。こうして坂下の断層崖の空からの写真が撮影されたのであった(図7-17)。
写真は現像され大きく引き伸ばされた。Sさんがそれをかかえて私と松田さんに会いにきた。私たちは写真をみながらSさんに記事の材料になるような説明をした。その時、松田さんが「つまり地震の化石というわけで」といったひとことが、Sさんを強くとらえた。Sさんは、世の中に不安をあたえずしかも素人わかりのよい言葉はこれだと思ったのだ。四月二七日の夕刊に、「〝地震の化石〟をさぐる」という見出しで、阿寺断層が大きく紹介されたのである。そのなかに、こういうくだりがある。「おそらくこの(坂下)町ができる以前から横たわっていた断層(崖)には、町の人たちも見なれた風景ぐらいに見すごして、気づいていないようだ」と。まったく、段丘崖と寸分ちがわぬありふれた風景なのに、何百年に一度か、一〇〇〇年に一度かは、裂けて動く大地となるのである。

　ここまで読んでこられた読者は、阿寺断層が活断層つまり生きた断層であり、一〇〇〇年単位というような長い目で見れば、「今」でも動きつつある断層だということが、よくわかったことと思う。だから、本当は、「化石」なんかではないのである。何十年ものあいだ動かないのなら大昔から動かないのと同じことだと錯覚しがちで、人間は自分のいのちより長い目でものを見ることは、悲しいかな誰でも不得手なのである。誰かが、「阿寺断層は地震の化石といわれていますが、将来また動くことがあるでしょう

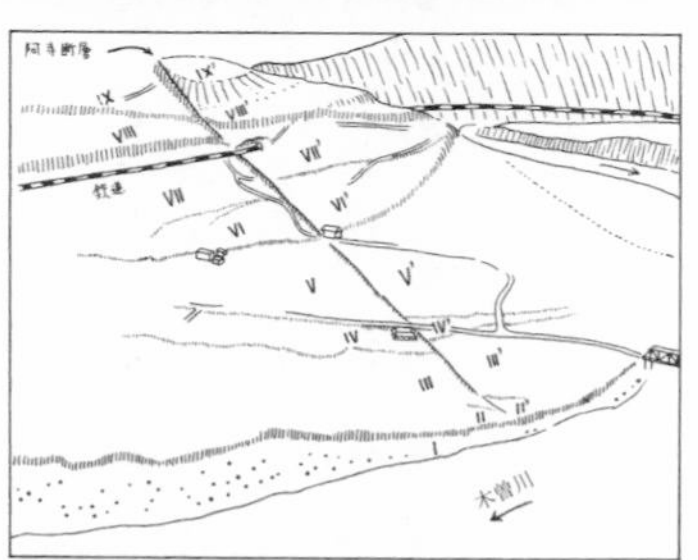

図 7-17　坂下の断層

か？」と質問してきた。この人はどうも阿寺断層という現象を過去のものだと思っているらしい。くどいようだが、阿寺断層の運動は「現在」のものなのだ。電車にたとえるなら、停車時間が何百年もつづき、その間に人が何代もかわるのだけれども、その電車は運行中なのである。

研究のまとめ

私と松田さんとは、一九六二年にとりあえず『科学』誌に阿寺断層左ずれの報告を投稿したが、その後も結果のグラフを少し訂正する必要があったし、ほかの研究者の研究成果も考慮にいれてまとめておいた方がよいと考えたので、くわしい論文を書くことにした。その論文には、朝日でとった空からの写真をのせることにした。ヘリコプターからとった写真を整理しているうちに、たいへんよく似た図柄のが二枚でてきた。はじめは、一枚のネガから二枚引き伸ばしたのかと思ったが、よく見ると少しちがっていた。そこであの時、何回も同じ所を旋回して同じような向きから写真をとったことを思い出した。「今の場所がいいですね」と私がいうと、パイロットが「じゃあもういちど今の場所へやりましょう」といったのだ。ヘリコプターはかなり正確に空中の同じコースを通ったらしい。二枚のよく似た写真は、撮影の高さがほとんど同じで、かつその位置がおそらく一〇メートルとは離れていないようだからである。畑で仕事をしている人の姿

図 7-18　坂下断層の一部の立体写真の見かた

右の目で図 7-19 を見ながら，図 7-20(左の目で見る)の上にずらす．家の屋根など見やすい目標に注目して重ね合わせると，家屋が立体的に見えてくる．その状態で画面全体を見ればよい．

だけがひどく別の所に移っている。その人は、ヘリコプターが一巡する間に歩いたのであろう。その二枚を見くらべているうちに、うまいことに思いついた。これはもしかすると立体視できるかもしれないということである。偶然に写された二枚の写真を左右に、また右左に置きかえて、私の左の目が左の写真を、右の目が右の写真を見るように、目の焦点を無限遠へ合わせることをやってみた。するとじつにうまく浮き上がって見えたのである。すぐに松田さんにその話をし、我々の論文にこれものせようということになった(図7-18)。

　真上から垂直にとった空中写真の立体視は、坂下の断層崖発見のきっかけになったように、地形の研究には欠かせない手段である。ここでは斜めにとったものであるが、垂直写真の場合と同じことであるから、皆さんといっしょに、この二枚の写真を立体視してみよう。図7-19と図7-20の二枚の写真を左右に重ねて、その一方を左右に動かしながら、写真の中の適当にえらんだ見やすい目標、たとえば白く見える道路が、視界の中で一つになるように、二枚の写真の間隔をきめる。その時、その目標は立体的に見えてくるはずである。そのまま他の部分も見れば、写真全体が浮き上がって見えてくる。

私たちの論文には、研究グループの年代測定結果として、Ⅷ面が約二万七〇〇〇年前であることも引用した。水平ずれの量は、Ⅷ面形成以後しかわからない。なぜなら、Ⅸ面の背後の段丘崖は浸食で失われたらしく現在は見られないからである。Ⅷ面のうしろの段丘崖の示す水平ずれの一四〇メートルと、Ⅷ面の垂直ずれの二七・五メートルという値は、二万七〇〇〇年間の動きをあらわしているのである。平均すると、一〇〇〇年間に水平に五メートル、垂直に一メートルである。一〇〇〇年に一回のわりで地震が起こり、そのたびに水平に五メートル、垂直に一メートル

図7-19　立体写真の右の部　本文に出てくる畑の人はこの画面の外にいる．

ずれるのは、根尾谷断層の経験から考えてありそうなことである。もちろん、これは平均の話であって、個々の地震がいつどのように起こるかはわからない。ある期間の変動の大きさがわかると、割り算をしてそれより短い期間の変動の大きさの見当をつけることができるのである。

これと逆に、掛け算をしてそれより長い期間の変動の大きさを推定することもできる。阿寺断層についてそれをやってみよう。まず、仮に一〇〇〇年に五メートルほどの割合の水平の動きが、八〇〇〇万年前ないし一億年前の濃飛流紋岩のできた時代からつづいていたとすると、くいちがいは、なんと四〇〇キロメートルから五〇〇キロメートルにならなくてはならない。この長さは悠に能登半島から伊豆半島までの距離をこえるものである。濃飛流紋岩は現に、一〇〇キロメートルにも満たないさしわたしのなかで、阿寺断層をへだてた両側の部分が相接しているのである。したがって、最近の動き(段丘形成以後の動き)と同じ速さの運動は、濃飛流紋岩生成時代のような古くから、長い長い期間にわたってつづいたわけでないことは確かである。

そこで、接峰面図(図7-1)のことをおもい起こしていただきたい。阿寺断層崖は少なくとも五〇〇メートルの高さがあった。崖の北東側の平均の高さは、海抜一六〇〇メートルある。南西側は平均海抜八〇〇メートルである。もし、阿寺断層に沿って、八〇〇メートル垂直にずらせば、両側は同じくらいの平均高度になる。したがって、そのような平らな地形ができてから八〇〇メートルほど垂直向きに断層が動いたのであろう。もし、変動の速さがⅧ面形成以来の速さと同じで一様だと仮定すると、一〇〇〇年間で一メートルだから、八〇〇メートルずれるためには八〇万年かかることになる。

いまいちど、図7-4の地図に描かれた川の流路の形をみてほしい。断層を横切って五つの川が流れている。一番南東の木曽川(きそがわ)を除くと、あとの四つは皆S字状に阿寺断層を横切る。断層の水平ずれによって川の流れが、どれも同じような変化をこうむったのである。根尾谷断層の中(なか)地区でのみごとにならんだS字形の列を思い出す。前の場合は、畑の境が直線だったことがはっきりしているから、境の屈曲(くっきょく)から水平ずれの量が求められた。今度はそう簡単ではない。もともと川がそこで曲がっていたかもしれないからである。しかし、川横のずれは少なくとも六キロメートルはあったと思える。垂

図 7-20　立体写真の左の部

直ずれの時と同じように、二万七〇〇〇年で水平に一四〇メートルずれたという割合から計算すると、これだけずれるためには、一二〇万年かかるということになる。

垂直ずれと水平ずれとの総年数（断層が動きはじめてからの年数）が八〇万年と一二〇万年で少しちがうようだが、それはたいして問題でないだろう。両者の変位量の比が五対一というのはⅧ面形成以後のことだけで、それより前は、一〇対一ぐらいだったかもしれないからである。はじめの四〇万年間は水平ずれだけをしていたという方が考えにくい。どちらのずれも同時に始まったのであろう。阿寺断層は、一〇〇万年前ごろにその動きをスタートさせていたにちがいない。一〇〇という数はおおよそであるが、一〇〇万という桁にはまちがいはないだろう。とすると、濃飛流紋岩が生成されて以後の一億年ほどの期間の最後の一パーセント前後が、阿寺断層の活動した期間ではないか、ということになる。

仕上げと後日談

論文を書くのは、なかなか骨が折れた。それに写真やグラフをすぐに印刷できるような形に用意せねばならなかった。論文を書いているうちに、さらにしらべておきたいと思うことがいくつもでてきた。そのたびにまた坂下へいったり付知へいったりした。国鉄（当時）の中津川保線区という所へいって、中央本線敷設以来、坂下のトンネルの手前でレールが曲がったりしたようなことはなかったか、しらべてもらった。そういうことはなかったようだった。坂下の隣の川上村に保存されている古い記録の話も聞いた。「阿寺というのはアデラでなくてアテラと読むのだと現地の人がいっている」と私の友人が教えてくれた。私は国土地理院へ行って、資料をしらべてもらったら、やはりアテラが正しいということがわかった。ヘリコプターで写真をとってから八ヵ月あまりかかって、やっと『阿寺断層とその変位ベクトル』という題の英文論文ができあがった。阿寺の読みかたなどは、ローマ字で書くので放っておけなかったのである。完成した原稿を、アメリカの雑誌の編集者に送った。その編集者は、活断層の専門家二人をえらんでレフェリーとした。レフェリーというのは、その論文が科学論文として適格であるかどうか審査し、できれば読者の立場で理解しやすい形に改良することを勧告する人のことである。レフェリーにえらばれた人は、二人とも活断層についての第一人者として、私たちのよく知っている人たちだった。二人はどちらも、私たちの論文をパスさせた。しかし、いろいろと疑問点について突っこんだ質問をしてきた。私たちは、それまでにも、いくつかの学会で発表したり、談話会で話したりするたびに、多くの人たちから、疑問点の指摘や、こうしたらどうだろうという提案を受けた。それらのうち重要なことは論文の原稿のなかに生かされていた。それと同じように、これらレフェリーたちの意見も生かすようにした。そういう作業をしたのは一九六五年二月のことだった。雑誌の編集者の手もとにあってレフェリーの検討などさまざまのことをするのに約一年かかっていたことになる。三月に最終的な原稿を送った。それからはじつに速かった。五月号に載ったのである。

この論文については、後日談がある。坂下女子高校の地学の先生をしていたTさんが、これを教材にとりあげたのである。一九六七年度の三年生全員に、この論文のコピーを渡し、英語と理科の勉強をかねて、生徒に数行ずつ割り当てて翻訳させたのである。彼女らのことばをかりれば、「親しい地名が出てくるとついうれしくなって夢中になってつづけた」という。一九六八年のはじめのころ、分厚い原稿が私のところに届いた。自分で苦労して書いた英文からの日本語なので、添削はやさしかった。その結果できあがったガリ版の小冊子は、彼女らのよい卒業記念になったようである。

地震研究所では、一九六六年に、阿寺断層をまたいだ、さしわたし数キロメートルの地域の、伸び縮みを観測する仕事を始めた。この仕事は一年か二年おきに、ずっとつづけられている。もちろん阿寺断層が地震断層として活動するかどうかを監視するためである。弾性はねかえりを起こす前には、徐々にゆがむはずなのだ。私たち二人は阿寺断層の研究に手をつける前に、「研究計画」のなかで、「地震予知のための観測をどこで行なうべきかという調査をします」と述べたことがあった。地震研究所のこの仕事は、私たちの「計画」と阿寺断層の研究とが生んだ結実の一つということになるのである。

8

断層の格子模様

松代地震観測所の洞穴入口。雪の日

断層の分布図をつくる

この章では、多くの断層線が地図の上に描く模様についてお話ししよう。

阿寺断層の話の前に水平ずれ地震断層の分布図をお見せした。阿寺断層のように、地震断層とほとんど同格とみられるものも、その図に書き加えてみたらどうだろうか？それらは現在までにずれの運動が目撃されたことはないが、最近の何千年か何万年かの間に水平ずれの活動をしたと推定され、今後も動く可能性のある断層である。実際に目撃された地震断層と合わせて、これら全部は水平ずれ活断層というわけだ。それで今度の分布図には、目撃された地震断層にアラビア数字の番号をつけ、そうでない活断層にローマ数字の番号をつけて、区別してみた(図8-1)。区別してみたけれども、水平ずれの向きと断層線の走る方向との間にある規則正しい関係は、どちらも同じである。すなわち、南北に走る8番や、北西-南東に走る7番やV番は左ずれで、東西に近い方向をもつ9番や、南西-北東に走る4番やⅧ番は右ずれである。このような共通の規則をみると、アラビア数字のものもローマ数字のものもどちらも同じ原因で生じた断層ではないかと考えられる。このような場合、我々はこれら一連の断層を、一つの**断層系**に属するという。

今お話ししている断層の全体が一つの活断層系を構成しているというわけである。そしてその活断層系のなかでたまたま最近の一〇〇年間に動いたのが、アラビア数字の地震断層であったということになる。

私たちはこの分布図も前の章に述べた論文にのせたのであった。

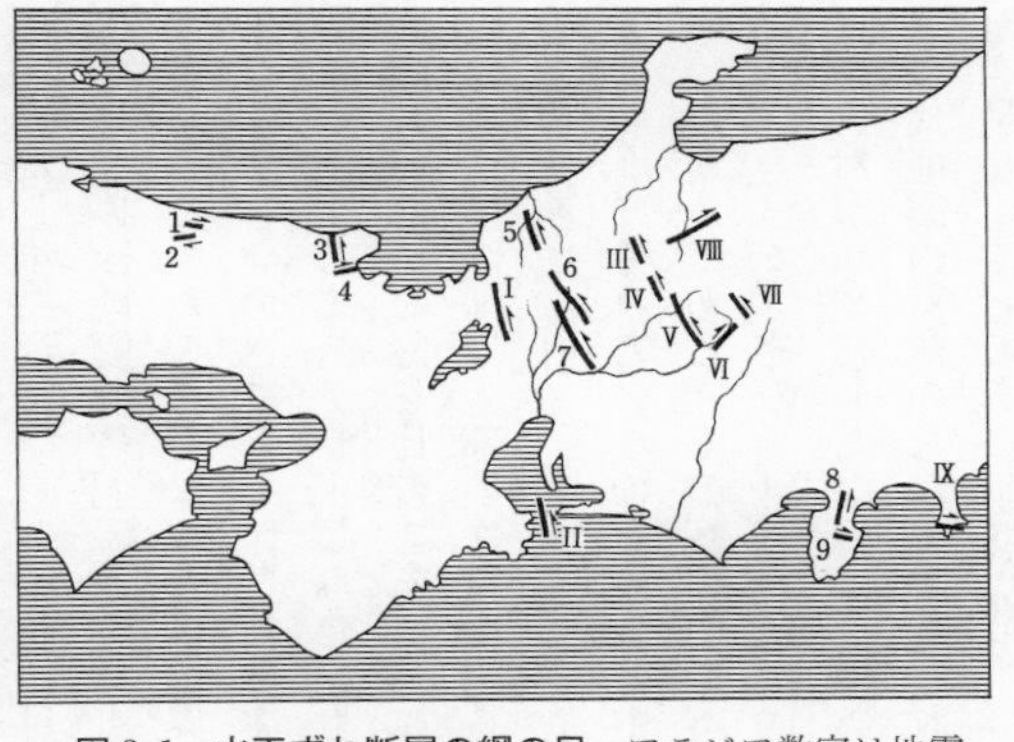

図 8-1　水平ずれ断層の網の目　アラビア数字は地震断層，ローマ数字はそのほかの活断層．左ずれ断層はみなほぼ同じ方向に走り，右ずれ断層はそれと別の方向に走る．

二つの断層を追加

私たちの論文が印刷された時から三ヵ月後の一九六五年八月に松代地震が始まった。この地震は、よくある大地震のように一回大きな地震が起こってそのあと小さな余震がいくつもつづくという型ではなく、はじめから余震が起こったようなものであった。その代わりたくさんの小さい地震がいつ止むともなくつづき、時にはそれがはげしくなった。このような型の地震を群発地震といっている。松代群発地震は、いろいろな点できわだった特徴をもっている。一九六五年八月から一九六七年二月までの一年七ヵ月の間に、人体に感じた地震の回数が六万回、人体には感じないが地震計に記録されたものをふくめると七〇万回という、おびただしい数の地震が起こった。こんなことは世界中でも初めてのことであった。そのほか水が湧き出るなど珍しいできごとを伴った地震であった。

また、少しミステリーじみた話もある。一九六〇年ごろから、世界中に同じ地震計を設置してその記録を比較することにより、いままでよりも精密かつ正確に、地震波のつたわる途中の地球内部の性質を明らかにしようという計画が始まっていた。日本にはその世界標準地震計が二ヵ所に置かれ、そのうち一ヵ所が松代に置かれることになった(図8-2)。それというのも、戦時中に大本営を設置する予定で掘られた大洞穴が松代にあったからである。その穴の中で本格的に標準地震計による観測を始めたのが一九六五年八月一日で、その二日あとに松代群発地震が始まっている。まるで人間のしていることを自然が知っていたかのようであるが、これは偶然の一致としかいいようがない。

松代地震の特徴のなかで忘れられないのは、その地域に北西-南東に走る左ずれ断層が活動したことである(図8-3)。群発地震に伴って断層があらわれるというのは、どちらかというとまれな現象なのである。図8-4には、この群発地震開始後の八ヵ月めに動き出した地震断層による割れ目の分布とそれらに沿う水平ずれの向きを示してある。この地震断層は、濃尾地震の時の根尾谷断層などとちがい、一回の大地震で一回大きくずれたというような動きかたをしたのではなく、少しずつずるずると動き、総計で五〇センチメートルほどに達した。これは、濃尾地震などとちがって、松代地震がいっぺんには起こらず、七〇万回というように小きざみに分かれて起こったこととよく対応している。動きのようすはかなりちがっていたけれど、断層線は北西-南東に走り、ずれの向きは左ずれであった。この点は、根尾谷断層などと同じである。私と松田さんとの論文が出た翌年に、それの内容に合わせたかのように、松代地震断層は左ずれに動きはじめたのであった。しかし、これは八月三日のミステリーとはちがって、偶然の一致とはいえない。そのわけは次のようなことである。この一〇〇年の間にすでに図8-1の分

図8-2　松代地震観測所の地震記録装置　一番手前の針は南北方向の振動，次の針は同一場所の東西方向の振動，三番目の針はやはり同じ場所の上下方向(針の左端付近に上がU，下がDと記されている)の振動を描く．その向こうの3本は感度を変えて記録しているもの．右の白い紙は円筒に巻いた記録紙で，ひとまわりするごとに針先が横にずれるようになっている．写真にはちょうど何時間か前の地震の記録が見えている．じつは，本記録は磁気テープにとってあり，この写真に見えているのは，そのモニターである．

図 8-3　石垣を直角に横切る松代地震断層　石垣はもと直線をなしていたが，白い矢印の所で左ずれに数 cm くいちがった．1966 年 6 月 30 日撮影．

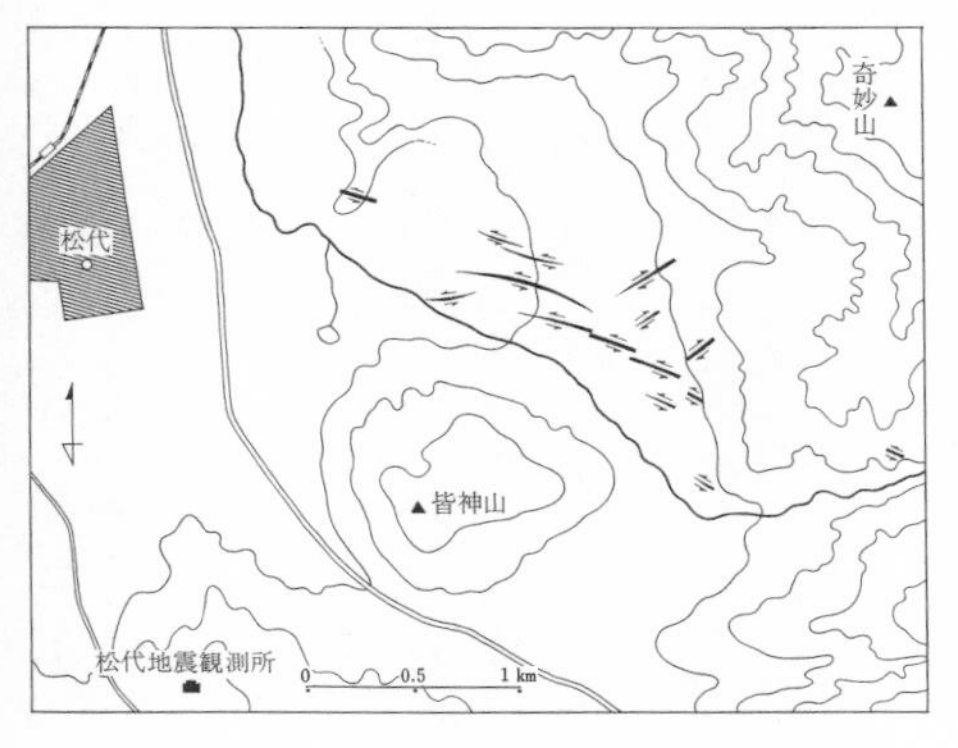

図 8-4　松代地震の時にできた水平ずれ断層による割れ目の分布　これら全体は，西北西－東南東に走る 1 本の断層が地下で左ずれに動いたために地表に生じたものとして説明される．

布図の水平ずれ断層系に関連した地震が五つ起こっている。一八九一年濃尾地震（断層は6番と7番）、一九二七年丹後地震（3番と4番）、一九三〇年北伊豆地震（8番と9番）、一九四三年鳥取地震（1番と2番）、一九四八年福井地震（5番）の五つである。平均すれば一五年から二〇年に一回は起こっている。だから、我々がこういうことを研究していようといまいと関係なしに、一九六六年松代地震（番号をつけるとすれば10番）という六つめがあってもいっこうに奇妙ではないし、当然のようでもある。

私は、さまざまな性質をもったたくさんの断層のなかから、水平ずれ活断層だけをとり出して、一つの断層系としてまとめたわけであるが、この考えが適切であったことが、松代断層の出現によって裏づけられたように思い、おおいに気を強くしたのであった。ところで、皆さんは、糸魚川・静岡構造線という言葉を、教科書か参考書で読んだことがあると思う。それらの本にはきっと、これは大きな断層線で、これを境にして日本列島は東北日本と西南日本とに区分される、というようなことが書いてあったにちがいない。それはそのとおりなのであるが、意味のとりかたについて少し心配な点がある。東北日本と西南日本との二つのたがいに独立した部分が、この線のところで接し合っているという意味ではない。たとえば西南日本の地質構造は、この構造線をこえて東の方へもつづいている。そして正確にいえば、東北日本の地質と西南日本の地質とは、中部地方・関東地方のところで重なり合っているのだ。けれどもそれでは地質の話をする時

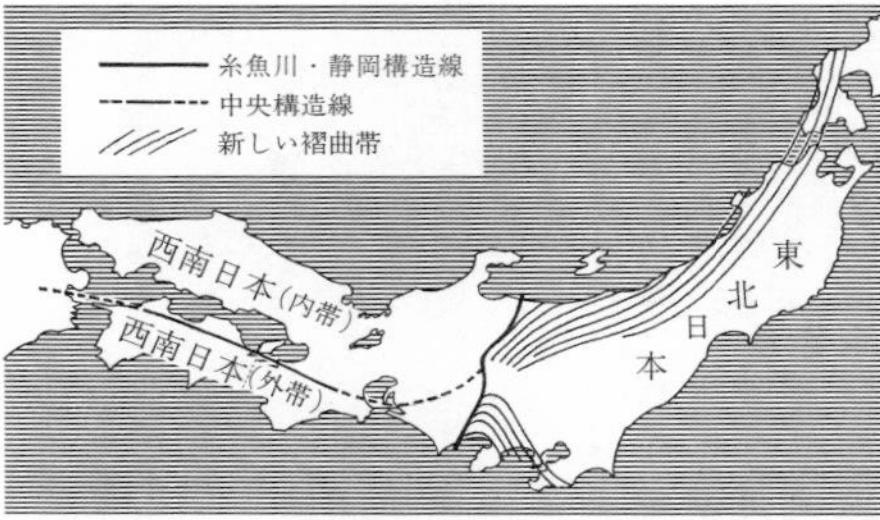

図 8-5　**構造線と新しい褶曲帯の位置**　小国川などの活褶曲は，この褶曲帯の褶曲に属する．

に不便だから、便宜上糸魚川・静岡構造線を境としてその両側を東北日本・西南日本と呼ぶ約束になっているのである(図8-5)。便宜上とはいうけれども、この構造線はかなり顕著な断層である。それで、糸魚川・静岡断層とも呼ぶ。ここに境をおくというのもなるほどとうなずけるほどいちじるしい断層なのだ。この断層のいちじるしい垂直ずれのため、その西側にある日本アルプスの隆起がいっそう目立って見えるほどである。

大塚先生は、山梨県の円井という所で、河岸段丘をつくる地層がくいちがっているのを見つけ、糸魚川・静岡断層に平行な一つの断層が活断層であることを報告したことがある。その後、糸魚川・静岡断層も活断層であろうと推定した人もいたが、松代地震の起こっていたころに、諏訪湖の南岸付近で見つかった証拠ははっきりしていて、それが決定的となった。糸魚川・静岡断層は、少なくともその中央部の諏訪湖のあたりでは、最近何千年か何万年かの間に動いていたのである。

また、やはりそのころ、三波川（さんばがわ）結晶片岩という岩石を研究していたグループが、この断層の両側で同じ種類の岩石が一二キロ左ずれしているのを見つけた（図8-6）。もしこの左ずれが最近の一〇〇万年ぐらいの間に起こったとすれば、明らかに垂直ずれよりは大きな量である。垂直ずれはせいぜいその一〇分の一程度、つまり日本アルプスの山々を一〇〇〇メートルか二〇〇〇メートルもちあげた程度なのである。そうすると、糸魚川・静岡断層の中央部は水平ずれ活断層だということになる。しかも、諏訪湖のあたりでは断層は北西-南東の方向に走って左ずれだから、阿寺（あてら）断層などとよく似ている。これも、私たちがまとめていた断層系のメンバーにちがいない。

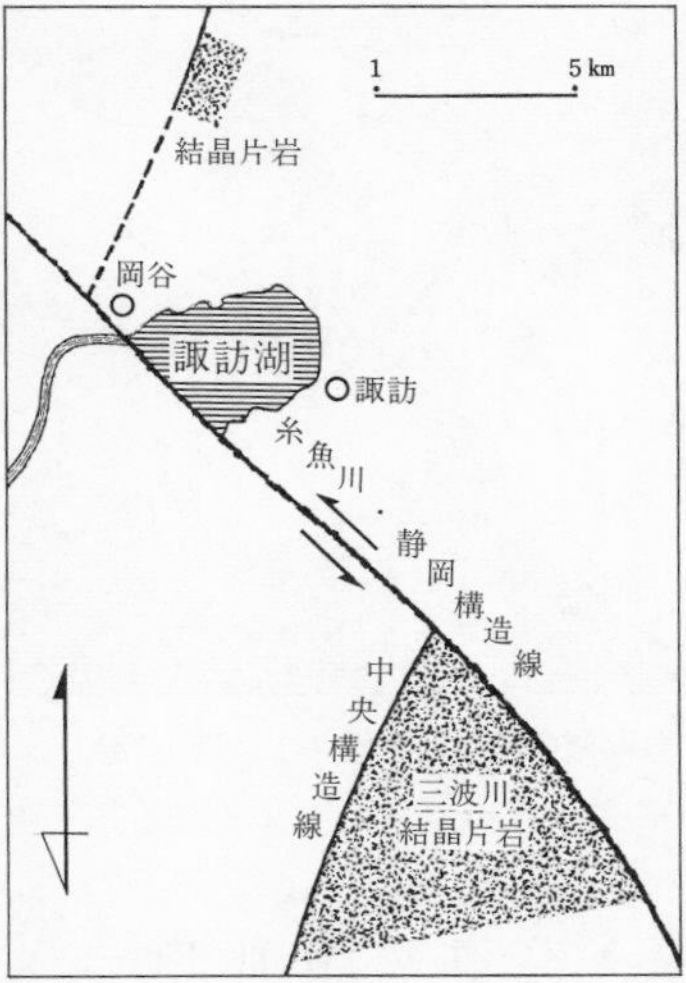

図8-6　中央構造線と三波川結晶片岩が，糸魚川静岡断層によりくいちがっているところ

　私は、図8-1の分布図に、少なくとも二つの断層をつけ加える必要を感じた。それは松代地震断層と諏訪湖南方の断層とである。前者を10番とし、後者をX番としてふたたび分布図を示すことにしよう

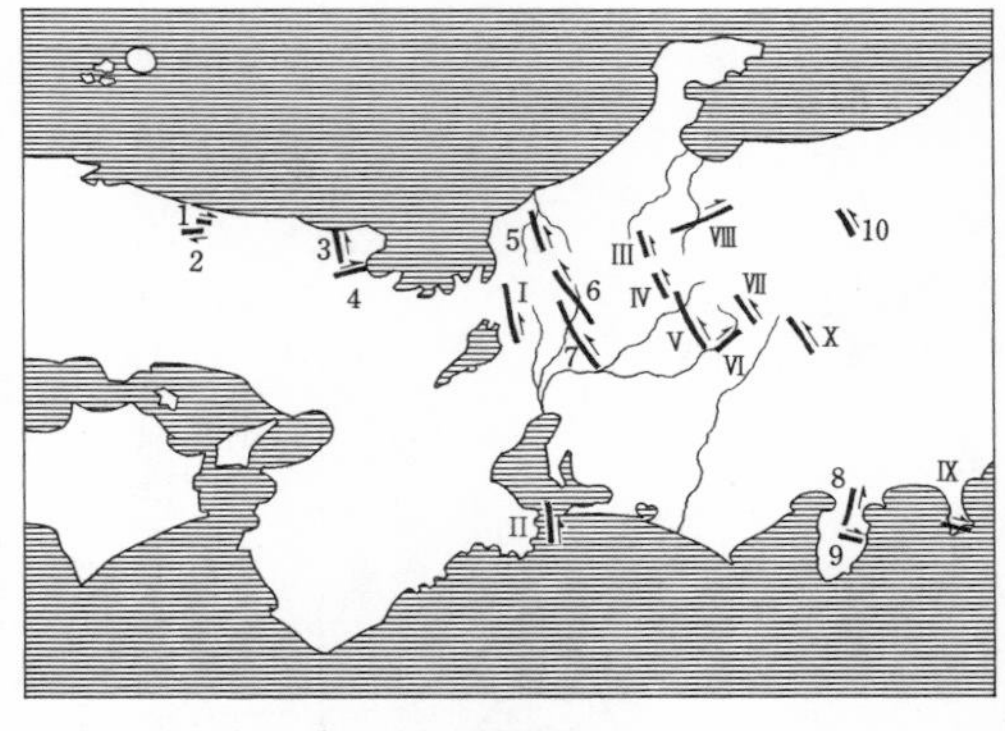

図8-7　水平ずれ断層の網の目　図8-1に第10番と第X番とを追加した.

(図8-7)。

中央構造線も動いている

前に出てきた日本の地図には、糸魚川・静岡構造線のほかに、もう一つ重要な構造線が描かれている。それは西南日本を縦断する中央構造線である(図8-5)。これも大きな断層線で、長野県の諏訪湖に始まり南南西からしだいに西南西へ向きをかえ、紀伊半島と四国と最後に九州を横切って熊本県の八代付近に至っている。この線の北側には花こう岩が多いが(図8-8上)、南側には花こう岩が少ない。そして、中央構造線のすぐ南側には三波川結晶片岩(図8-8中)と呼ばれる変成岩が東西に細長く分布している(図8-6)。両側の岩石がまるでちがうので、中央構造線に沿っては、かなりのずれの断層運動が行なわれたにちがいない。しかしそれは何千万年も前のことであったらしい。ずれの向きは主として垂直ずれであっただろうと、いままでは考えられていた。

紀伊半島の西部から四国にかけては、中央構造線断層は、南の三波川結晶片岩と北の和泉層群(図8-8下)との間を走る。和泉層群という地層の名前は、大阪の南にある和泉山脈からとったものである。この地層は、一億年たらず前に堆積した。阿寺断層のところで説明した濃飛流紋岩の噴出した時代と同じかまたは少し新しいぐらいである。

一九六六年、大学院生のHさんは四国の和泉層群の地質を研究することになった。和

図8-8　中央構造線断層の両側の岩石
上：花こう岩．木曽川に沿うねざめの床(長野県)にて．中：三波川結晶片岩．埼玉県の長瀞．下：和泉層群の地層の露頭．

図8-9　川の流路の右ずれがいくつもならんでいる　愛媛県新居浜市東方にて(国土地理院発行の空中写真を使用した).

泉層群の地層を横切ってどんな断層が走っているか、空中写真をのぞいてしらべようとした。ここでHさんの友人で地形学を専攻する岡田篤正さんが登場する。岡田さんは空中写真を見ることに慣れていた。Hさんはその年の八月、彼にその見かたを習いにいったのである。岡田さんはあとで私にこう言っていた。「ひとには親切にするものですね」と。岡田さんはHさんのために半日つぶして四国の和泉層群が分布する地域の空中写真をのぞき、その見かたの手ほどきをした。その時、四国の吉野川沿いを走る中央構造線に沿って、水平ずれ活断層の地形の特徴を、いくつも見つけてびっくりしてしまった。付知や坂下にあるような、段丘をずらせている断層崖もある。川のくいちがいが、いくつも平行にならんでいる。ここではS字形のくいちがいではなく、Z字形になっている。つまり右ずれである(図8-9)。これらは、まぎれもなく、中央構造線が大変にいちじるしい水平ずれの活断層であることを示すものであった。「近ごろ水平ずれ活断層のことがもてはやされているが、この日本一の大断層までとうとうその仲間であったのか」と思うと、岡田さんはいても立ってもいられなくなった。そして、それまでつづけていた中国地方の地形の研究を一時中止し、熱病にとりつかれたように、中央構造線断層にとりくみはじめたのである。

ところがじつは、それより少し早くから、空中写真を見て右ずれを推定した人がすでにいた。それは私たちの友人の金子史朗さんであった。金子さんは、私が成瀬さんと関東南部の段丘を研究していたころから、似たようなことを研究しているのでたがいに連絡をしていた人である。どちらかというと独りでコツコツと研究を進めるタイプの金子さんは、中央構造線の右ずれ運動についても、一九六六年にニュージーランドの学術雑誌に発表したけれども、あまりひとにしゃべって宣伝するようなことをしなかった。そのため私たちもしばらくはそのだいじな発見を知らないでいたのである。

そのことを知った岡田さんは、いささかショックを受けた。自分が初めて見つけたと思って意気込んでいたからである。しかし、岡田さんの情熱はさめることなく、金子さんの見つけた何倍もの地形の証拠をさがし出し、実地に地質をしらべ、断層運動の年代を示す炭素をふくむ試料をいくつも採集して、金子さんの発見に少しも劣らぬ立派な研究をした。

一九六八年三月に、私は松田さんたちといっしょに岡田さんの研究ぶりを見にいった。図8-10・11はそのときの写真である。図8-11の写真は、手前の手に持った木片を写し

図 8-10　中央構造線断層の露頭　立っているのは岡田篤正さん．その足もとの黒い岩石が和泉層群の地層，左側の白い岩石が三波川結晶片岩，黒と白の境が断層面．阿波池田の東方にて．西へ向かって写す．
図 8-11　断層の中から取り出した木片　埋もれていた時と同じ角度にささえている．

たものであるが、その向こうの中央に、向こうをむいている岡田さんが立っている。そのすぐ左に断層の露頭がある。この断層は中央構造線に沿ういくつもの断層の一つで、両側の岩石は和泉層群の地層である。断層運動のため岩石がくだけている部分の中から、写真に大きく写っている木片がとれた。どうやってこの中に木の幹だか太枝だかがおちこんだのかはわからない。多分、たまたま断層線上に生えていた木が、地震のときの地面のくいちがいのため断層の割れ目の中に倒れこんだものであろう。私はカリフォルニアのサンアンドレアス断層を見にいった時、「一九〇六年の大地震でその断層が動いた時、ここで牛が一頭断層の割れ目におちこんで死んだ」という小さな立札の立っているのを見たことがある(図8-12)。だから、地震のときには断層に沿って大地が大きく口を開ける場合もあるにちがいない。写真の木片のもとになった木も、そうして断層の中に挟みこまれたのであろう。その後また断層運動があったはずだ。なぜなら、その木片の一つの表面に、ひっかいたあとのような、何本ものきずあとが平行にえぐられているからである。写真でいえば木片の左半分に見えるすじは、木の木目であるが、右半分に、ほぼ水平についているすじは、これらの木目とは関係なく、表面にだけついた断層の擦痕(こすったあと)である。この手は、おそらく松田さんの手だと思うが、木片が地面の中にはいっていたときと同じ角度にそれをささえているのである。つまり、擦痕は大地の中にあった時も、この写真のようにほぼ水平だったのである。岡田さんは露頭の中にはいったままの木片上で、この擦痕が水平から東上がりに三度だけ傾いていることを測った。それで、この擦痕の示す断層運動に関するかぎり、垂直ずれはわずかで、水平ずれが大部分だということがわかる。そ

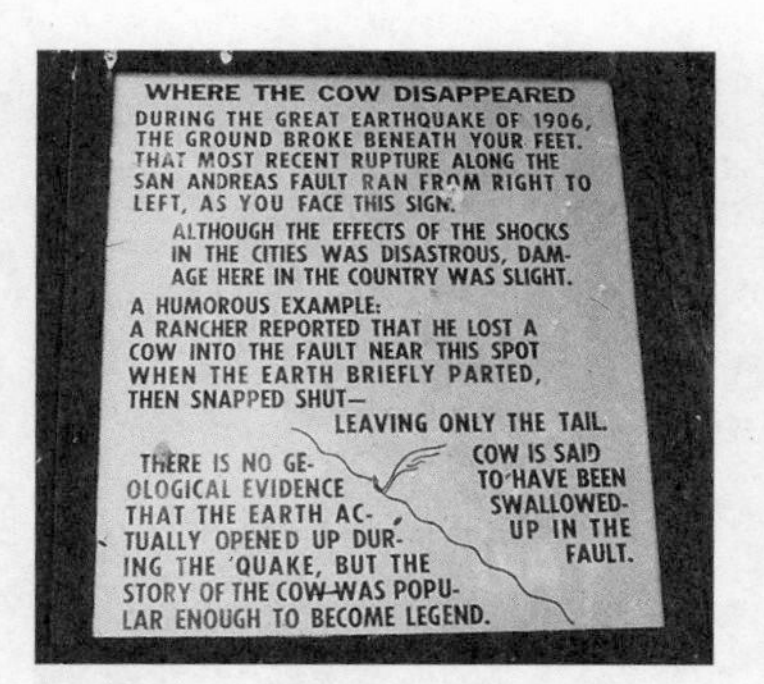

図 8-12　サンアンドレアス断層の立札　「その時地面が瞬間的に開き，それから急に閉じた ── 尻尾だけを残して，牛は断層の中にのみこまれたというのである」と書いてあり，尻尾の絵まで添えてあるが，じつは，地面が本当に閉じたのかどうかはわかっていない．断層の割れ目に落ちて重傷を負った牛を助けることができなくて，そのまま埋めてしまったという説もある．

図 8-13　中央構造線断層の崖　吉野川が右へ蛇行するあたりの町が阿波池田町．町ののる段丘面を切って左向きの断層崖が見える．この崖の線を，手前へ吉野川をこえて延長すると，ちょうど高い崖の麓の線に一致する．西へ向かって撮影．

の木片は、年代測定の結果、放射性炭素法で測れる最古の年代である三万年より古いことがわかった。

岡田さんの研究の全部を紹介すると長くなるので、この木片の話だけにしておくが、ともかく、中央構造線が死んだ過去の断層でなくて、今(千年万年単位で考える「今」)でも動きつつある活断層であるとわかったことは、いろいろな反響を呼んだ。朝日新聞のMさんは、前に私をつれ出したSさんと同じように、一九六八年五月金子さんと岡田さんとをつれ出して、飛行機から中央構造線の地形の写真をとった。図8-13はその一つである。吉野川の向こうに阿波池田町がみえる。この町の中に直線状の左向きの崖が走っていて、これを手前へまっすぐのばすと写真中央の大きな崖の麓の線につながる。池田町のなかの崖は、その左に広くひろがる低地の背後の段丘崖とは考えにくいため、付知と同じように断層崖であると考えざるをえないのである。

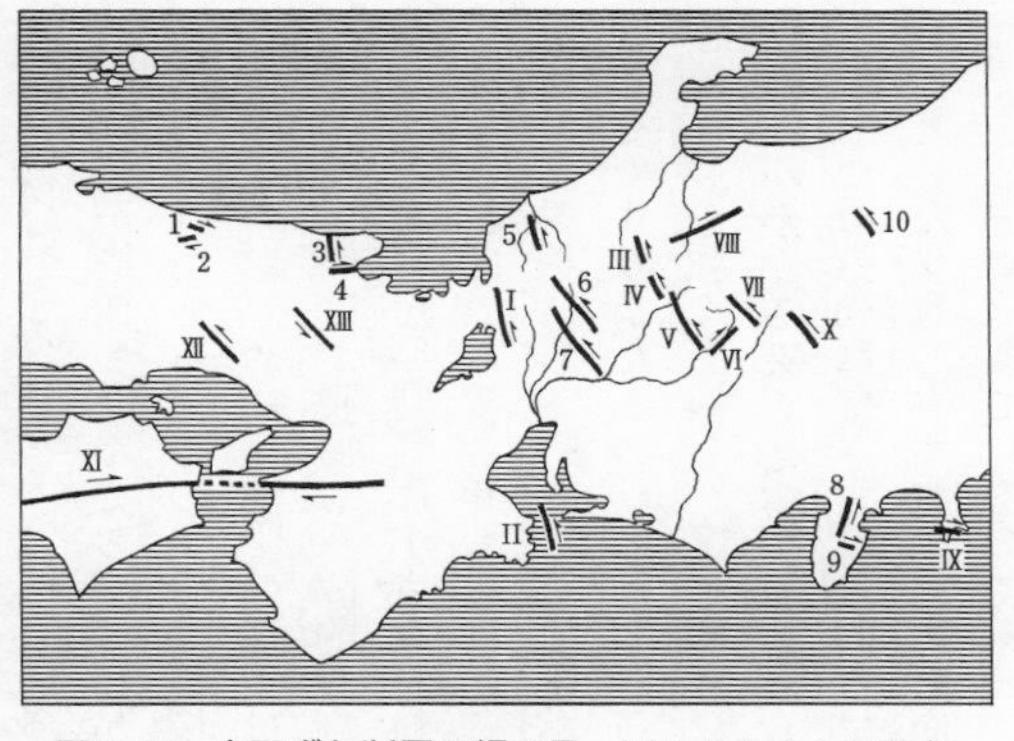

図 8-14　水平ずれ断層の網の目　図 8-7 をさらに改訂して，XI・XII・XIIIが加わった．

格子模様とは

岡田さんが四国の中央構造線を夢中でしらべていたころに、藤田和夫さんをはじめとした関西の研究者たちもいくつかの水平ずれ活断層をみつけていた。私は、前に二つの断層を加えて改訂した分布図を、またもや改訂しなければならなくなった。金子・岡田両氏の研究と藤田さんたちの研究とのなかから、おもなものを加えることにした。そして、これらの断層が全体として格子模様を形づくっている地図ができあがった(図8-14)。

「格子模様」という言葉は、これら全部の断層が網の目のようにつながっていてはじめて使える言葉なのかもしれない。しかし実際は図8-14にみられるように、みな切れ切れである。切れ切れであるけれどもここでは一応、格子模様と呼んでおく。しかも、その格子は真四角な格子ではなくて、どうやら菱形のようである。このような模様はいったいどうしてできるのだろうか？

　この本のはじめに、地学の現象は実験ができないから因果関係がわかりにくいという話をした。時間が長いし空間的なひろがりも大きくて、とても実験などできないからである。だが、短い時間に小さな試料で行なう実験によっても、おおまかに原因の見当をつけることはできると考えられる。私たちがまとめた切れ切れの菱形模様は、ある種の岩石の試料を、あるやりかたで圧縮した時に、岩石中にできるひびわれの模様に似ている。そのやりかたというのは、岩石の試料について直角座標XYZを考えた時、Xの向きには最も強く圧縮し、Yの向きには最も弱く圧縮し、そしてZの向きにはその中間の圧縮力がかかるように実験するやりかたである(図8-15・16・17)。そうすると、XとYとの二つの方向にはさまれた向きにひびわれを生ずる(図8-17)。このひびわれは、よく見ると、左ずれと右ずれの共役断層系になっていて、私たちの水平ずれ活断層系の模様(図8-18)とよく似ているのである。そして、実験でできる二つのひびわれのなす角は、X軸をはさむ側が鋭角になり、Y軸をはさむ方が鈍角になっている(図8-17)。このようなひびわれがある間隔をおいて平行にいくつもできれば、X方向に細長い菱形がいくつもできることになる。だから、近畿地方から中部地方にかけての地域は、東西または西

図 8-15　三軸用高圧岩石試験機　左側 4 本の柱の中央で岩石を圧縮する．右側の戸棚の形に見えるところが，圧力発生装置．右下は記録計．地質調査所にて．

図 8-16　上下方向に圧縮した流紋岩　X 字形に割れ目ができている．割れ目のなす角度のうち鋭角の方が，圧縮の方向をはさむ．割れ目を上方へたどると，もと円筒形だった岩石試料が左上では右ずれに変形し，右上では左ずれに変形していることがわかる．この実験では，全体の圧力を 1000〜4000 気圧とし，1 時間に 0.4 mm の割合で圧縮したもの．

北西-東南東の向き(X軸方向)に強く圧縮されているのではないだろうか？　藤田さんは、地図の上で、左ずれ断層線と右ずれ断層線とのなす二つの角のうち鋭角の方を二等分する線をひいた。その線が、岩石の圧縮実験をやる時に圧縮するX軸方向に相当すると考えた(図8-19)。

こうして、大塚(おおつか)先生のころから人びとの気にしていた水平ずれ断層系の規則正しい分布について、何やらわかりかけてきたのである。どうしてこの地域が東西に圧縮されているのか、などという問題は、まだ解(と)かれていない。こうではないか、ああではないか、という説は出ているが、こうにちがいないと皆(みな)が思うような考えはまだないようである。しかし、自然現象の原因などというものは、それほど簡単にはわからないのがふつうである。たとえば、根尾谷（ねおだに）断層一つについてしらべたことをいくら頭をしぼって考えても、その原因はなかなかわからなかったにちがいない。図

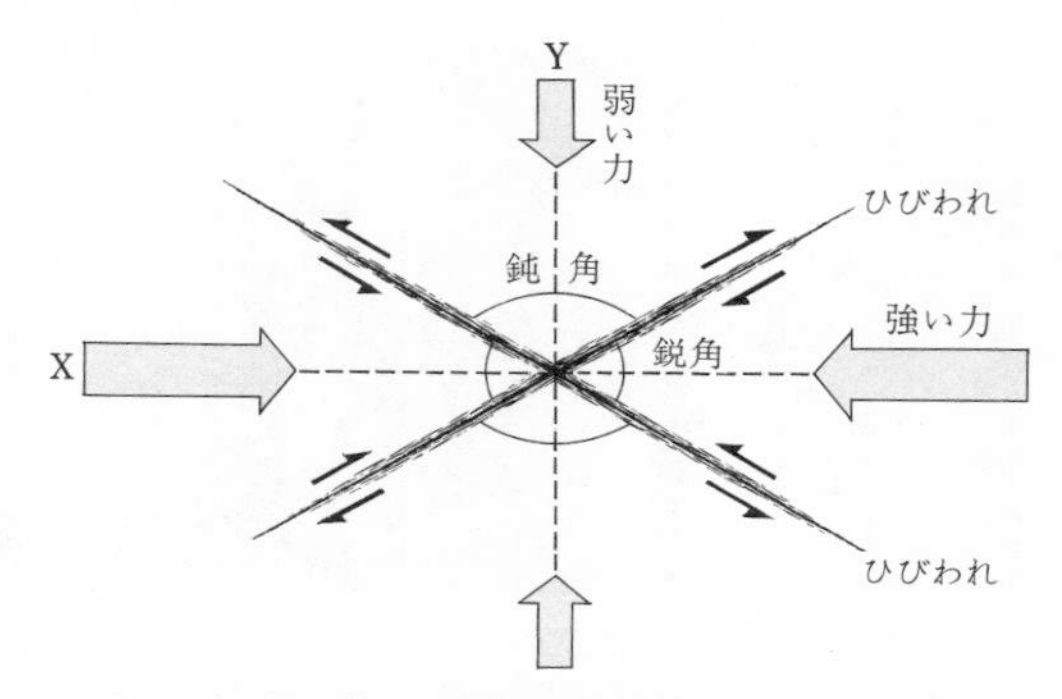

図 8-17　水平ずれ断層の網の目をつくる力の向き　Y方向には，弱く圧縮するかわりにひっぱってもよい．

図 8-18　小さな共役断層系の露頭　この露頭は人工的な崖で，ほとんど垂直な面であるが，もし仮にこれが平らにねている地面であると考えれば，AとBの断層は左ずれ，CとDの断層は右ずれとなる．前者は阿寺断層など，後者は中央構造線断層などに相当するわけである．地層のなかには，しばしばこのような共役断層系が見られる．

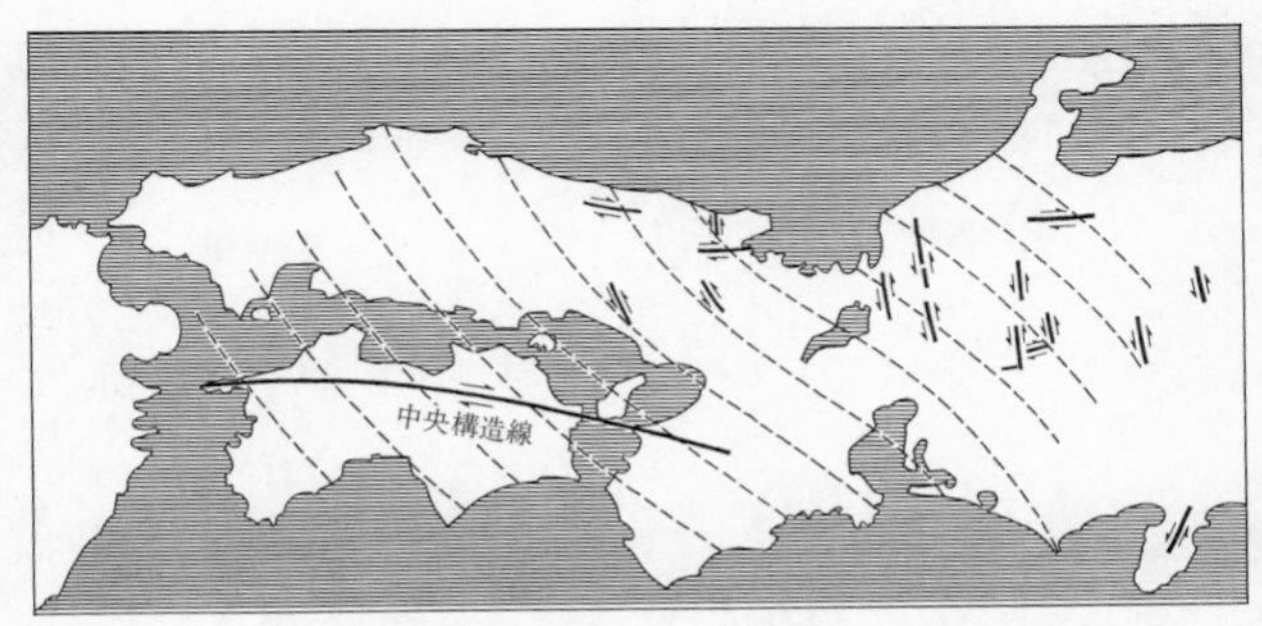

図 8-19　水平ずれ断層の網の目をつくる圧縮力の向きを平行な破線であらわす

8-19に表現したようなみごとな格子模様の一つだったとは、濃尾地震の起こったころの研究者たちには夢にも思いつかなかったにちがいない。格子模様がわかっただけでも、根尾谷断層の原因に一歩近づいたといえる。それと同じことで、この格子模様をいくら眺めていろいろと思いめぐらしても、それだけではまず無駄であろう。このような現象を支配していると思われる、より本質的な現象が、いつか思いがけない方面から明らかにされるかもしれない。その時また原因に一歩近づくのであろう。科学の進歩というものは、概してこのようなものである。人間の頭で考えられることには限りがあり、ある現象の因果関係をはじめからおわりまでいちどに見通すことは、ほとんどできない。それをいちどに見通してしまおうとして無理すると空論に終ってしまう。そういう無駄なことをさけて、事実についての知識を論理的に整理して組み立ててゆくと、この自然界が段階的にすっきりと理解できるようになってくる。なぜ大地が動くのか? まあ、あわてずに科学のやりかたをつづけてゆこう。

9 活発な一〇〇万年間

第四紀の厚い礫層と、それを切る神縄(かんなわ)断層

一〇年後にどうなったか

この本のはじめに、山形県北部の小国川流域でしらべた「活動している褶曲」の話を述べた。また、すぐ前には三つの章にわたって活断層のことを書いた。活断層が「活動している断層」なら、小国川のは**活褶曲**ということもできる。実際私たちは、学術上の新しい用語としてこの言葉を採用し、もう一〇年以上もこの言葉を使ってきた。それで、この本でも活褶曲ということにしよう。活褶曲の研究は、大塚先生に始まった。それは、ある人のことばを引用すると、「完成されたものとして地質学の対象となっていた褶曲構造というものが、いままさに成長しつつあり、その地質構造を作ったのと同じ力が現在作用しつつあることを明らかにした点、地質学におけるものの見かたの一つの転機をなした」といえよう(中村一明・太田陽子)。

じつはこのことは、日本の地質学だけの問題ではなかった。標準的なよい地質学の教科書の著者として広く知られているドイツのR・ブリンクマン教授が、小国川の私のグラフをとりあげたのである。ブリンクマンの教科書は、私が学生時代に親しんだ思い出の本である。同教授は、その教科書よりもっと厚い新しい教科書を編纂することをくわだてた。そしてその冒頭には、目前にありありと認められる地学的な現象の代表例をあ

げるという方針をたて、その考えのもとに、火山活動や地震などを描写していった。ところが褶曲のところで、はたと困った。前にもちょっと書いたように、ヨーロッパには、現在といわないまでも、最近に動いた褶曲は見当たらないからである。そこで、そのころドイツで勉強中だった私の友人徳山明さんに相談をもちかけた。徳山さんは、活褶曲なら私のグラフがいいだろうと進言した。進言はうけいれられた。その教科書は一九六四年にシュトゥットガルトの出版社から出版された。「動かない」ヨーロッパの地質構造に対して、日本ではじめて「動いている」ことがはっきりしたのは、大陸とちがい、太平洋の周辺地域の地殻変動が現在いちじるしく進行しつつあるためであろう。したがって、太平洋地域の地殻変動の研究は、地質学にとって、世界的な意味をもっているのである。地質学は今や、「動かない」見かたから「動く」見かたへ変わろうとしている。ブリンクマンが小国川の活褶曲をとりあげたのは、この見かたの、ヨーロッパにおけるさきがけであるといえよう。

図 9-1　小国川第 12 番水準点標石

はじめの章では、小国川の活褶曲を精密な測量によって検出するために、地震研究所が小国川沿いに水準点標石を一七本埋めたことを話した(図9-1)。標石の高さは、一九五四年に岡田惇さんが〇・一ミリメートルの桁まで測ってわかっていた。一

図 9-2　精密水準測量　左は水準儀をのぞいている所．右は標石の上に標尺を立てている所．標尺が垂直になるように，その中には水準器が埋めこまれている．ゆれないために斜めに支柱がついている．

九六四年はそれから一〇年めである。岡田さんたちは、同じ標石の高さをふたたび精密に測る（図9-2）ため、その年の八月に小国川へ出かけた。はたして地面はどのように動いただろうか？

その結果を話す前に私の予想を述べておこう。もし褶曲運動が、ある時いちどに何メートル動くというような動きかたをせず、一定の速さでひきつづいて動くとすれば、段丘面(だんきゅうめん)のできた年代がわかると平均の運動の速さを計算することができる。ただし、運動の速さが途中(とちゅう)で変われば平均から偏(かたよ)るから、あまりこまかい数字を使って計算をしてもそれだけの意味がないかもしれない。したがって段丘面の年代もだいたいでよい。それでも、運動の速さの桁がどのくらいかという見当(けんとう)をつけることはできる。私は、小国川のⅨ段丘（図9-3）は桁でいえば一〇万年ぐ

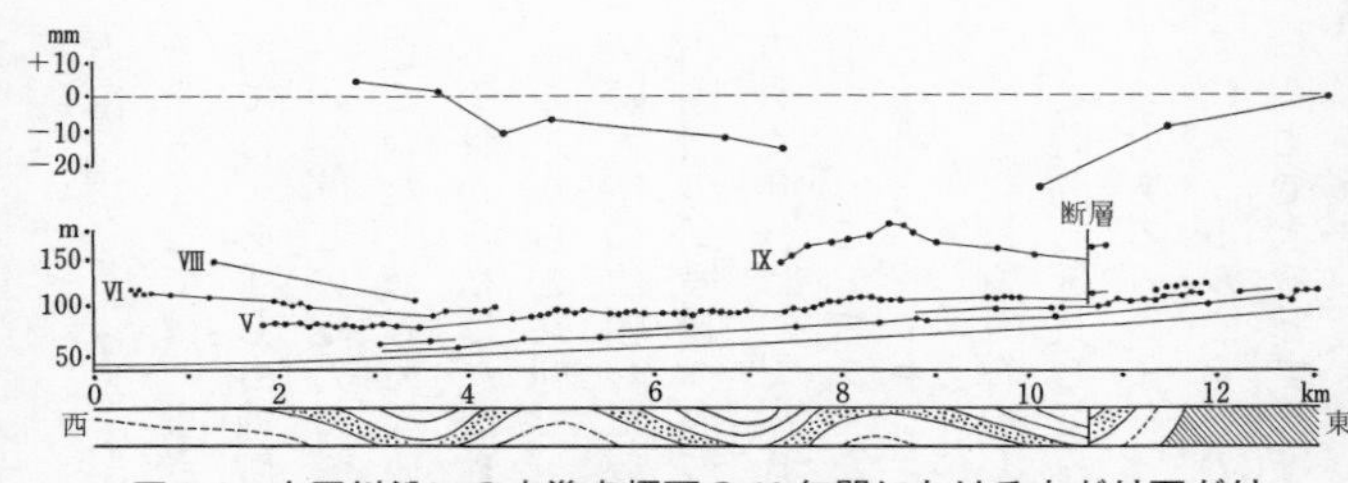

図 9-3　小国川沿いの水準点標石の 10 年間における上がり下がり
図の上半は，標石の相対的な動き．下半は，図 1-13 の断面図と同じ．

らい前にできたと考えた。その根拠を述べると長くなるかられは省略して先をいそごう。Ⅸ段丘の背斜部は向斜部に比べて現在約五〇メートル高い。褶曲したためこれだけの高さの差を生じたのである。五〇メートルを一〇万年で割ると一年に〇・五ミリメートルであるから、平均の速さで褶曲が進行したとすると、一〇年間に向斜部に比べて背斜部が五ミリメートルだけさらに高くなるはずである。こうして私は、Ⅸ段丘の褶曲しているあたりでは水準点標石の高さがたがいに五ミリメートルぐらいの差をつけて変化しているだろうと予想してみた。

岡田さんたちが現地へいってみると、一〇年のあいだにその地域の開発が進み、道路が拡張されたり改修されたりしたため、せっかく埋めておいた標石一七点のうち八点までが、なくなってしまったりもとのままではなかったりしていた。残る九点の測量をした結果、一九五四年との高さの差は図9-3のようになった。肝心のⅨ段丘が褶曲しているあたりは標石がどれもだめでわからないが、図の左の方(横軸の4—7のあたり)では測量結果にも背斜の動きがあらわれているようである。そしてそこでは、まさに五ミリメートルぐらいの振幅の波をつくっている。そのほかの所では、必ずしも地層の褶曲とは合っていない。その理由はまだわかっていない。その一〇年間この地方に、大きな地震はなかったから、このような変動が、ある時に急激に起こったとは思えない。大地はきわめてゆっくり波をうっていたと考えるべきであろう。

それから私は、段丘面の年代をもう少し正確に知りたいと思うようになった。山形大学の人たちと共同で、最上川沿いの二つの地点へ泥炭を採集にゆき、それらの試料を学習院大学に依頼して放射性炭素による年代測定をしてもらった。これら二地点の泥炭は、小国川のⅤ段丘へつづく最上川の段丘をつくる地層の中に重なっている。だから、測定された年代は、Ⅴ段丘の年代を示していると考えてよい。それらはいずれも、約三万年前ということであった。Ⅴ段丘が三万年ならⅨ段丘は一〇万年ぐらいとみておかしくはない。

さきには割り算をして一〇年に五ミリメートルという見当をつけた。次には掛け算をして時間を延長してみよう。Ⅸ段丘の下の地層にみられる褶曲の振幅は五〇〇メートルぐらいある。つまり背斜部で地表に顔を出している地層のつづきは、向斜部では地下五〇〇メートルぐらいの深さにもぐっているのである。五〇〇メートルの振幅の波が一〇万年間にできるとすれば、五〇〇メートルの振幅の波は一〇〇万年間にできるはずである。

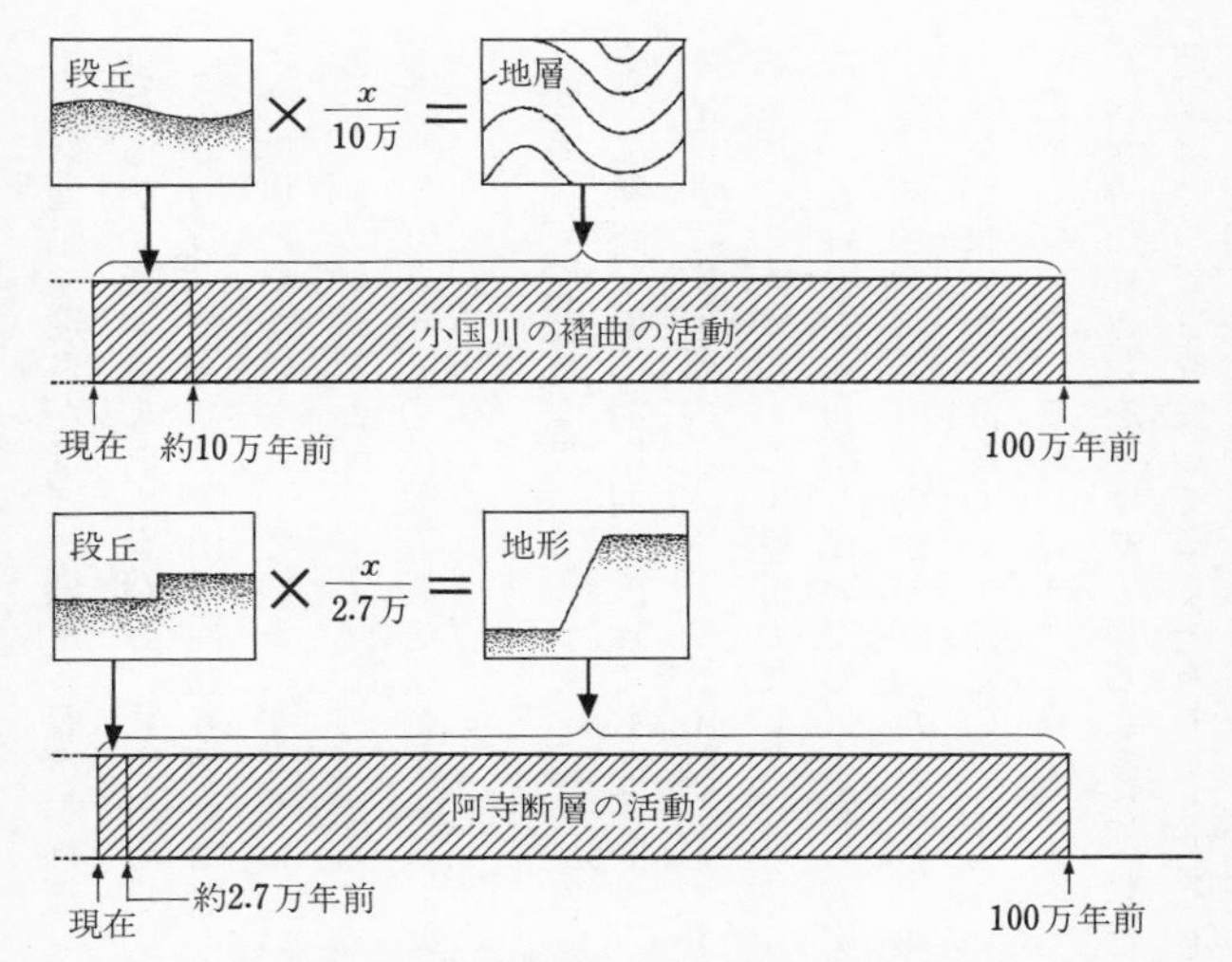

図 9-4　断層運動や褶曲運動が何年ぐらいつづいたか推定してみる
掛け算の式の x を求めると，それはどちらも 100 万という答がでる．

したがって、運動の速さがほぼ一様だと仮定すれば、一〇〇万年ぐらい前にこの褶曲運動が始まったと推定することができる。

阿寺断層の場合の掛け算を思い出してみよう(図9-4)。断層崖の高さは八〇〇メートル、川の横ずれは少なくとも六キロであった。坂下でのずれの速さの値を使うと、垂直のずれの方からは、断層運動の期間がほぼ八〇万年、水平ずれの方からは一二〇万年という答が出た。阿寺断層のところで説明したように、垂直と水平とのずれの割合が、長い間にすこし変わることもあるとすれば、垂直ずれも水平ずれも同時に始まったと考えてよい。運動の速さがほぼ一様だと仮定すれば、始まったのは一〇〇万年ぐらい前となる。前にも書いたように、これはぴったり一〇〇万年ということではないが桁だけは確実なことである。つまり小国川の褶曲も阿寺断層も同じころに運動が始まっているらしい。これは単に桁だけが合っているにすぎないということなのか、それとも本当に同じころから、両方の運動が始まったということなのか？　そのことを考える前に、日本全体の最近一〇〇万年間の地殻変動を眺めてみなければならない。

生きている日本列島

前に新潟県の信濃川河岸段丘でも活褶曲がみられるということを述べたが、同じような活褶曲は山形県の庄内平野や秋田県などでも見いだされた。どれも新しい段丘よりは古い段丘の方がはげしく褶曲している。小国川の場合と少しも変わらない関係である。また、青森県から新潟県にいたる日本海の海岸沿いや、佐渡の海岸沿いでも、海岸段丘が波状に変形しているのがわかった。これらの波状の変形は、小国川や信濃川の褶曲より波長が長いが、活褶曲の一種といってもよい。そしてどの場合も、古い段丘ほど大きく変形していた。これらはすべて私の友人たちの研究の成果であり、大塚先生のまいたたねが芽をふき花をさかせているように、私には感じられた。そして結論として、褶曲運動はいつでも成長してゆく一方で、もとへもどることはないこと、すなわち、時間が

図 9-5　六甲山地の全景　六甲山地の左側手前の斜面は，何本もの垂直ずれ断層のため階段状になっている．手前に伊丹空港が見える．千里丘陵上空 4000 m より撮影．

たてばたつほど褶曲運動が進むのであるということがわかってきた。

一方、活断層についても同じような研究が行なわれた。各地の水平ずれ断層について、新しくできた川よりも古くからある川の方が横ずれが大きいことが確かめられた。水平ずれも、もとへもどることはほとんどなく、いつでも一方向へ進むものであるらしい。垂直ずれ断層でも同じような結論がみちびかれてくるようになった。この問題では藤田和夫さんたちの六甲山地に関する研究がよい例なので、次にそれをざっと紹介しよう。

神戸市街の背後には六甲山地がそびえている(図9-5)。この山の中腹の海抜二五〇メートルのところに、一枚の海成粘土層をはさんだ砂礫からなる地層が露出している。その地層の中には、メタセコイアその他現在では絶滅している古い型の植物の化石がふくまれていて、この砂礫層が大阪平野の地下を構成する大阪層群の一部であることを示している。この一枚の海成粘土層のつづきは、大阪平野の中央部では五五〇メートルの地下に埋もれていることがボーリング調査でわかっているのである。したがって、この海成粘土層は、隆起と沈降と合わせて約二五〇＋五五〇＝八〇〇メートルも高さのちがいを生じている。これは六甲山地と大阪平野とのあいだに、西側(または北西側)が上がるような垂直ずれ断層がいくつも走っていて、それが運動した結果であると考えられる(図9-6)。この海成粘土層のできた年代は約一〇〇万年前と推定されている。一〇〇万年前以後に、これらの断層運動が行なわれたことはまちがいない。

六甲山地の垂直ずれ断層の中には、阿寺断層や中央構造線断層と同じように、新しい段丘をずらせているものもいくつかある。その最も新しい運動を示す例は、新幹線の新神戸駅をつくるため、地面をけずりとった時に見つけだされた(図9-7)。その断層は、三万年前より確実に新しく、多分何千年か前であろうと思われる川の砂礫層をずらしているのである。阿寺断層の坂下の例のように、古い方の段丘から新しい方までみごとに次々と段丘をずらしているわけではないけれども、藤田さんは六甲山地のあちこちに散在する証拠をあつめて、ここでもやはり断層のずれはいつも一方向きで、時間がたつにつれて累積してきたのであると結論した。私の友人たちが中部地方の活断層や東北地方

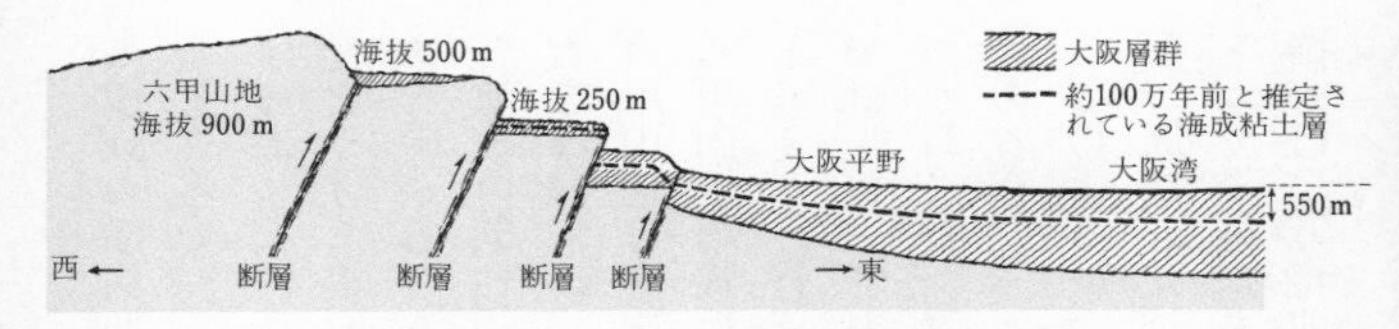

図 9-6　六甲山地と大阪平野の模式的な断面

図 9-7　新神戸駅のかたわらに露出した諏訪山断層　同駅建設工事の時の露頭を 1970 年 1 月に撮影したもの．右側の壁をつくっている平滑な面は，花こう岩上の断層面．これを除く残り 3 分の 2 の画面は，すべて昔の川原の砂礫層．諏訪山断層は，左が落ち右が上がるような垂直ずれ断層で，花こう岩がその上にのっかった砂礫層を切ってのし上がってきたのである．砂礫層のうち，画面中央のポールより左側の礫は，堆積した時のままほぼ水平に横たわっているが，ポールより右側の礫は，上下に細長い．これは，もともと水平に横たわっていたものが，断層運動にひきずられて直立したのである．

の段丘の活褶曲で到達した結論と、期せずしてこの結論は一致したのであった。

ところで、六甲山地の研究でもっと重要なのは次の点である。六甲山地の頂上に展開する海抜七〇〇―九〇〇メートルのゆるやかな山なみは、長いあいだ陸上にあって浸食をうけた場所で、そこには海成層は見当たらない。この部分は大阪層群が堆積しはじめた時からひきつづいて陸地であったと考えられる。ただし、そのころは今よりはずっと海抜の低い起伏のゆるやかな丘だったにちがいない。そのことは、大阪層群のなかに大きな礫がふくまれていないことから、推定される。つまり、一〇〇万年前ごろには、六甲山地は海抜一〇〇―二〇〇メートルの高さしかなかったということである。すると六甲山地の隆起が一〇〇万年前ごろから急速に進行して、その間に今の高さまで達したと考えなければならなくなる。隆起が比較的短期間(一〇〇万年でも地学的現象のなかでは短い方である)に行なわれたため、浸食作用はまだ山頂部にまでおよんでいない。だからこそ、隆起する前のゆるやかな起伏をもつ丘の形を今も山頂付近に残しているのであろう。

このように、六甲山地の地形と地質からみちびかれる推定は、私が小国川の活褶曲や阿寺断層から推測した一〇〇万年前開始の考えと、ほとんど同じ結論になったということができる。ちがう点は私のが掛け算による推定であったのに対し、藤田さんのは、直接一〇〇万年前のことを推定した点である。私の「活発な一〇〇万年間」の仮説に、六甲山地において強力な援軍が現われたのである。
近畿地方にはまだこのほかに、生駒山地・鈴鹿山地・比良山地など、六甲山地と同じように最近に隆起したと考えられている山脈がいくつもある。これらはどれも垂直ずれ断層の活動によるもので、さきほどの場合の大阪平野と同じように、山脈と山脈とのあいだには奈良盆地や、琵琶湖のある近江盆地で沈降が起こった。

図 9-8　第四紀の礫層　リュックサックより大きな礫が積み重なって地層をつくっている．中国山地にて．

似たような事情は、もっと大規模に日本アルプスでも見られる。そこに走る断層のあるものは山麓の新しい扇状地をずらしている。また、最近一〇〇万年間にできた地層をしらべることによって、これらの断層が動き始めたのもおそらく一〇〇万年前ごろであったろうといわれている。それは次のようなことである。日本アルプスが隆起したため、その山を構成している岩石の礫が川によって多量に運ばれて山地の周辺に堆積した。川が急流なのでその礫も大きいのが多い(図9-8)。大きい礫をふくむ地層の年代をしらべると、それはたいてい一〇〇万年前より新しい。

じつは、日本中のいたるところで、一〇〇万年前より新しい地層の中に、大きい礫の層が見つかるのだ。何か別の原因でもそうなるのかもしれないが、私は多分、山が一〇〇万年前以後に隆起をつづけていることと関係があるのではないかと思っている。

一九六三年に私は、友人たちに話しかけて、第四紀(当時は最近二〇〇万年間とされていた)の日本列島における隆起量と沈降量の分布図を作ろうという計画をもちかけた。そのグループは各人の本職や研究の余暇(よか)をさいてこの計画を少しずつ実行に移し、一九六九年にはとうとう目的の分布図を作りあげた。また私は最近二三〇〇万年間の日本列島における隆起量と沈降量の分布図を作る別のグループにも参加した。これは一九六七年にできあがった。両方を比べてみると、年数が一〇倍もちがうのに、変動の量は多くとも数倍、少ない場合は一倍つまりほとんど同じところがあることがわかる。このあとの場合は、二三〇〇万年前から二〇〇万年前までわずかしか動かなかったか、動いたとしても上がったり下がったりして差し引きゼロだったことを意味する。それにひきかえ二〇〇万年前以後には、じつに活発に変動しているのである。たとえば、現在、頂上が三〇〇〇メートルの高さにある日本アルプスは、この二〇〇万年間に一五〇〇メートル以上の隆起をし、現在一〇〇〇メートルの高さの北上(きたかみ)山地は五〇〇メートル以上の隆起をした。このように、日本の多くの山々は現在の高さの約半分が、最近二〇〇万年間、そのなかでもおそらくあとの一〇〇万年間の隆起によって獲得した高さであると考えられる。したがって、北上山地や阿武隈山地は、一〇〇万年前あるいは二〇〇万年前には、高さ五〇〇メートル前後の山だったはずである。実際に、北上山地・阿武隈山地の周囲にそのころに堆積した地層を研究すると、大阪層群の場合と同じで、現在と比べて当時の山はもっと低くなだらかだったことが推察できるのである。

一方、関東平野は、日本では最大の平野であるが、日本の陸上では二〇〇万年間に最も大きく沈降した場所でもある。そのようなことも、皆で分布図を作ってみてよくわかった。私は、関東平野の中から特定の二つの地点(千葉と久留里)をえらび、同じ時期の段丘面の高さや地層の深さを比べることによって、千葉が久留里に対して相対的に沈降する速さがどう変化したかをしらべたことがある。それによると、二〇〇万年間の平均の速さ(一年につき〇・五ミリメートル)は最近一〇万年間の平均の速さ(一年に〇・九ミリメートル)の半分ぐらいであることを知った。このことは、二〇〇万年間のうち後半に沈降が速くなったと考えれば説明がつく。もちろん、これだけのことから、一〇〇万年前ごろから速くなったときめてしまうことはできない。けれどもその可能性は充分にあるわけだ。

このように、日本列島全体を眺めてみると、阿寺断層から計算された変動期間である一〇〇万年と、小国川の活褶曲から出された一〇〇万年とは、偶然の一致ではなくて、日本列島における地殻変動全体が一〇〇万年前ごろから活発になったための当然の一致であるように思えてきた。前の章で述べたように、断層を一つだけとりあげてもその原因はわからない。広い地域の断層系を考えて、これらが同時に活動すると考えるのがよい。同じように、断層とか褶曲とか、あるいは隆起とか沈降とか、変動にいろいろの形態はあるが、それらを別々にとりあげたのでは、メカニズムがなかなかわからないだろう。藤田さんは、水平ずれ断層の格子模様と近畿・中部地方の山脈や盆地の隆起沈降とをすべて一体のものとして、議論を展開しているが、これが正しいやりかたであるように思う。そして私は、日本列島の地殻変動は形態のいかんを問わず一〇〇万年前ごろから活発になったのであろうと見当をつけるようになったのである。もっともこの考えは、まだ仮説の域をぬけ出していない。検討すべき問題点がいくつも残っているからである。しかし、もしこの見当が正しいとしたら、大地は日本列島全体という単位で動いていることになる。するとその原因の規模も、地盤沈下に見られたような局部的な原因などとは比べものにならない、相当に大きなものだということになる。これはじつに魅力的な課題ではないだろうか？

長い時間について考える

次に、一〇〇万年からさらに時間を延長して、別の観点からこの結論を考え直してみよう。

　図9-9は、地球の歴史の目盛りをいれた道路を、過去に向かって眺めた透視図である。日本列島の最古の岩石は、一五―一七億年前という遠い先カンブリア時代のものである。この図をよく眺めてみると、この章で私が問題にした一〇〇万年という期間が、いかに短いか、おわかりと思う。日本の最古の岩石の年齢のたった一〇〇〇分の一程度にしかすぎない。日本列島の岩石の中に、私が説明したような地殻変動が、一〇〇〇万年ごとに一回起こるとして、全部でそれが一〇〇回記録されていても少しもふしぎではないのである。

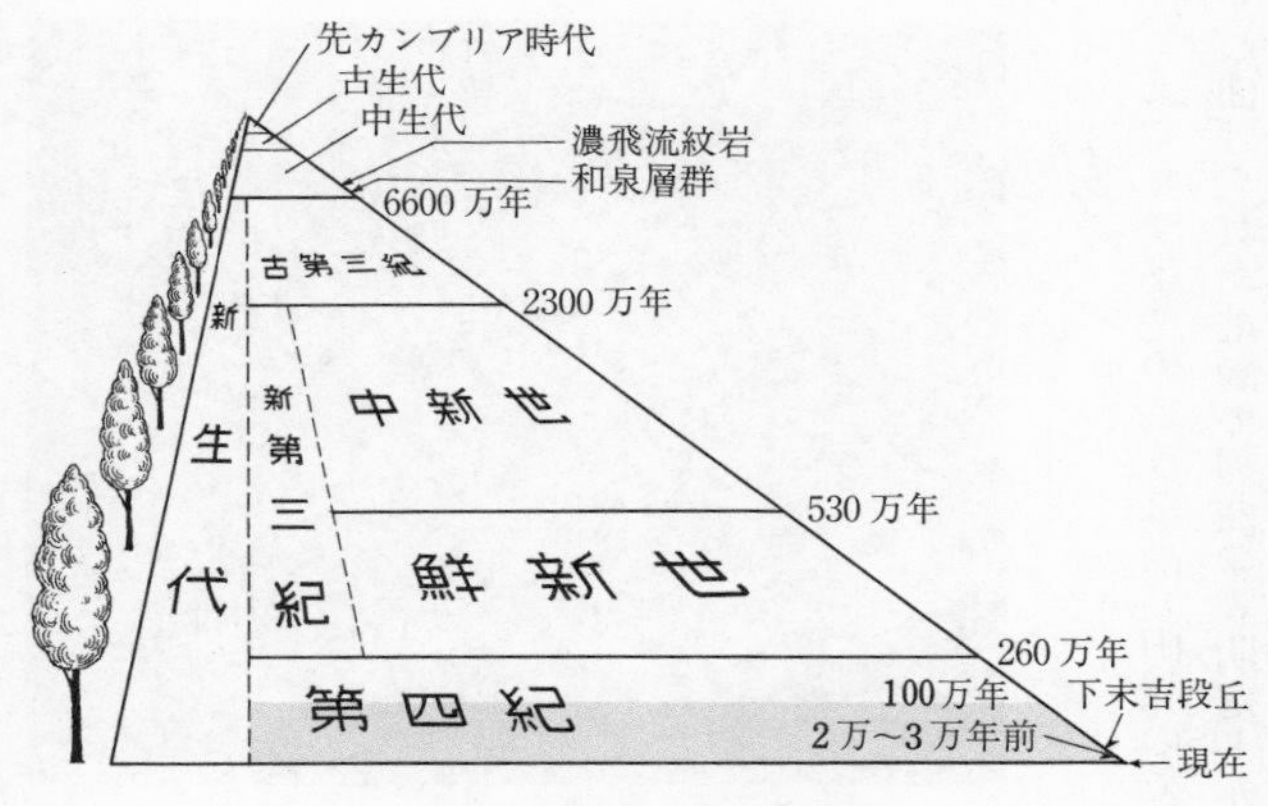

図9-9　透視した地質年代表

　日本列島の地質構造をしらべてみると、実際いろいろな変遷が断片的に推定される。それらが重なり合ってある地方の「地質」として、現在私たちの目の前におかれている。そ

図 9-10　褶曲している地層　千葉県．向斜軸の部分．右の方に小さな断層も見える．

れは、図9-9のような長い長い道路を、一番手前まで圧縮してしまった感さえある。だから、褶曲や断層などの地質構造が、次から次へといくつも形成された印象を人に与えるのである(図9-10)。すると、当然の結果として、一つの構造は、見る見るうちにできあがるように錯覚する。そうでないと、日本列島のように複雑な地質構造は、とうていできあがらないような気がするからである。だが、じつは一つ一つの構造は一〇〇万年とかあるいは数百万年とかかかってできあがる。そしてそのためには、小国川で測られたように、一〇年間に五ミリメートルというようなわずかな動きでたりるのである。

よくヒマラヤのような高い山脈のできかたの説明だとか、アルプスのようにひどく押し曲げられた地層の褶曲の説明だとかに、「想像もつかないほどはげしい地殻変動」が起こったためだと本に書いてあるが、そんなことはない。誰だって一〇年間に五ミリメートルという、精密測量をしないとわからないほどの速さで大地が動いていることぐらい想像できるだろう。一生の間を通じて見張っていても、五センチにはならないのである。つまりそれは、充分想像できる大きさの地殻変動であるが、「想像もつかないほど長い間」それがつづいたというべきなのである。

ここで念のため書きそえておくと、日本列島の歴史を通じて、いつでも同じ速さで地殻変動が進行していたというわけではない。このことは誤解しないでほしい。一〇〇万年間活発だったという話は、うらがえして言えば、その前の時代は長いあいだ不活発だったという話でもあるのだ。そして、ここで言おうとしていることは、そんな活発な時代でも大地は「想像のつく」速さで変動するのだ、ということなのである。

この本の最初にでてきた高校時代の私の友人F君への答の一端を、いま私はやっとつかんだという思いである。水準儀についている望遠鏡をのぞいて、標石の上に立てた標尺の目盛りを読んで、一〇年前と五ミリメートルちがう高さを読んだという、それほどわずかな大地の変形が、一〇〇万年間つづいて初めて地殻の中に褶曲の模様が描き出されるのだ。原因はまだわからないけれども、原因に一歩近づいたといえよう。しかし、こんな答でもF君はあるいはまだ納得しないかもしれない。たしかに、地殻変動にはまだいろいろと謎が多いのである。

F君で思い出したが、私は高校生の時、一冊の岩波文庫を読んだことがある。J・チンダル著、矢島祐利訳『アルプスの氷河　第二部 主に科学的』という本である。私はそのころこれを読んで、科学的研究というものが、試験管とか顕微鏡とかがなくても、ただ山へ登って氷河に竿を立てて、翌日同じ所へいって竿がどれだけ動いていたかを巻尺で測るという作業だけで、立派に成果をあげ得ることに感心した。氷河は一日に数十センチずつしか動かない。そして、そういうきわめてあたりまえでいっこうに近代的な感じをあたえない仕事を、一八五七年という時まで誰もやっていなかったらしいことにもおどろいた。今にして思えば、その後私がやってきた小国川や関東南部や岐阜県坂下での仕事もチンダルのやったことに似ているようである。私の研究の手段を暗示してくれた先輩が、思いがけないところにいたのだなと思う。

ところでその本には氷河にできた割れ目のことがくわしく書いてある。それはふつうクレバスと呼ばれることが多い。クレバスは、氷河のいたる所にできていて(図9-11)、その形もさまざまである。ところが、そこにこういう記事がある。「クレバスの数はすこぶる多いから、そのできるのはしばしば起こることで容易に観察されるように考えられるかもしれない。しかし実際は観察されるのがきわめてまれである。シモンはおそろしく豊富に氷の上の経験を積んだ男であったが、クレバスができるのを初めて見たのはわれわれが測量の線を引いている時であった。そのとき彼の足下に細い割れ目ができて、それが高い破裂の音を立てて氷の中へ拡がっていった」。そして音のした話がくわしくつづくのである。ここで私は、クレバスを断層におきかえ、音を地震におきかえてみたい。私がいままで地殻変動を「一様な速さ」と仮定したのには、氷河の流動が念頭にあった。氷河は全体として長い目でみれば一様な速さで流れている。しかし、瞬間的に局部を見ればくだけたり割れたりして、複雑にクレバスをつくっており、決して一様に流れているだけではない。地殻変動についても同じようなことがいえる。R・T・チェンバレンという地質学者は、氷河の運動が岩石の変形のお手本であり、岩石の変形で自分によくわからないことがでてくると、その助けを氷河の運動に求めることにしている、と述べている。まことによくこの辺の事情の核心をついた言葉である。

図 9-11　氷床に開いたクレバス
南極オングル島付近.

図9-12の写真の山は、アルプスの二番めの高峰モンテローザである。モンテローザとは、バラの山という意味で、雪におお

図9-12　モンテローザの両側から流れくだる氷河

われた姿は、まさしく一輪のバラの花のようである。その左右から氷河が流れおちてくる。これらを合わせた本流をゴルナー氷河というが、私はモンテローザのすこし下流で、図9-13の写真をとった。よく見ると、氷河の流れに対して斜めに向いた、たくさんの平行な黒い縞が走っている。図9-14に、その位置を示す。この縞のように、平行でも順ぐりに場所をすこしずつずらせて現われる模様を雁行と呼ぶ。氷河に見られる雁行した縞は、最もふつうにあるクレバスで、次のようなメカニズムでできるものである。すなわち、氷河の中央で流れが速く縁辺部で遅いため、その中間に水平ずれ断層と同じようなひずみを生じ、氷河の中央下流方向へ向かってひっぱられるため、それと直角に割れ目ができるのである。この写真の場合は、ゴルナー氷河の右岸であって、右ずれ断層と同じようなひずみのため、雁行したクレバスができている。この雁行の模様は、右ずれの雁行割れ目ということができる。

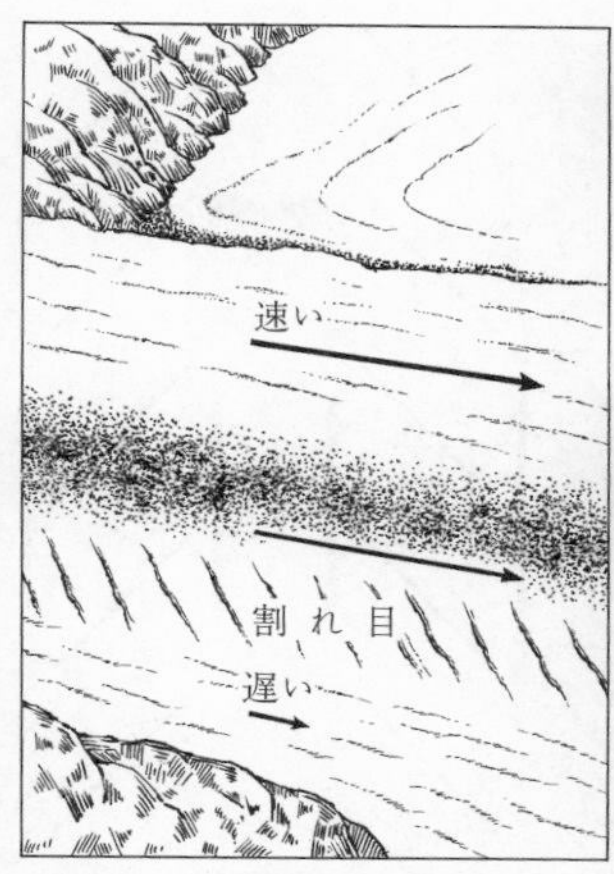

図 9-14　ゴルナー氷河の写真の説明　氷河の中心部は速く流れるがへりの部分は遅いため，その中間に図のような割れ目の列ができる．

図 9-13　ゴルナー氷河の割れ目　氷河は左から右へ流れている．黒く見えるのは，氷河の表面にのっかったモレーン(氷堆石)．その手前に見える平行な縞模様がクレバス(氷河の割れ目)である．

一方、左ずれの雁行割れ目というものもある。雁行割れ目にはこの二種類しかない。そして、氷河には必ず流れの左岸側には左ずれの、右岸側には右ずれの雁行したクレバスができる(図9-15)。図9-12の写真にもこれが見られる。地下で左ずれ断層が動いた時、その上にやわらかい地層がおおっていたりすると、断層線がそのまま地表へ現われずに、左ずれの雁行模様を示す割れ目を生ずることがある。図9-16の写真は、松代(まつしろ)地震の時に、水田にあらわれた左ずれの雁行の割れ目である。図

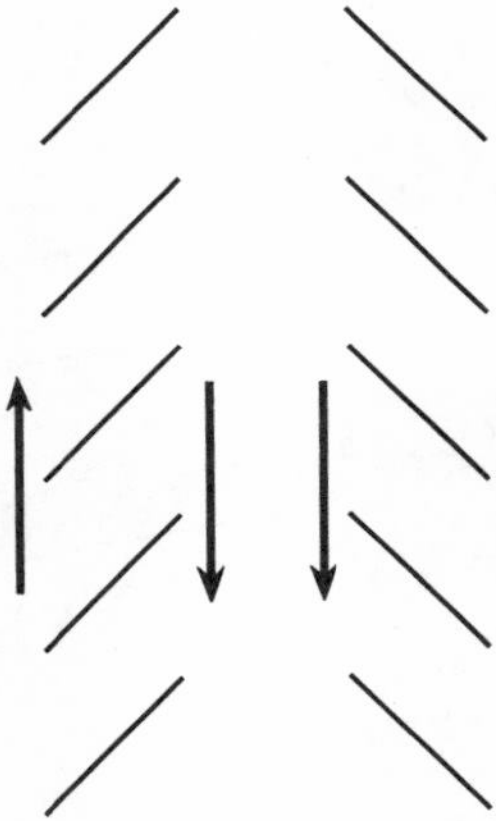

図 9-15　雁行割れ目とずれの向き　左は右ずれ，右は左ずれ．

6-19に示した福井断層による割れ目も、左ずれの雁行割れ目である。雁行割れ目の説明を加えたため少しまわり道になったが、ここでは、チエンバレンの言葉を、具体的な例でおぎなってみたのである。

さて、氷河は万年雪が上からの重みのためおしつぶされ粒の間の空気がぬけ出て作られた氷でできている。氷河の氷は、氷屋で売っている四角いかたい氷とほとんどちがいはない。あんなかたいものでも、ゆっくりとならば、「流れる」のである。氷河は流れているのであって、単に氷がすべりおちてくるのではない。地殻もこれと似たような性質をもつものである。瞬間的な力に対しては氷も地殻も弾性体としてふるまう。**弾性体**というのは、大きな力が働くほどそれに比例して変形の大きくなるような物体のことである。そのような物体に大きな変形を生じた場合は、大きな力が加わっていると考えるわけで、これは私たちが日常よく経験している現象である。他方、氷河の流れの原因となっている重力のように、たえることなく時間的に継続して働く力に対しては、氷も地殻も塑性体としてふるまう。**塑性体**というのは、力の加わっている間、少しずつ変形が大きくなってゆくような性質の物体をいう。この場合、働く力は小さくても、時間さえかければいくらでも大きなひずみを生ずるのである。

私たちは地殻について、高い山脈・深い海溝、そしてひどくずれた断層やはげしい褶曲など、大きな変形を知っている。それらの場合でも、その原因としてそれぞれに対応する大きな力を考える必要は少しもない。なぜなら、長時間に働く力に対しては地殻は塑性体だからである。地殻にみられる**大きな**変形を説明するには、それに相当する**長い**時間を考える必要があるのだ。

私はこの章のおわりに、氷河の話をもちだして、地殻が流動していることを力学の面

図 9-16 松代地震の時に現われた雁行する割れ目 これらは地下に走る松代断層の左ずれにともなって生じたもので，画面の左側は手前へ，右側は向こうへ動いた．すると，地面は写真の左下方向または右上方向へ引っ張られて，画面中央に見られるような雁行割れ目ができる．ゴルナー氷河の写真(図 9-13)にみられる雁行と，向きが反対であることに注意．1966 年 10 月 14 日撮影．

から述べてみた。それは、地球上のどの場所にも、また一〇〇万年前よりもっと昔にも、あてはまることであるけれども、ここでは私は、最近一〇〇万年間に日本列島で起こっている地殻変動を力学的に眺めるつもりで書いたのである。私はただ漫然と掛け算をしたのではない。単に小国川と阿寺とで同じ桁の答がでたというだけでは、誰もなるほどとは思わないだろう。日本中でそれに類する推定が行なわれ、六甲山地のような裏づけが現われて、はじめて「活発な一〇〇万年間」という一般的な話がまとまるのだと思う。そしてそれが力学的にももっともな過程であれば、なおさら本当らしくなるのである。「活発な一〇〇万年間」という話は、この本で最初から述べてきた私のいくつかの研究の結論ともいうべきものである。このような考えは、一つ一つの現象の研究にくらべればかなり一般的なことである。科学の研究のなかでは、ある特定の現象に対する一つの結論よりは、多くの現象に関係したことを一般的に述べる結論の方が重要である。なぜなら、その方が普遍性をもつからである。もしそれが正しいことが立証されれば、さらに価値は高まるであろう。

10 見えない巨大な断層

鹿野山(千葉県)の一等三角点(図10-11参照)

図 10-1　室戸岬　画面の中央に広くひろがる，比較的平らな地面は，下末吉海進の時にできた段丘面．

室戸半島のシーソー運動

皆さんは、関東地震が起こるたびに房総半島の南端が隆起することを、おぼえていると思う。この場合は、半島の北へゆくほど隆起量が小さくなるから、半島が北へ向かって傾き下がるのである。シーソーの一方の板が上がってゆくようすを考えればよい。半島のつけ根の千葉市のあたりにシーソーの軸があり、板が南端の白浜で終っているとする。白浜が上がればシーソーの板の途中も少し上がる。そういう運動である。

これとよく似た運動をする半島がほかにもある。四国・紀伊・東海地

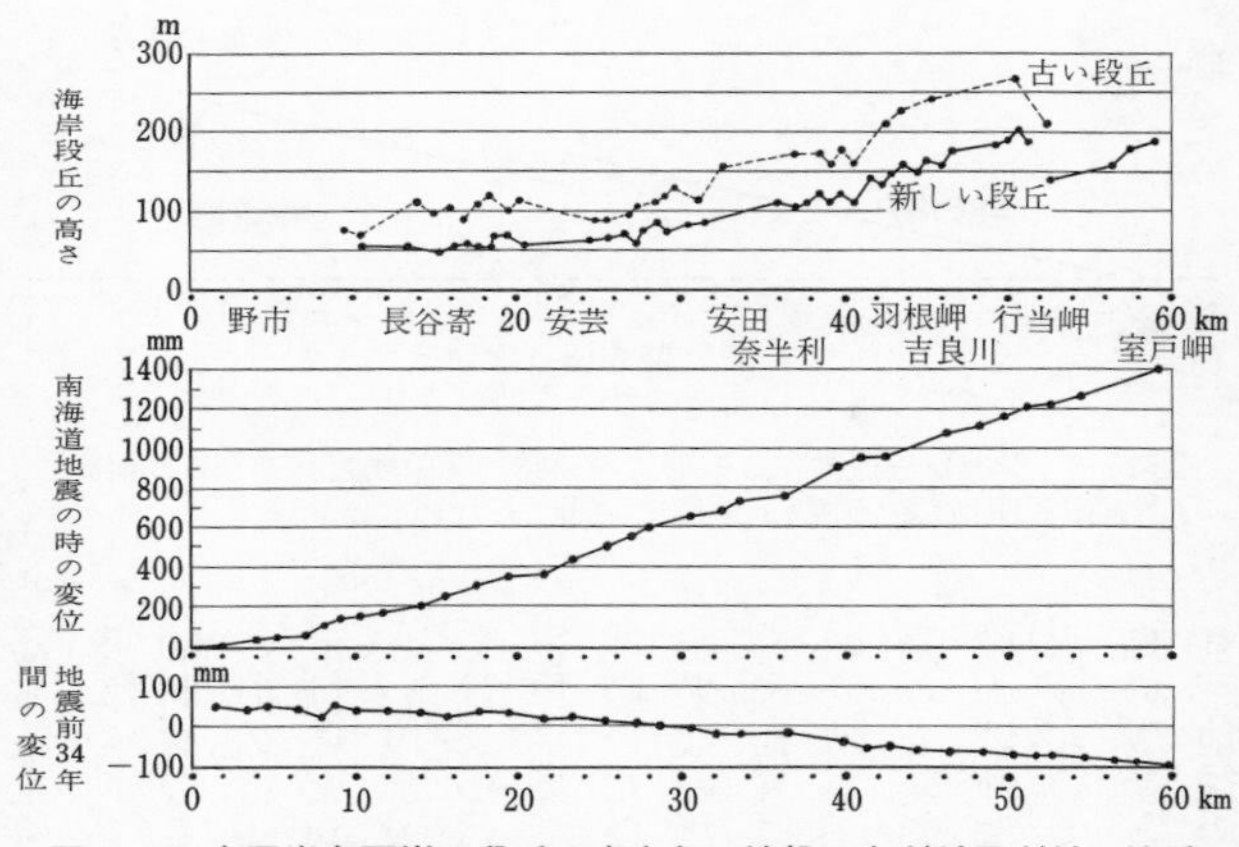

図 10-2　室戸半島西岸の段丘の高さと，地盤の上がり下がり　地震前には室戸岬が下がるように傾いたが，地震の時に大きく上がった．これがつもりつもった結果，段丘も室戸岬へ近づくほど高くなる．新しい段丘と記入したものは，下末吉海進の時にできた段丘である．

方などの半島がそうである。最もみごとな例は、四国の室戸岬を先端とする半島である。この室戸半島の西岸、土佐湾沿いに海岸段丘が何段も発達している(図10-1)。そのうちの代表的な二つの段についてしらべてみると、その高さは図10-2のように、北方の高知市へ近づくほど低くなり、南端の室戸岬へ近づくにつれて高くなる。ただし途中、一ヵ所だけ高さの変化が逆もどりする所がある。つまり、北の方から吉良川をすぎた所までは順調に高くなってゆくが、その南で急にガタンと下がり、その先は室戸岬へ向かってふたたび上がってゆく。ここには東西に近い方向の断層線が走っており、南側の

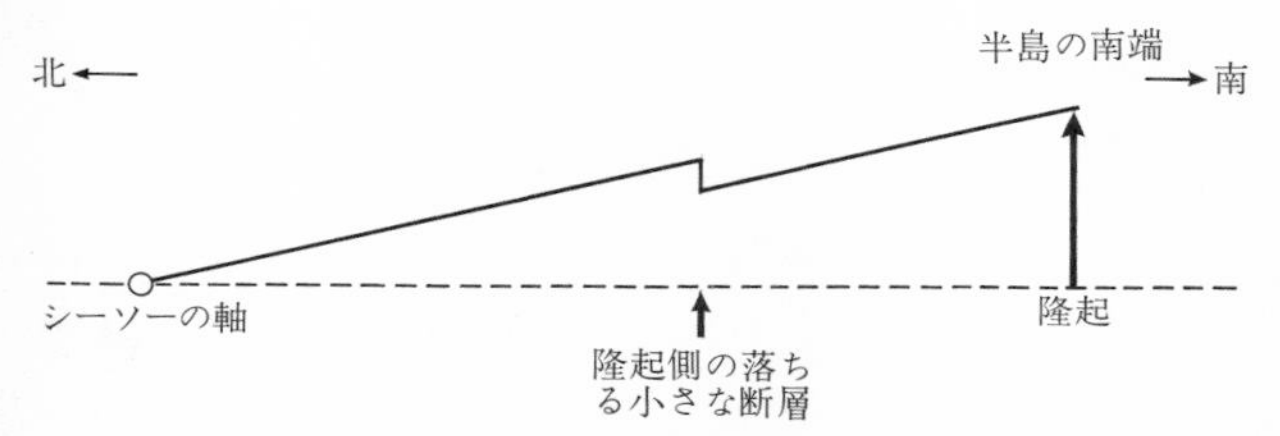

図 10-3　シーソー運動　この形式の運動は関東地震・アラスカ地震（あとで説明）および南海道地震に共通に行なわれた.

落ちる垂直ずれ断層運動をしたと考えられる。この断層を、そこの地名をとって仮に行当岬断層と呼んでおこう。行当岬断層のことを別にすれば、段丘の形はまさにシーソーの一方の板のようであって、北の方（図10-3の左の方）の高知市付近をシーソーの軸と考えれば、シーソーの先端は、新しい段丘では二〇〇メートルぐらいはねあがり、古い段丘では三〇〇メートル近くまではねあがっている。それでは、室戸半島でも、房総半島のように、このはねあがりは、大地震のたびに少しずつ傾き、それが長年の間に蓄積された結果なのだろうか？

図10-2には、一九四六年の南海道地震にともなう高さの変動と、地震のなかった期間（一八九五―一九二九年）の高さの変動とを示してある。このグラフは国土地理院（当時の陸地測量部あるいは地理調査所）が行なった精密一等水準測量の結果つくられたものである。ちょうど房総半島の場合と同じように、地震のときには南端が上がっており、地震のなかった期間には逆に南端が少しずつ下がって

ゆく。しかし地震と地震との間には、地震のときの隆起を完全にうち消すほど沈降(ちんこう)しないので、その残りが永久の隆起として残る。それがつみかさなって、段丘がしだいに高くなってゆくのであろう。一九四六年の大地震のときは、行当岬断層はたまたま動かなかったらしく、そこでの垂直ずれはまったくみられなかったようである(図10-4)。

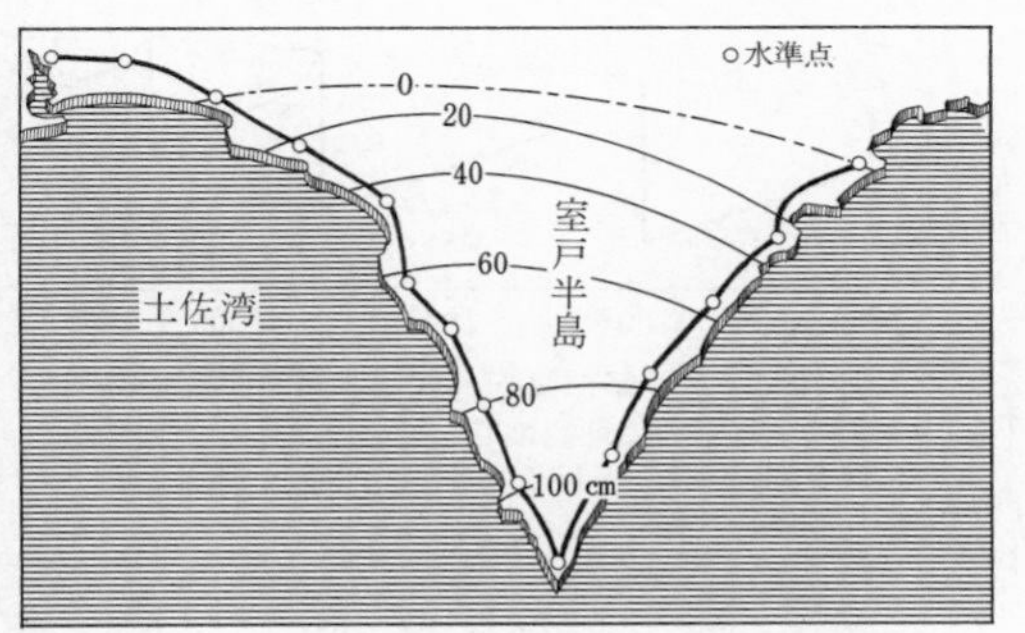

図 10-4　室戸半島における南海道地震の時の隆起量の分布

四国には、地震の古い記録が関東南部より豊富に残されている。しかも、大地震の起こる割合は関東南部の二倍ぐらい頻繁(ひんぱん)で、最近では、一七〇七年(宝永(ほうえい)四年)、一八五四年(嘉永(かえい)七年)、一九四六年(昭和二一年)とつづいている。このうち一八五四年の大地震はふつうは安政(あんせい)地震といわれているが、それは地震後二二日めに嘉永を安政と改めたためである。昔(むかし)は、大地震があるとそのすぐあと年号を改めることもあった。四国や紀伊では、関東南部よりも記録がくわしく、それぞれの時のシーソー運動のもようもかなりの程度わかっている。大地震のときバタンと室戸岬が上がり、静か

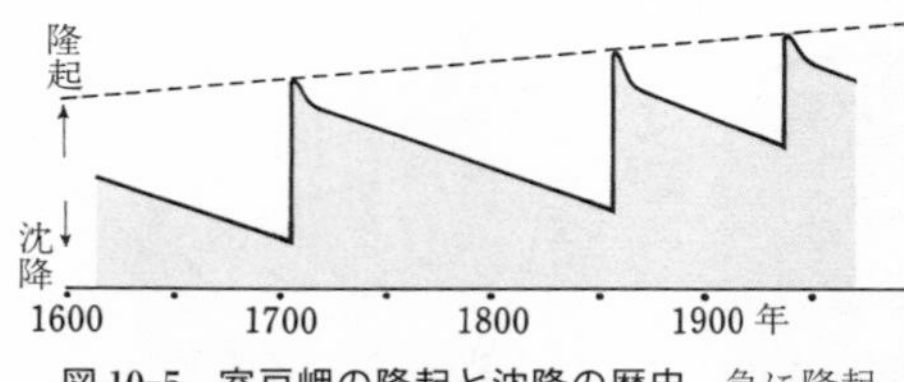

図10-5　室戸岬の隆起と沈降の歴史　急に隆起するのは南海道地震の時．この図に示した期間には3回あった．3回とも南海道地震と呼ぶ．あとは徐々に沈降している．

な時にはゆっくりゆっくりもとへもどるが、完全には下がりきらずにまた大地震が起こる、という経過をたどる(図10-5)。

こういう傾向はかなり前から知られていて、著名な地震学者の一人であった今村明恒は、一九四六年の南海道地震の起こる一〇年ほど前からそろそろ危ないぞとおもい、第二次世界大戦中には故障した室戸岬付近の検潮場の修理を勧告するなど、大地震の来襲にそなえていた。検潮の記録がとれていれば、隆起量や隆起前後の経過などが、かなり正確に知られるからである。しかし、今村さんの勧告にもかかわらず、戦争の激化と終戦後の社会的空白状態のために、ついに検潮場の整備をしないまま一九四六年一二月二一日、南海道地震が起こってしまった。そして一五〇〇名に近い人命が失われ、西日本一帯は多大の損害をこうむった。南海道地震の震源は紀伊半島南方沖の海底の地下三〇キロメートルの深さにあった。その時付近を航行中であった船が「機雷を受けたような大衝撃をこうむった」と報告している。海水もはげしく振動したのである。

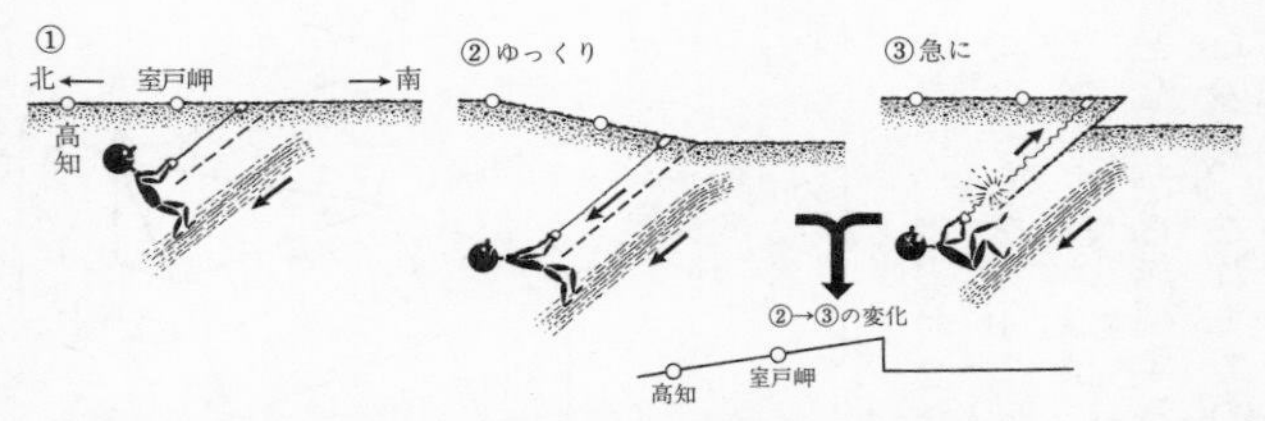

図 10-6　弾性はねかえりの考えによる南海道地震の説明　①は初めの状態，②は地震前の状態，③は地震の時の状態，②から③への地盤の変化は図の右下に小さなグラフで示したようになる．

地震のない静かな時にシーソーが下がり、大地震とともに突然上がるという運動を、なんとかうまく説明したいと、誰もが考えていた。高知大学の沢村武雄さんもその一人であった。沢村さんの説明のしかたは図10-6に図解したようなものである。①将来震源になる位置(破線)より南の海底の地盤が下がろうとする。②それに**ひきずられて**室戸半島とその南方海底は徐々に南へ傾き下がる。これが静かな時の運動である。その運動の進行につれて、破線の部分にはそれにさからう内部の力(応力という)がしだいに高まってゆく。③その応力がある限界をこえると、大地震とともに海底に断層(今度は実線でかいてある)をつくって北側の地盤が**はねかえる**。断層の北側の地盤のその際の隆起量は断層に近いほど大きく、したがって室戸半島は、北へ傾き下がるような運動をすることになる。この沢村さんの考えは、前に福井地震のところで説明した弾性はねかえりの考えと同じなのである。福井地震の時には、弾性はねかえりを水平ずれ断層の動きについて考えたのであるが、今度はそうではない。

ここで断層のずれの向きについて改めて考えてみよう。今までは、断層面が地面に垂直かそうでなくてもほとんど垂直な場合だけをあつかってきた。そのため断層運動の向きは、水平ずれと垂直ずれとの二つの方向に分けて考えるだけで済(す)んだのである。しかし断層面は、いつでも地面に垂直とはかぎらない。図10-7に示したように、斜(なな)めに傾いていることがあるし、その傾きがひどくなりほとんど水平にねてしまっていることさえある。たとえばアルプスには、水平に近い断層面をもつ大規模な断層がいくつか見いだされている。一般(いっぱん)に断層面が傾いている場合には、断層運動のずれの方向は、さきの二つの方向だけでは表わせない。図10-7にそれを表わしてみた。断層面の上に断層運動の起こった方向を矢印で描いてある。このずれを三つの方向に分解して、前に述べた垂直ずれと水平ずれのほかに**水平縦ずれ**を考える。断層面が垂直に近ければ水平縦ずれはほとんどないから無視することができた。ここではじめて水平縦ずれという要素がはいってきたので、これまでの水平ずれは、**水平横ずれ**といい直すことにしよう。つまり、断層の

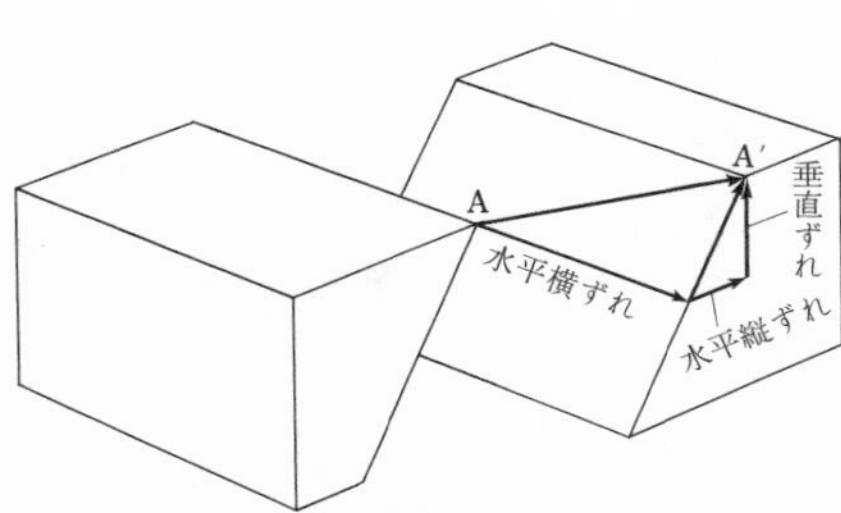

図10-7　傾いた断層面上のずれを三つの方向の成分に分解する　AからA′へ動いた.

ずれは一般に、垂直ずれ、水平横ずれ、水平縦ずれの三つの要素を合成したものと考えるわけである。このように、斜め向きの何かの量を表現する時には、垂直方向と水平の二方向との三つの方向に分けて考えるのが便利である。

沢村さんが南海道地震の原因として考えた断層は、水平縦ずれと垂直ずれとを組み合わせた断層であった。水平横ずれはふくまれていない。このような断層は、ちょうど左ずれ右ずれと同じように、**正断層**と**逆断層**との二種類に分けることができる(図10-8)。沢村さんの考えたのは、逆断層の方である。そして彼は、南海道地震にともなって室戸岬南方沖にできたと推定した断層に、南海逆断層という名前をつけた。沢村さんは一九五三年に、この断層を中心とした弾性はねかえりの考えで、南海道地震にともなう地殻変動を説明したのである。ところが学界では、皆がそうにちがいないと思って賛成したわけではなかった。しかし、次にお話しするように、その後一〇年以上もたってから、この考えかたが多数の賛成をえることになるのである。

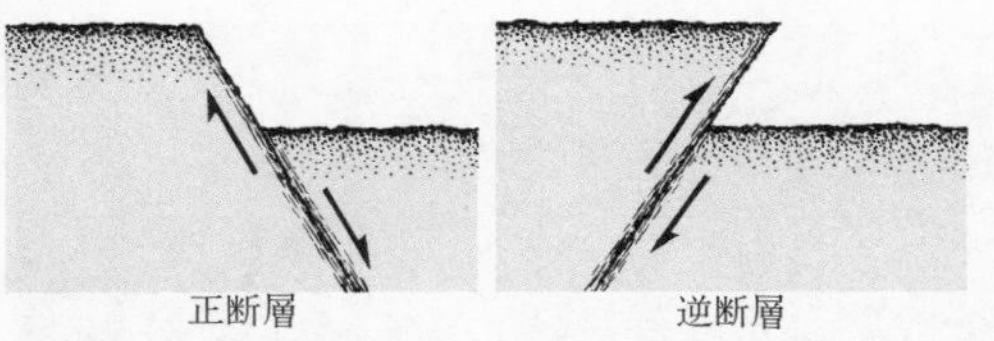

図 10-8 垂直ずれと水平縦ずれとが同時に起こった断層運動 水平縦ずれの方向に地面が伸びると正断層, 縮むと逆断層ができる. 根尾谷の水鳥断層は傾斜角 40° の正断層であった.

図 10-9 アラスカ地震の時に干上がった波食棚 地震の約 60 日後に撮影．ここは約 9 m 隆起し，そのため海岸線が約 400 m 海の方へしりぞいた．海の生物(石灰藻やブリオゾア)の遺骸が，乾燥して真白になり，隆起波食棚をおおっている．関東地震直後の江ノ島や野島岬でもそうであった．遠景がアラスカ本土，手前が，アンカレッジ南東の太平洋岸にあるモンターギュ島．この島にパットン湾断層が走っている．

巨大地震は太平洋岸沖に起こる

一八七一年から一九七〇年までの一〇〇年間に日本で起こった第一級の地震を一〇挙げるとすれば、濃尾・喜界島・関東・丹後・三陸・塩屋沖・東南海・南海道・十勝沖・一九六八年十勝沖の各大地震ということになる。このなかで濃尾・丹後地震を除けば、すべて日本列島の太平洋岸の沖に震源がある。これと同じような事情は、太平洋のまわりの各地でも見られる。たとえば、一九六〇年代に起こった世界の巨大地震の例としてよく引き合いに出される、一九六〇年のチリ地震も、一九六四年のアラスカ地震も、その震源はチリやアラスカの太平洋岸沖の海底にあるのだ。

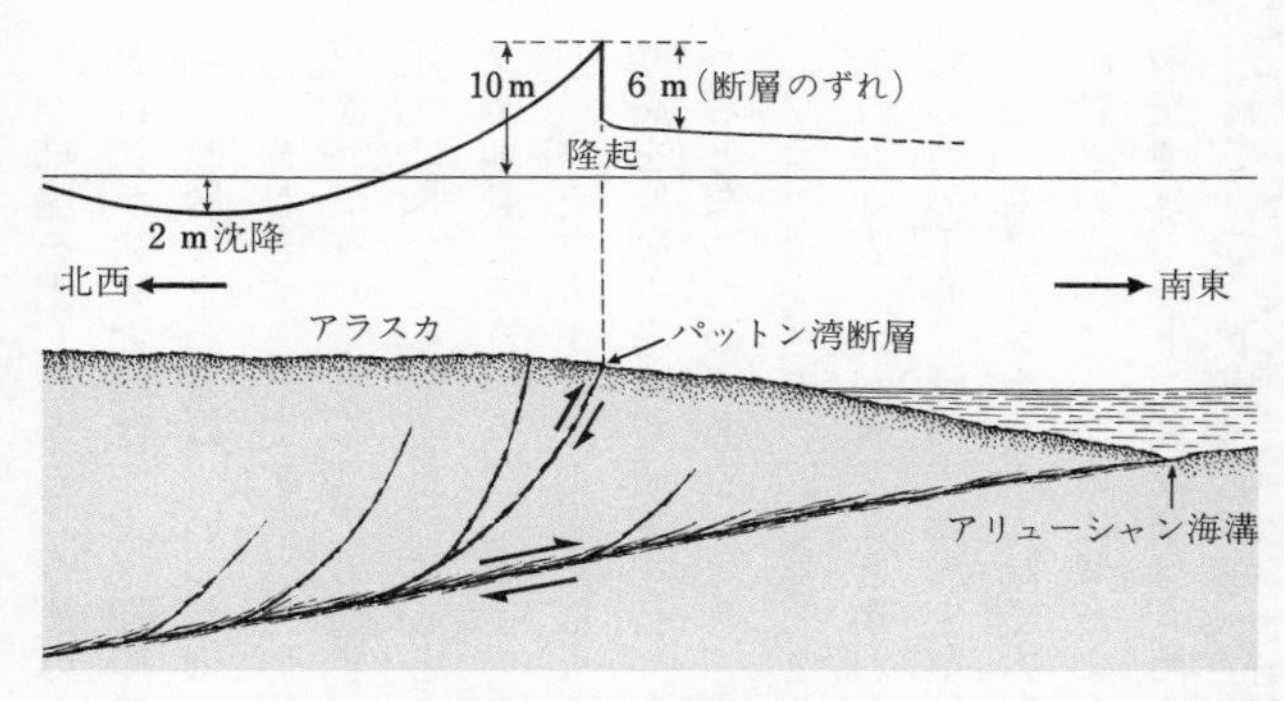

図 10-10　アラスカ地震を起こした断層の断面図　上は，地表の隆起沈降を示す．

これらの太平洋岸沖に起こった地震の時にはしばしば、震源に近い海岸が隆起(りゅうき)する。関東・南海道・チリ・アラスカがよく知られた例である(図10-9)。そのうちのアラスカ地震に関する研究で、G・プラフカーさんは、太平洋側が落ちこむような巨大な逆断層が原因であろうと結論した。沢村(さわむら)さんが南海道地震の時に推論したのとよく似た結果である。ただし、プラフカーさんの議論には、そのことを裏づける多くの資料があった。プラフカーさん自身がアラスカの海岸をしらべてまわり、高さの変動の分布がよくわかっていた。津波(つなみ)の研究から、海底の動きも推測された。地震観測の方法も一九四六年と一九六四年とでは大きな開きがあり、そのうえアラスカの場合は、震源の断層についてもかなりはっきりした推定ができるまでに、地震学が進歩していた。それらを総合して図10-10のような結論を出したから、今度は学界のほとんどの人たちがなるほどと思った。それによればアラスカ地震は、太平洋岸沖の海底にある巨大な逆断層の活動によるものである。その断層のまわりは、いつも太平洋側が落ちこむような向きに少しずつ動いていて、そのためひきずられてアラスカの海岸は徐々に沈降する。シーソーは、沖の方へ向かって傾き下がるのである。その動きがある程度たまると、断層の所でささえきれなくなって弾性はねかえりをする。するとシーソーは急激にはねあがって、海岸も隆起する。アラスカ地震でそういう説明がよいのなら、南海道地震でも同じように説明できるではないか。プラフカーさんの考えにならって、その後何人もの学者が南海道地震について、逆断層を原因と考えた研究を行った。こうして沢村さんの意見はようやく皆がみとめるところとなったのである。

プラフカーさんの図を見ると、隆起した地域のなかに小さな垂直ずれ断層が動いて、それが地表に現われたことがわかる。最もいちじるしかったパットン湾断層は、関東地震の時の下浦・延命寺断層や室戸半島の行当岬断層と同じように、太平洋側の落ちた断層で、やはりシーソーの傾く方向と直角に走っている。これら地表の断層は、地盤全体の動きのなかでたがいに似たような位置を占めているというわけだ。プラフカーさんの解釈ではパットン湾断層は、巨大な逆断層のおまけとしてできた二次的な断層として描かれている。下浦・延命寺・行当岬などの断層もそういう二次的な性格の断層であって、震源の一次的な断層は巨大な逆断層なのであろう。

それでは、関東地震の原因となった巨大断層は、いったいどこにありそしてどんな向きに動いたのだろうか？

ふたたび関東地震について

関東地震を起こした巨大断層の話をするには、地味な目立たない仕事だけれどもきわめて重要な、国土地理院の三角測量の話から始めなければならない。日本全国には、地図を作る基礎として、山頂などに三角点の標石が埋めてある。三つの三角点でできる三角形の各頂点を測ると、三角法によって各辺の長さの比が求められる。一辺の長さがすでにわかっていれば他の辺の長さもわかるのである。三角測量というのは、初めに小さな三角形の一辺の長さを測り、次に頂角だけを測ってその三角形の大きさを知る。さらにそのような小さな三角形をつ

図 10-11　鹿野山の一等三角点標石　この位置が関東地震の時，南東方へ4m近くも動いた．本章扉の写真の遠景は三角測量のためのやぐら．やぐらの中心の位置に関して三角測量をし，やぐらと標石との距離・方角は，別に直接測定して標石の位置を算出する．

約7m．この上にジオディメーターをすえる．③中央がジオディメー
ー光線を発射する回光灯．左は経緯儀．④反射鏡のすえてある山の上．
鏡とちがい，少しぐらい向きがちがっても，必ず入射方向に光が出て

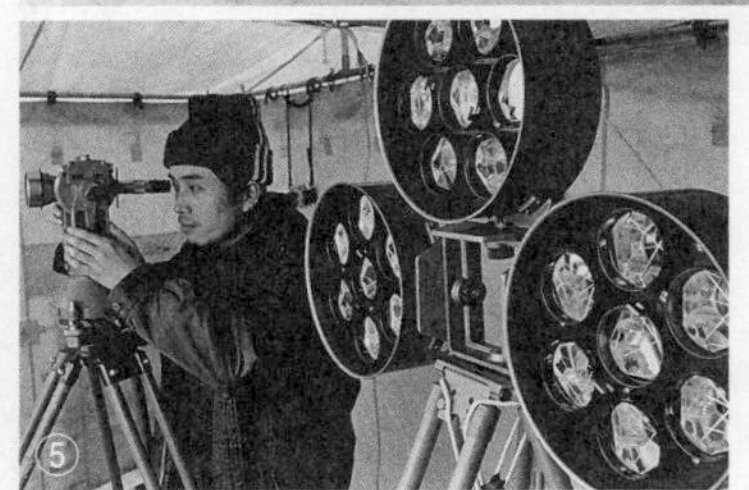

図 10-12　三角測量　①レーザー光線．②やぐらの上の観測台．高さ
ター．レーザー光線の往復時間を使って距離を測定する．右はレーザ
テントの中に反射鏡が見える．⑤プリズム仕掛けの反射鏡．ふつうの
ゆくようになっている．

なぎ合わせると遠い三角点の間の距離がわかるから、今度はそれを大きな三角形の辺の長さとして、ふたたび頂角だけを測って大きな三角形の大きさを求めてゆくのであるが、長さを測るのは最初だけで、あとはすべて角度の測定だけで各三角点の位置をきめてゆく方法である。長さよりも角度の方が精密に測れるので、三角測量は相互の位置を正確に知るための最良の方法であった。最近になって、レーザー光線その他の電磁波を使って長さが精密に測れるようになったので、今では三角測量は最良の方法の一つというべきであろう(図10-11・12)。さて、三角測量により三角点の間の距離を測り直してみると、ちょうど水準点の場合と同じように変動していることがわかる。大地震が起こると、その変動もいちじるしいので、国土地理院では、そのような時には必ず三角点の位置を測り直すことにしている。なかでも、水平ずれの地震断層ができると、その両側の三角点は断層の動きと同じ方向に移動する。これは、福井断層の話のときにすでにお話ししたとおりである。郷村断層の周辺の三角点が断層に近づくほど大きな水平ずれを示していたことは、弾性はねかえりの考えを裏づけるものとして、これも前にお話しした。

一九二三年の関東地震の時にも、当時の陸地測量部は三角点の位置を測り直した。その結果は、図10-13に矢印で描いたようになった。この図の破線のところ(相模湾)を境にして、その北東側(房総半島など)が四メートルから五メートルも南東へ動いたのである。その動きは、北東から破線へ近づくほど大きくなるように見える。すでに何回か登場してきた今村さんと、岸上冬彦さんの二人は、一九二七年の丹後地震の時に動いた郷村断層の場合と同じようなものを、この破線の所に考えた。そして三角点の移動量が破線に向かって増加し、ついに破線のところで断層のずれの大きさに達するものとし、断層は右ずれに八メートル動いたという推定をした。その論文は一九二八年に書かれている。破線の大部分は海底にあるため、本当にそこに断層があるのかどうかわからなかったし、関東地震の原因が水平横ずれ断層だと推定する証拠は、当時ほかには何もなかった。そのため、この論文は単なる憶測の域を出ないとして、あまり注目されなかった。そればかりか、その後現われたたくさんのはなばなしい研究のかげにかくれて、いつのまにか今村・岸上の水平横ずれの考えは忘れられていた。

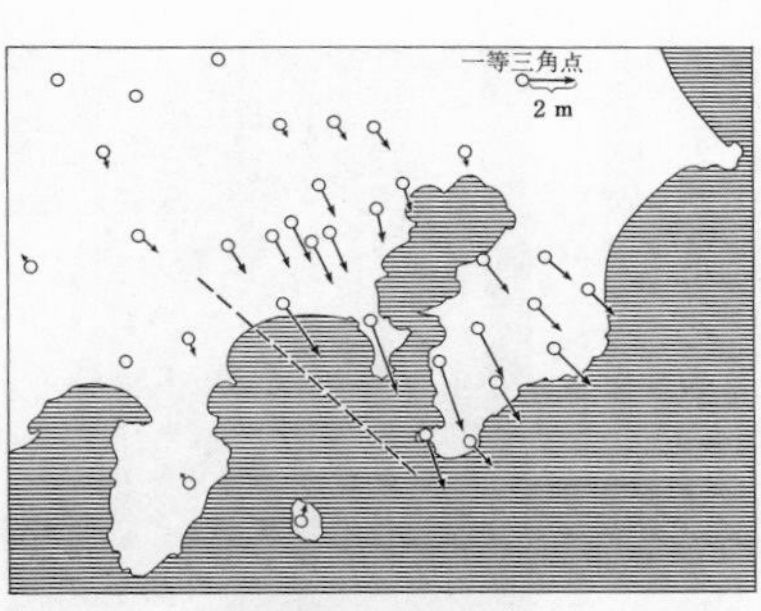

図 10-13　関東地震の時の三角点の水平移動と相模湾断層の位置(破線)

今村明恒という地震学者は、私がこの本でしばしばお話しした大塚先生のさらに先輩である(図10-14)。じつは、江東地区の地盤沈下を地殻変動と考えて地震活動と結びつけようと考えた人でもあった。この点は残念ながらまちがっていた。けれども研究者というものは、まちがいをおそれては何もできない。

図 10-14　今村明恒博士

まちがえたくなければ、先輩が確かめたとおりの実験や観察をすればよい。しかしそれはもはや研究ではなくて、学習にすぎないのである。今村さんの優れた点は、地震学者のなかでは特に地震の歴史に興味をもち、それを地形や地質と結びつけようと心がけていたことである。関東地震や南海道地震の発生を長い歴史のなかに位置づけ、また水準点の動きと活断層や活褶曲との関係に早くから注目していたのも、今村さんであった。関東地震にともなう三角点の移動を重視して、この移動が相模湾底の北西から南東へ向かう水平横ずれ断層によって生じたと考えたのは、やはり今村さんの卓見であったというべきだろう。ただし、あとで述べるように、これは本当は水平縦ずれも垂直ずれも同時にともなった斜めずれ断層だったのである。

阿寺断層を手がけて以来、私は水平横ずれ断層のことをしらべつづけていたので、今村さんたちの一九二八年の論文に気がついた。ところが関東地震は、「格子模様」の一部をつくる福井地震や松代地震などとちがって、地震波の初動の押し引き分布が十文字型をしていない。十文字型の押し引き分布は、震源の断層面が地表面に垂直で断層のずれが水平横ずれの場合にできるのである。しかし、もし断層面が斜めを向いてしかも水平横ずれだけでなかったら、押し引き分布は決して地表に十文字の形を描かない。関東地震をはじめとして南海道地震もアラスカ地震も、押し引き分布は十文字ではなかった。これらの地震の記録をくわしくしらべた結果、いずれの震源の断層面も傾いていることがわかった。前に述べたように、南海道地震とアラスカ地震の場合は、垂直ずれと水平縦ずれとを合成した逆断層運動が推定された。一方、今村さんと岸上さんは、関東地震で水平横ずれの断層運動を推定している。関東地震を起こした断層のずれは、いったいどんな向きだったのだろうか？　ここでふたたび房総半島南端などの隆起を思いおこす必要がでてきたのである。

　三角測量の仕事は、人知れぬ労力をともなう大変な仕事である。たとえば、一等三角点の間の距離は平均四五キロメートルあるが、これだけはなれていると、その間のどこかに霧がかかることも多く、相手の点を見通すことができなくなってしまう。そのため、一年中でどの季節が最もよいかをあらかじめしらべておかなければならない。それも人跡まれな高い山の山頂まで何度も上ったり下りたりをくりかえすのである。そして、重い機械をかついで三角点にそれをすえつけ、空気の動かない朝夕をねらって観測をするのである。こうした苦労とはまったく趣きが異なるが、数式をあつかう理論家の仕事も、人知れぬ頭脳の労力をつかっている。朝から晩まで数式に頭をつっこんでいると、いく

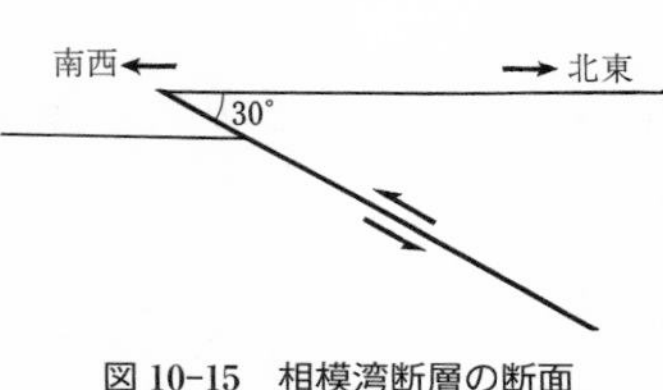

図 10-15　相模湾断層の断面

ら数学の得意な人でもしまいに神経をすりへらしてくたくたに疲れてしまうそうである。そのようにして理論を建設する仕事も大変なものである。測量も理論もどちらも、地味であるにもかかわらず、きわめて重要な基礎的研究であるという点で共通している。丸山卓男さんは、断層運動によって二つの偶力を生ずるという話ですでに出てきたが、そういう理論家である。丸山さんは一九六四年に、任意の向きの断層面が任意の向きにずれた時、地表面がどのように変形するかをあきらかにした。

さて私の話もとうとう最後のだいじな峠にさしかかった。一九七〇年のことであった。和泉層群を研究したHさんの同級生だった安藤雅孝さんは、関東地震にともなう高さの変動と三角点の水平移動との両方を合わせた地表の変形にもとづき、丸山さんの式を使って、関東地震を起こした断層の位置、向き、ずれの大きさを求めた。安藤さんの結論によれば、その断層は逆断層であると同時に右ずれ断層であり、断層面が地表に現われる位置は、今村・岸上の推定と同じく相模湾の海底で、北西から南東に向かう線である(図10-15)。この線は、相模湾底の中で特に深い南西部と、浅い北東部との境の崖に沿っている。ここは海底の断層崖にあたるのであろう。断層面はそこから北東の東京の地下へ向かって地面と三〇度の角度をなして斜めに傾き下がっている。もしそのまま東京の下へ延長するとすれば、深さ四〇キロぐらいのところを通るはずである。ずれの大きさに関しては、逆断層運動の向きに三メートルという答が出た。しかし、これだけでは大磯や房総半島南部の隆起をふくむシーソー運動しか説明できない。もしこれに水平横ずれを加えるならば、丸山さんの式によると、三角点の移動も丹沢地域の沈降(図10-16)も説明できる。水平横ずれの量は右ずれに六メートルという値が出た(図10-17)。ずれの量をくらべると、水平横ずれが最大である。だからこの断層は逆断層であるよりむしろ右ずれ断層の性格の方が強い。今村さんたちの推定はおおよそ当たっていたのである。なお、逆断層運動もともなったから、それが積み重なることを考えれば、相模湾底の南西向きの断層崖の存在も説明できることになる。

安藤さんの論文は一九七一年に発表された。その後この断層は相模湾断層と呼ばれるようになった。プラフカーさんがアラスカで考えたことをあてはめてみると、下浦断層や延命寺断層は相模湾断層の枝わかれなのであろう(図10-18)。そういえば、関東地震の時には動かなかったが三浦半島には東西に走る右ずれの活断層が何本もあり、「格子模様」の地図(図8-14)にも一本記入されている。室戸半島の行当岬断層と同じように、大正地震の時には動かなかった二次的な断層なのかもしれない。昔、成瀬さんと二人でしらべて歩いた関東地震にともなう地殻変動の問題が、ここへ来て一つの新しい段階を迎えたように思われた。それはちょうど、旅人が今までの道とこれからの道とを同時に展望で

図 10-16　関東地震の時に沈降した丹沢山地

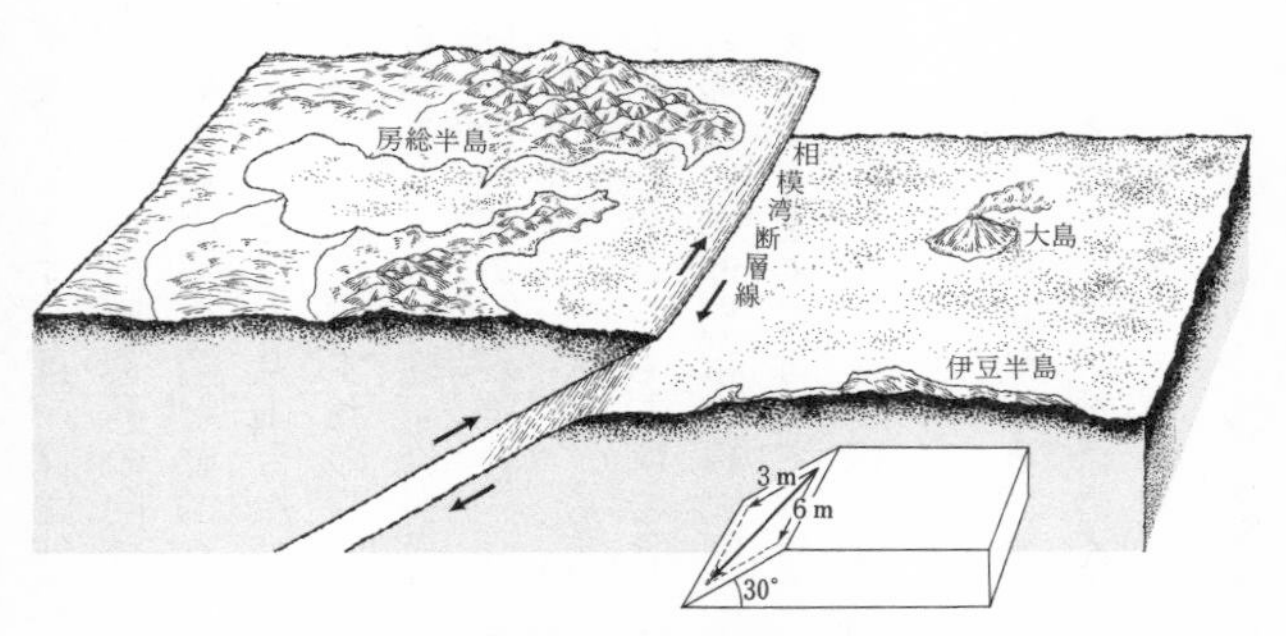

図 10-17　関東地震の震源になった断層運動の向き

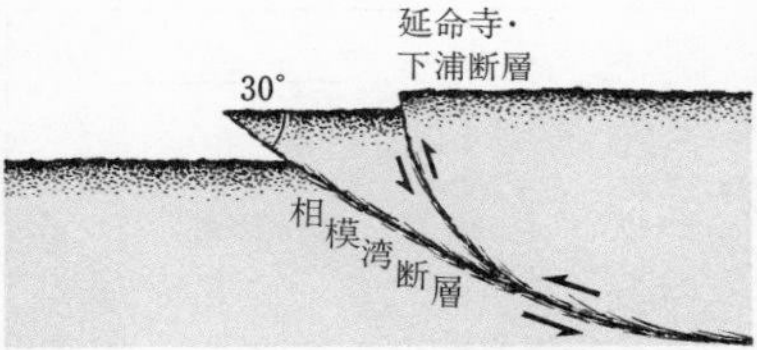

きる峠に立った時のような感がある。
関東地震にともなう大地の動きは、房総・三浦両半島にまたがるシーソー運動と丹沢地域の沈降と、そして三角点の移動で判明した水平面上での変形と、それから、延命寺・下浦両断層で代表される地表の小さな断層群と、じつにさまざまな局面をもっている。それぞれのこまかい地域的変化は、その土地のもつ性質のちがいにより生ずるにちがいないが、大まかな動きは、どうやらこの相模湾断層一つを動かせば、その結果として生ずるもののようである(図10-19)。この章ではそのことをお話ししたかった。科学はいつでも、多くの一見無関係にみえる現象が、一つの簡単な原理にまとめられることにより、進歩してきた。アイザック・ニュートンは、リンゴ(生家の庭にたくさん実っていたそうである)を落とすのと同じ力が月にも働いているはずだと考えて計算してみた。数が合わないのでいちどその考えを捨てたということであるが、一八年後にもういちどやり直してみごとに一致することがわかり、とうとう万有引力の法則に到達した。それ以来科学は、体系化への道を、自信をもってばく進してきた。地球科学は、物理学のように実験で確かめるというまい方法をもっていないせいもあり、それほど

図10-18　相模湾断層と延命寺・下浦断層との関係についての想像断面図

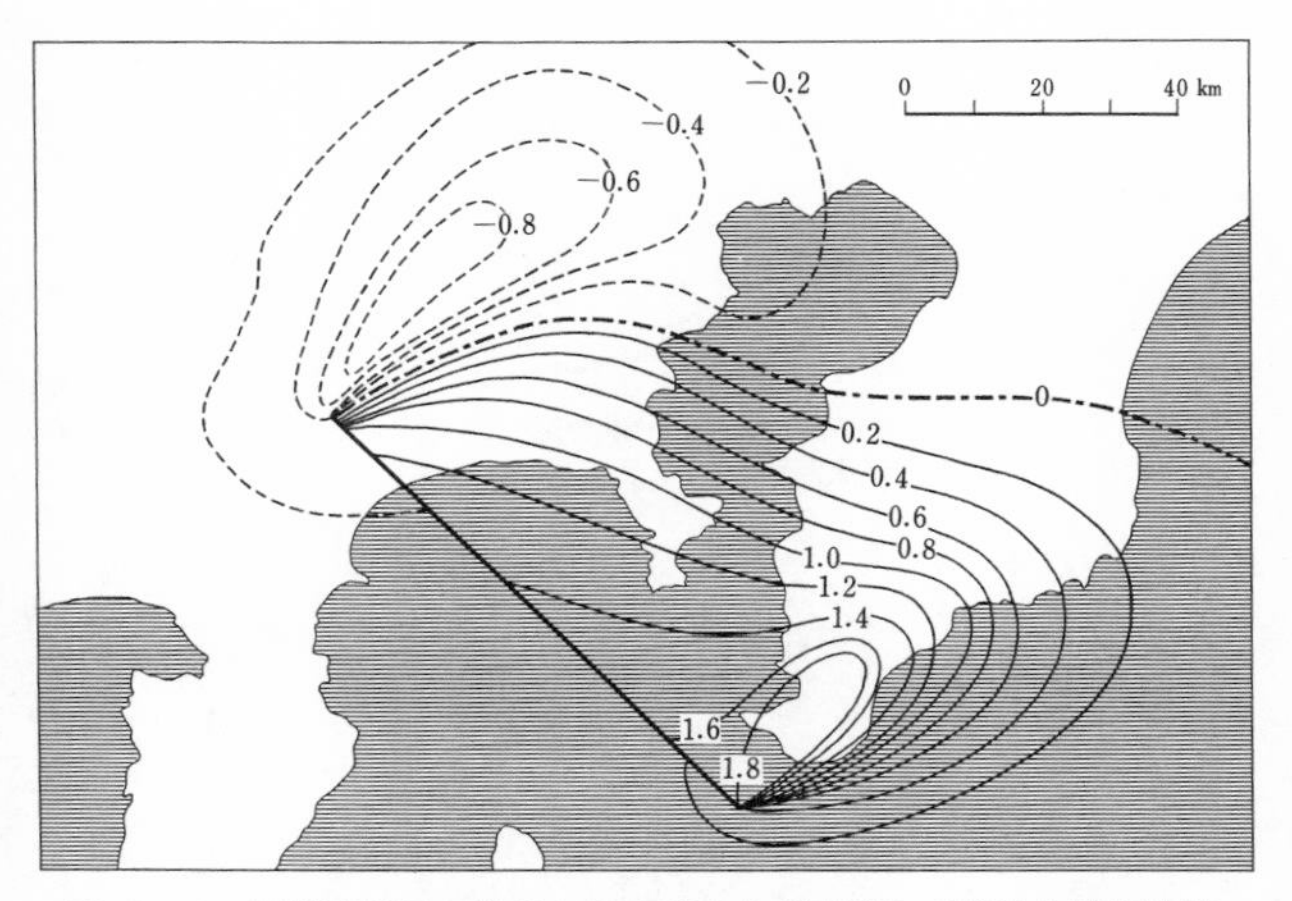

図 10-19　相模湾断層の動きから安藤さんが計算して求めた隆起沈降の分布　これが，図 5-8 に示した実際の隆起沈降の分布図と似ているということは，相模湾断層の動きを裏づける．

簡単には体系化はできていない。そのため、最初ニュートンが考えを捨てたように、地球科学では体系化はあきらめた方がいいという人さえ現われた。だが、私たちはあきらめていない。相模湾断層の考えなどは、その自信をますます強くしてくれた。相模湾断層も南海断層も誰(だれ)も見たことがない。しかし存在するのである。少なくとも何人かの研究者は、存在すると確信している。万有引力の法則でさえ、誰も「見た」ことがないのに、存在することが、いまやすべての人によって確信されているではないか。

未解決の謎

前途はしかし、必ずしも楽観ばかりしていられない。太平洋岸沖に起こる巨大地震には、弾性はねかえりではうまく説明のできない現象もある。たとえば、関東地震の地震波をしらべると、震源での断層のずれは二メートルしかなかったという結論になる。これは地殻変動を使って推定した安藤さんの数値(向きのちがう六メートルと三メートルを合成すると、正味七メートルぐらいになる)よりかなり小さい。このちがいはどういうことなのか？　ずれの総量七メートルのうち、地震の起こった瞬間は二メートルだけずれて、あとの五メートルは少しおくれてずれたのであろうか？　もしそうだとすると、地殻に弾性以外の性質も考えにいれて、はねかえりを説明しなくてはならない。次に、南海道地震の震源が紀伊半島南方沖の海底にあったのに、震源から紀伊半島より遠い室戸半島の方が大きく隆起したのは、どういうわけなのか？　紀伊半島の沖で弾性はねかえりのずれをしたが、少しおくれて起こったずれは室戸半島の沖の方が大きかった、と説明されているが、いったいなぜそんなことが起こったのか？　それから、関東地震や南海道地震の動きと、格子模様をつくる大地の動きとはどういう関係になっているのだろうか？　また、初めに述べた羽越地帯の褶曲とはどんな関係なのか？

私は前の章で、活発な一〇〇万年のあいだは、地殻変動はほぼ一様だろうというお話をした。しかし、変動の速さが変化したらしい証拠もいくつか現われてきた。一〇〇万年から二〇〇万年前に変動が活発になり始めたところも多いが、なかにはもっと古くから、たとえば五〇〇〇万年ぐらい前に変動が始まったという推定も出てきたし、また逆に、ある場所では三〇〇万年か五〇〇万年前に始まったらしいという推測も行なわれている。いったいどれが本当なのか？　どれも本当だとしたら、日本列島の地殻変動はどんなふうにまとめられるのだろうか？　挙げていけばきりがないほどさまざまの問題が、未解決のまままだたくさん残っている。皆さんのなかにも、この本を読みおわったのに、まだ私が説明していない疑問のいくつかに気のつかれた人もいるにちがいない。体系化がいくら進んでも、自然はいつまでもその魅力を失わないであろう。

まとめ

昔は地殻変動の一種だと考えられていた、地盤沈下や第四紀の海進・海退が、一九三〇年代以後になって地殻変動ではないことが判明した。これらの研究は、一見消極的な役割に思えるかもしれないが、地殻変動を解明するうえで、重要な前進であった。これはむしろ重要な「前提」というべきであろう。

精密な測量を同じ所で二回くりかえすことにより、現在でも地殻変動が進行していることがわかっている。もともと平らだった地面、たとえば段丘面が変形していると、それは、人間にはとうてい不可能な何千年・何万年という時をへだてて測量をくりかえしたことに相当する。そのやりかたで、この一〇万年ぐらいの間に、地面のくいちがいやたわみの進行してきた場所が、日本のあちこちで見つかっている。これらを活断層・活褶曲と呼んでいる。なぜそう呼ぶかというと、このような地殻変動の進行が、同じようにさらに数倍・数十倍の時間のあいだ継続すると、岩石の中に断層や褶曲などのような地質構造ができる、と考えられるからである。段丘面というような誰でも始終見ている地形の研究が、精密測量から判明する現在の変動と、岩石中に地質構造として残されたものから推定される長期間の変動との間に、かなり明瞭な関係をつけたのである。この本を読まれた皆さんのなかには、このような地質構造がいきいきと動くように見えてきた人もいるにちがいない。

断層は多くの場合、地震を起こしながら動く。少なくとも活断層の大部分は、地震をともなうと考えられる。断層のずれの向きと、地震波からわかる震源での断層のずれの向きとは一致するのである。

関東地震や南海道地震は、日本で経験した有数の巨大地震の中にかぞえられる。これらにともなう地殻変動も、段丘面の研究から、過去へさかのぼって辿ることができる。逆に、将来の予想もたてることができるわけだ。巨大地震の震源は、海底の地下にひろがる巨大断層だと推測されている。そういうものを仮定すると、関東地震などが起こった時の変動をうまく説明することができるのだ。

私のお話ししたことを要約すると以上のようになる。しかし、この要約だけを頭にいれてもらったのでは困る。私がまわり道をしながら、へたなやりかたで試みたり、とぼしい頭で考えたりしたことを、長々と書いたのは、このような結論を知ってもらうためではない。結論に到達した道筋を知ってもらいたいと思ったからである。すなわち、私がお話しした多数の人たちの仕事がたがいにつながっていって、しだいに研究が深められひろがってゆくありさまを知ってもらいたかった。

このような道筋の方が、君たちの役に立つのではないだろうか。そのために、この本では、おおよそ私の歩んできた時間の順序にしたがって述べてきた。ここから先は、君たちの時代である。

あとがき

この本は、私が自分の研究や友人たちの研究について体験した、研究のいきさつを、物語風にお話ししたものです。その合間に、地殻変動を中心とした地球科学上の初歩的な解説と、自然科学を研究する時にしばしばぶつかる基本的な概念の解説とを、まじえてみました。

私は、これらの事柄をそれぞれ整理して別々に語るよりも、いっしょくたに語る方をえらびました。それは、これらが本当はたがいに切り離せない関係にあるからです。また、自分の研究のいきさつについて高校生の時代から説きおこしたのは、私だけのことかもしれませんが若い時に根ざした研究の方が年をとってから考えついた研究よりも自然の本質をつかんでいるように思えたし、何よりも若い読者が自分たちと「研究者」との区別をとりはらってほしかったからです。ですからこの本は、どこから読み始めてもよいという性質のものではなく、初めから通して読んでいただきたいと思います。そのため全体の流れも、まとまるようにくふうしたつもりです。

研究というものは、迷路を歩くようなものです。始終袋小路につき当たっては引き返していたのです。それをいちいち書いていたら、読む方もうんざりしてくるでしょう。私は自分の歩いてきた迷路の中から、現在いる場所まで最短距離で来られるような道筋をえらんで、この本をつづりました。そのため、私がいかにもうまくいってばかりいるように見えたかもしれません。しかし、じつはそうではないのです。私の知っている研究者のなかにも、大変な努力家であるにもかかわらず、袋小路ばかり歩いている気の毒な人たちもいるのです。研究というと、いわばカッコいいスマートな仕事であるように受けとられがちですが、本当は地味で時には嫌なことも多いのです。それだけに一つの迷路をぬけ出した時は、その喜びについ我を忘れてひとにしゃべりたくなるほどです。この本がいささか自画自賛にかたよっているのも、そのせいだとお許しください。

　この本には、大塚弥之助先生の名前がしばしば出てきます。大塚先生は、私が自分でえらんだ先生であるし、現在地球科学界に新鮮な風をふきこんでいるいくつかの研究についての始祖の一人でもあるという理由で、この本のあちこちに出てきてもふしぎではないと思われます。しかし、私はこの本を書くにあたって特別にそのことを念頭においたわけではなく、むしろ、特定の先輩をかつぐという風潮が、正しい科学の発展のさまたげになっていると私は考えているので、できれば大塚先生を事ごとに引き出すのを避けたいと思ったくらいでした。ところが話を進めてゆくうちに思いがけない所でまた先生が現われてしまったという感じだったのです。

一つだけぜひお断わりしておきたいのは、たとえば沼層のサンゴの化石のような貴重な自然物を、絶対に採集しないでほしいことです。学校の先生がたのなかには、自分たちの生徒に実物を見せたいために、そういうものを学校に持ち帰る人がいたようですが、実物教育は、自然の中へ生徒をつれてゆくのが本当だと思えるし、それが非能率的な場合には、実物そっくりの模型で充分だと思います。皆さんがもしこの本に出てくる実地を見学しようという気を起こしたとすれば、私もこれを書いたかいがあったわけですが、自然破壊だけはしないようにお願いします。

私は、この本をつくるにあたって、かなりいろいろとくふうをこらしました。そしてまったく新しいくふうも二、三こころみました。写真を立体視するために一ページ間をおいて二枚に印刷したことや、地質年代を表現するのに透視図をもちいたことなどは、こまかいことですが、世界でも初めてではないか、とひそかに考えています。地質年代を透視するというのは、じつは私の基本的な研究態度の表われなのであって、それに対して、古い年代も新しい年代も公平に考慮するのが通常の見かたなのです。この問題を議論するゆとりがなかったのはいささか心残りでした。

私がこの本に書いたような地殻変動の研究では、多くの友人のおかげを蒙っています。そのうちの何人かは本の中にも登場させましたが、特別おかげを蒙っている友人で、登場させなかった人たちもいます。それらの人たちに、この機会にお礼を申しあげたいと思います。

また、この本をつくるうえで協力してくださったり激励してくださった人がたくさんいます。これらのかたがたにも、厚く感謝する次第です。図表や写真などの資料提供者のお名前だけは別記しましたが、その他は省略させていただきました。ただ、最初からずっと共著者といえるほど面倒を見ていただいた編集部の栗原一郎氏と、この本に生命を吹きこんだようなすばらしい写真を何枚もとられた岩波映画の関戸勇氏と、最後に通読してもらった高校時代からの友人笠松草一郎氏とをしるすにとどめておきます。

（一九七三年六月二八日、福井地震の二五周年めに）

裏話――岩波現代文庫版あとがきに代えて

当時、まだ、たった一冊しか書いたことのないぼくが、こんなところ(一九八一年の『子どもの本棚』)に何かを書く資格はないと思った。しかし、その一冊をぼくは渾身の力をふりしぼって書いた。ぼくが科学の道を歩むようになったのも、もとはといえば、幼い時に読んだ科学読み物のせいがかなりある。そのことを考えて、ぼくは一生懸命に書いた。書店の編集の人やカメラマンや挿絵画家などの協力のおかげで、とうとうぼくの力以上のものができ上ってしまった。ここには何を書くべきか、よくわからないけれども、その時の過程を今ここに書きしるしておこうという、強い衝動を抑えることはできない。

ぼくは、二〇年の研究生活の間に、論文には書けないようないきさつ話で、ぜひ人に訴えたいと思うことに、しばしば出会った。なかには、ぼく自身の心境を聞いてほしいこともあったし、また仲間との共同研究の織りなす偶然と必然のストーリーもぜひ公にしたいと思ったりした。時には友人とそういう本を書こうか、などと話し合ったり、別の友人からは、その話、是非どこかに書けよ、とすすめられたりしたこともあった。また、書かないではいられないことも何度かあり、その度にメモをしるしておいたこともある。

そのうちに、ふとしたことから、ぼくの仕事に深い関係のある二枚の油絵が、大学の図書室の隅っこから、ほこりにまみれて出てきたのに遭遇した。そのとき、この油絵を口絵に使って、かねがね考えていたことを一冊の新書判にまとめようと決心した。そして、その本の構成を考えたり、目次案を書きとめたりした。題材はまとまっていた方がよいと思ったので、「地殻変動の研究」という題で、その方面に限るつもりだった。というのは、ぼくの専門はもう一つあって、それは弧状列島に関する研究であるが、両方にまたがるような本は、書きにくいし、また読みにくいと思ったからである。

出版元を探さねばならないと考えているうちに、上田誠也さん(東大教授)と共著で、岩波から『弧状列島』という本が出ることになった。この本は、いざ出版されてみると、意外に評判がよく、出版後一〇年以上たっても大学の教科書に使われていたくらいである。岩波側はそれに気をよくしたのか、あるいはもっと前から頼んであったのか、上田さんに新書を一冊書かせた。これが後に英訳までされた名著『新しい地球観』である。それは一九七一年であった。岩波としては、上田さんに新書を書かせたのは大成功であった。

一方、ぼくの場合は、というと、『弧状列島』の評判が高いあいだに、たまたま中学・高校生向きの「岩波科学の本」の企画が始まっていて、編集のかたから、「あれ(弧状列島)をやさしく解説してくれませんか」と言われたのである。

ぼくは即座に、弧状列島でなく地殻変動にしてよろしいか、と答えた。内容を話しあっているうちに、編集のかたは、「大地は動く」という題でどうでしょうか、という。ぼくは、すでに述べたように、地殻変動のことを世間に知らせようと思っていたのではなく、研究とはこういうものだ、という話を書きたかったので、その題には賛成しなかった。しかし編集側の原案をいれて、「大地の動きをさぐる」というのにきめた。それで、ぼくの考えていた本は、新書判でなく、中学・高校生向けの読み物となって、実現することとなった。

第一稿ができるまで

それから一年半以上の月日が流れた。その間にぼくは一年間海外に行っていた。原稿を書く時間的余裕はなかったが、こういうことを書こうという風なメモを作り、あちこちにしまってあるノートの類を探し出して集めておく、というような準備は進めていた。いつまで経っても原稿が一行も書き始められない様子に、編集者はしびれを切らした。一九七一年の一二月だったと思う。「イエスかノーか」というほど強硬ではなかったが、とにかく編集者に迫られた。しかも、相当にきつい期限をつきつけられたのである。

ぼくはここで一つの妥協案を出した。一〇章から成っているので、第一章は来年の一月末に、第二章は二月末に、第三章は三月末に……、というように第一稿を書いてお渡しします、と約束したのである。これは編集者の要求している原稿仕上がり期日より遅くなるのであるが、ぼくとしては、かなりの譲歩であった。

こうすると一〇月末には少なくとも第一稿はでき上がるはずであった。五月だか何月だか忘れたが、ひどく忙しい月があって、まったく形ばかりの章になったところが一つあり、これだけはもうひと月もらって、実際に第一稿が仕上がったのは、先の約束をしたころからほとんど一年経った一九七二年の一二月であった。

その間、第一稿を書いていただけではなく、担当の編集者が赤を入れてどんどん戻してくるので、これを書きかえるのが大変であった。編集者が赤で直してよくなる場合はそれでよい。しかし悪くなる場合がある。それは、編集者の文章が下手なためではなく、ぼくの文章がまずくて、彼は内容を誤解しているのである。とすれば、元に戻してよいというわけにはいかない。新しく第三の解を考えねばならなかった。それが実に、時間を奪うつらい仕事であった。

この編集者の赤は、ところどころなどというものではなかった。至るところに書きこまれた。それも、ある時は原稿用紙何枚にもわたり、「ここは不要」と大ナタをふるわれることもあった。あとに出てくる事柄への伏線がひそませてあることなど、当り前のことながら編集者は知らずに、バッサリと切ってくる。どうやって復活させるか、あれこれと考えこんだりしたこともある。しかし概して、著者は自分の書いたものを削除しにくいのが一般であるから、こうした大ナタ小ナタは、ありがたいことであった。意見が合わないこともあった。そういうときは大てい、ぼくの勝手を通したが、今になってあれでよかったかどうか疑問に思えてくることもある。というようなわけで、あとがきにもそう書いたのであるが、その編集者は半ば共著者のように協力してくれたのである。出版後、高校の友人から、「君があんなにうまい文章を書くとは思わなかったよ」と言われたが、それにはこういう事情があったのである。

第一稿が仕上ってから、これをゆっくり書き改めようとしたが、編集者は許さなかった。有無をいわせず、これを印刷所にまわした。もう絶体絶命である。手をいれるのも、これで最後だという張りつめた気持で、しなければならなかった。一九七三年の正月から春にかけては、前年にまして大変であった。そして夏休みに山形へ観測に出かける直前まで、それがつづいた。上野発の特急列車へ、編集者が最後の校正刷をもってかけつけ、列車の中で校正したが、調べないと分からないことにぶつかった。やむなく予定外だった山形大学行きの時間をつくり、そこの知人を突然訪ねて彼の図書で調べ、そこから校正部分を東京へ電話するというきわどいことまでやった。でき上がって本が市場へ出たのは、その年の八月二八日であった。

写真や図の一つ一つに思い出が

カメラマンの活躍も、この本にとっては忘れられない。写真の半分以上に当たる六〇枚余りは、岩波映画に勤めるある若い一人のカメラマンが撮ったものである。実際にこの本のために撮った枚数は何百にも達するのであろう。あるいは一〇〇〇枚を超えているかもしれない。本の内容から当然のことであるが、それこそ日本全国のあちこちに出張し、それも交通不便のところまで出かけていって、よい写真をとってくれた。また彼は、なかなか器用で、写真の対象とするために、自分でいくつもの模型をつくった。そのうちの一つは、今でもぼくの手元にあって、学生に教えるときに役に立っている。

著しく感心したことが一つある。それは、地盤沈下のため、東京下町の川が地表面より高いところを流れている様子を、写真に撮ってもらおうと思ったときである。ぼくはトラックの走る道路と船の走る川とを左右に並べて、その高さの逆転を見せるような構図を考えていた。それを彼に説明し、写真のキャプションとして最初から「東京下町の地盤沈下。船がトラックより高い所を通る」という文章にすることも話した。

ところが、彼が江東地区へとんでいって戻ってきて、でき上がった何枚もの写真を見て、ぼくの考えていなかった構図におどろいた。それは、トラックの通る道路が左すみにおしやられて、画面いっぱいに満々とたたえた川の水が写っているのである。その水の量、そしてその水のおそろしさに、ぼくは圧倒された。さすがにプロだと思ったのはこの時である(第2章扉)。

表紙の写真については、編集者とぼくと三人の間でちょっとした苦心があった。はじめは、図7-5上の断層崖のカラー写真を表紙にする予定であった。地表面が垂直にくいちがって崖のできている所である。こういう現象については、明治の昔からよく知られていることであるが、ぼくがこの本で特に強調しているのは、地表面が水平にくいちがう現象のことである。だから表紙としては、この本にしばしば出てくる断層崖もよいが、どちらかといえば、地表面が水平にずれた所がよい。例えば畑の真直ぐな境界線が断層運動でS字状に曲って、それなりにお茶の木が並べて植えられているさまの方がよいわけである。実例は岐阜県の山奥にある。

本文中に挿入する写真として、一九七二年の秋にすでにカメラマンはそれを撮ってきている。それでぼくは、その写真を表紙にするように変更しようと提案した。それは一九七三年の春であった(その夏出版の予定)。ある素人の第三者は、ぼくにこう言った。大地が動いて崖ができる時は、何もない所へ向って地面がもち上がればよいけれど、水平にくいちがうときは、くいちがった先にも、そのまた先にもずっと地面があるのだから、これは容易ならぬことだという感じがする、と言ってくれた。そのような助言もあってぼくは益々、岐阜県の山奥のお茶の木の列を表紙にしたいと考えはじめた。

編集者にこれを提案したとき、彼は大変困った顔をした。本文中の写真なので白黒しか撮ってきていないのである。しかも、この本のために用意した旅費はすでに全部使いつくしているのだということである。しかし彼は、何やら苦労して旅費を算段してくれた。その旅費でカメラマンは、もう一度同じ場所に行って、カラーを撮ってきてくれた。出版予定のぎりぎりに間に合った。そして御覧のような表紙が実現したのである。この本の本文中には依然として同じ場所の白黒写真も入っている(第6章扉)。それを表紙と見比べると、場所は同じだが季節がちがうことにすぐに気がつくはずである。その季節のちがいの裏には、右のようなエピソードがかくされているのである。

さきにも書いたように、文章のあちこちにその仕上げの思い出があるのだけれども、本のどのページを開いてもまっ先に目にとびこんでくるのは写真や図であって、ぼくがこの本を手にしたとき、これらの一つ一つのいきさつがまず思い出されてくる。それらを綴るだけでも、また一冊の本になるかもしれないと思うくらいである。もっとも、ぼくはつまらないことに凝るくせがあって、そういう枝葉末節を綴ったところで、意味はないと思うので、仕上げの話はこれでやめておこう。

(日本子どもの本研究会『子どもの本棚34』臨時増刊、一九八一年に加筆修正)

＊　＊

さらなる裏話を付け加えておきます(ここまでは『子どもの本棚』に載せたままの文体でした。「私」も「ぼく」になっています。ご了承ください)。

私は最初、この本を第2章に述べた地盤沈下の話から始めるつもりでした。「地盤沈下→海進・海退→海面変動」と進むのが、本書を読む上で前提となる基礎だと考えたのです。

ところが、当時の編集担当者の栗原一郎さんは「この本の主題である地殻変動のことを前面に出さないと、初めてこれを手にした人は、地殻変動のイメージを持たないでしょう。買いたいと思わせるためにも冒頭は、活褶曲の話が一番です」と言いました。私は「なるほど、そう言えばそこには、かなり重要で刺激的なことが書いてありますね」と答えて、その提案を受け入れました。

この本が、より魅力的になったのは、栗原さんの提案があってこそのことです。

解説

「どうして」からはじまり、一貫して「科学」の眼で観る

斎藤靖二

いつまでも忘れられない本がある。そしてだれにでも薦めたいと思う本がある。それがこの本である。自然を相手に、「どうして」からはじまり、観察し、実測し、どんなものがどのような役割を果たしているのか、その考え方を読むたびに学べるからである。自然をつくっているものとその運動を明らかにしてきた「科学」を考えることができるからである。

なぜ本を読むのか。面白そうだと思うから、あるいは役に立ちそうだと思うから、本を手にとるのであろう。しかし、面白いか役に立つかは、実際に読んでみないとわからないし、読んでみても内容を理解しながら著者と付き合えるとは限らない。ところが、この本では、表題と写真や図から、大地が動いていることを扱っていることが直に伝わってくる。

著者は『山はどうしてできたか』という本を読んで、山は大昔からあったのではなく、

できたものだと知って、動かないように見えていた自然を別の目で見るようになり、大地への挑戦が始まったと述べている。大地は動くように見えるはずだと考えたのである。この『大地の動きをさぐる』には、大地が動いていることが著者と友人たちの研究にそって述べられていて、地球の大きな営み・地殻変動が解読されていくようすを読みとることができる。地形に記録された変化から地殻変動にせまるが、観ているのは一貫して「科学」の眼である。以下、章ごとに要点を述べる。

1 活きている褶曲

地層の変形が単に過去の遺物ではないことが語られる。

著者の師である大塚弥之助先生が、もともと平らな河岸段丘面がわずかに曲がっていて、褶曲活動がいまも継続している、と指摘していたことから、これこそが褶曲運動の原因を解決する手がかりになると考えた。ところが、もう一人の師、望月勝海先生から、その論文が掲載された学術誌を借りて読んでみたところ、大塚先生は、そのことを地形図から読みとったにすぎなかった。そこで、著者は「じつは大地は活動していないのではないか」と仮定して、河岸段丘面の高さを詳しく実測してみた。

驚いたことに、先生の指摘よりもっと見事に褶曲活動している結果が得られ、著者は自然の真の姿を観たことに感動する。これは活きている地殻変動・活褶曲の発見であった。著者の発表を聞いた研究仲間たちも感激し、現地に水準点標石を設置して精密に測定し、何年か後に地面がどれだけ変形しているかを調べてみようと言う。自然現象を相手にする科学が、わかっておしまいという一発芸ではなく、先人の成果に新しいことを付け加えながら将来へ継続されていく、息の長い蓄積型の営み・文化であることがわかる。

2　地盤沈下の正体

都市化した低地帯でよく知られている地盤沈下が、地殻変動とは違うことを確かめている。

地盤沈下は地殻変動の沈降と似ているが、地層の性質や地下水位の観測から、地下水のくみ上げで新しい地層の粘土層が収縮するために起こることが明らかにされている。地形の変化ではあっても、地殻変動の沈降とはまったく異なる現象というわけである。

地形の変化から地殻変動を知り地球の動態を考えようとする著者にとって、地盤沈下の研究成果は、複雑に糸がからみあった塊から一本の糸がとり除かれたような意味をもったと紹介されている。難しい問題を解いていく科学の取り組みにおいて、わかりやすい現象から順に調べて攻めていくことが必要なことを教えてくれる。

3　海進と海退

平野部に海成層が広くあることから、過去に海が内陸まで入ったことが知られている。これは陸域が大規模に沈降した地殻変動なのか、それとも海水面の変動など別の原因によるのかの検討に入る。

土地が沈降すると、海が陸の低地帯に入ってきて海岸線が内陸側に移動してくる。これを海進といい、低地帯には海成層が堆積する。逆に土地が隆起すると、海岸線は海側に移動して陸域が広がるので、これを海退という。大塚先生は、海進によって陸域に海成層が堆積した事実を全国的に確認し、東京層や成田層をつくった下末吉海進、その後の大規模な海退をへて、有楽町層や梅田層をつくった有楽町海進、縄文以降の小海退へと続いたことを確かめた。そして、この原因を広い地域にわたって地殻が隆起したり沈降したりするからではないか、と考えた。

著者は、この変動をとても大規模で第一級の重要な問題ととらえて、どれだけ広い範囲の地域が上がったり下がったりするのかを海外にまで拡大して調べていく。中国やアメリカ大陸でも同じであることがわかるとともに、海外の先人の研究に面白いヒントを発見していく。

4　海水面の変動

海進・海退は、地殻変動で陸地が隆起したり沈降したりすることで説明できるが、海水の量が増えたり減ったりして海水面が上下変動しても説明できる。これら両方の原因が重なって起こるのかもしれない。日本列島は地殻変動の激しいところなので、海水量の増減というよりは、陸地の上がり下がりを重視して考える傾向にあった。著者はどちらの考え(仮説)が正しいのかを確かめるために、サンゴ礁についてのダーウィンの沈降説とデーリーの氷河制約説を検討する。

数千万年もの長い時代で見るとダーウィンのいう通りで、氷期・間氷期がくりかえした最近の二〇〇万年ではデーリーの考えでよいことがわかり、両説のどちらも正しかったことを確かめる。海水面変動を示す証拠を検討すると、日本で二万年前頃と一二万〜一三万年前頃に起こった海進は、氷期・間氷期に関連して起こった海水面の上昇であることがわかっていく。つまり、陸域の隆起・沈降という地殻変動によるのではなく、海水量の変動で理解できることがわかっていき、海進・海退現象についても地殻変動からとり除くことに成功したのである。

この海水面変動は、気候変動をふくむ地球環境を考えるうえでとても大事な現象なので、いまでも面白い研究課題のひとつである。

られる。

5　関東地震

ここで地殻変動の話にもどって、地震による海岸の隆起と海岸段丘のもつ意味が述べられる。

一九二三年九月一日に起こった関東地震は、十数万人もの人命を奪う大災害をひき起こした。この地震で、神奈川県の大磯海岸から千葉県の白浜海岸にわたって二メートル近くも隆起し、内陸の丹沢山地では逆に一メートル近くも沈降していることが、三角測量によって明らかにされた。関東南部の地殻が広く変形している、つまり地殻変動である。海岸線にそって海面下にあった岩棚は隆起して陸上に顔をだし、海岸段丘となった。

海岸沿いの地形をよく観察すると、高い方へ向かって高さの規模は小さいものの、段々の地形が認められる。この地形はきっと過去の地震による隆起で説明できるだろうと考え、「地震隆起」という用語で表現し、過去の大地震を調べていく。一八五五年の江戸地震、一七〇三年の元禄地震、一六〇五年の慶長地震を知り、房総半島南端の海岸段丘面と照らしあわせてみる。海成層の分布も考慮すると、関東南部では関東地震のときの隆起と同じようなことが、少なくともこの七〇〇〇年間は続いていたことが明らかになり、地震のないときの沈降も考えると、その間におよそ二二回の大地震が起こったと考えるにいたる。海岸段丘は、地震活動が活きて続いてきたことを示していたのである。

6　地震断層

ついで地震を起こす破壊現象にせまっていく。大地震が起こると、地表には多くの地割れができるが、地下の深いところまでつづく断層もみられることがある。断層は地層や岩石にくいちがいができてずれている現象である。

地震のときに地表にあらわれた地震断層で、世界に広く知られたのが根尾谷断層である。これは明治二四(一八九一)年一〇月二八日の濃尾地震のとき岐阜市北西方にできたもので、人がいたところで上下にも水平方向にも数メートルのずれが生じて、地震と断層の間に密接な関係があることを示した実例である。もともとまっすぐな小道や畑のお茶の木の列も断層線のところでS字状に曲げられて、断層運動の記録となった。

昭和二三(一九四八)年六月二八日の福井地震では、地表に断層はあらわれなかったが、地表で最初にゆれる向きが十文字の境で区別できるように、規則的な地震の初動の押し引き分布が確認された。これが震源に働いた力を考える手掛かりとなったのだが、三角点の測量による地表の変形からも地下に地震断層ができていることが明らかになる。これに最初に気づいたのは日本の研究者たちで、その後の地震研究に大きな貢献をしたのである。震源に加えられた力で、どのような変形が起こり、ついには急激に破壊し、できた断層がどのようにずれるのか、こうした弾性はねかえりの考えが数式で理論的に確立され、地震断層のずれと地表のゆれの押し引き分布が理解されたのである。

そして地震断層とマグニチュードの大きさの関係も推定されるとともに、地震断層の方向が南北か北西-南東方向のものは左ずれで、東西か北東-南西方向のものは右ずれであるという規則性も明らかになった。このような組み合わせを共役断層系といい、地震断層の形成・地震発生について考える重要な糸口となる。

7 阿寺断層

断層でできたとされた、地形上の大きな崖と河岸段丘の変位から、活きている地震断層・活断層の動きをさぐっている。

地形を大まかにみるための接峰面図で、岐阜と長野の県境に、北東-南西方向に高さ五〇〇メートルあまりの急斜面・崖があって、地域名をとって阿寺断層崖と呼ばれていた。地質調査所の調査によると、この崖が断層運動でできたのは間違いなかった。

著者の先輩が地形調査中に、阿寺断層が切る川の河岸段丘に奇妙な段差をみつけた。新しい方から古い方の河岸段丘において、断層でずれた段差の高さが違っているのは、段丘ができながら断層も動いていたからであった。阿寺断層は新しい時代にも活動していた、つまり活断層であった。そこで活断層の研究計画を提案し、さらに調査を進め、活断層では垂直ずれより予想外に水平ずれの大きいことがわかり、時間が長ければ長いほど多く動いていることが明らかになる。地震研究所では、阿寺断層をはさんで数キロメートルにわたる地域の伸び縮みの観測をはじめ、阿寺断層が地震断層として活動するかを監視することになった。ひとつの断層を中心に、研究の発展していく様子がわかる。

8 断層の格子模様

活断層の方向と左ずれか右ずれかの性質の違いを地図上でまとめてみる。すると、日本列島が東西あるいは西北西-東南東方向に強く圧縮されているのがみえてくるという。一九六五年八月にはじまる松代地震では、こきざみに少しずつ動いた北西-南東方向に走る地震断層があらわれたが、やはり左ずれであった。日本列島を東と西に分断する糸魚川・静岡構造線、これも最近の何千年か何万年かの間に動いた左ずれの活断層であった。西南日本を縦断する中央構造線も、河岸段丘や河川の折れ曲がりから、右ずれの活断層であることが証明された。

西日本でわかる限りの活断層の分布図をつくると、北西-南東方向の左ずれと北東-南西方向の右ずれの断層が交叉するように、全体として格子模様をつくっているようになる。この原因を知るために、岩石の三軸高圧実験の結果と比較してみた。もっとも強い力に対して斜めに割れ目ができるが、それは左ずれと右ずれの共役断層系とよく似たものであった。結果として、西日本は東西または西北西-東南東方向に強く圧縮されていることを示唆するものであった。

9　活発な一〇〇万年間

ここで生きている褶曲・活褶曲にもどる。地質時代につくられて死んでいたはずの地質構造が、現在も活動している、つくった力がいまも作用している、ということは「動かない」地質学にとって驚きであった。日本列島の地殻変動が進行中である、という「動く」視点は、地質学を確立してきた大陸の研究たちに大きな刺激となった。

第1章で述べた河岸段丘の変形を確かめるために、一〇年後に水準点標石の高さが精密に測られた。失われたものもあったが、五ミリメートルほどの変形があり、大地はゆっくりと波うっていた。段丘面の年代を放射性炭素による測定法で決めて、変動が一様だとすると一〇〇万年前くらいからはじまったと推定できるとしている。これは阿寺断層の運動開始とほぼ同じになる。

活褶曲や活断層は、各地で確認されていったが、神戸の六甲山地の地層の年代と断層の研究が、隆起させた断層運動が一〇〇万年前から急に進行したことを証明した。近畿地方の生駒山地、鈴鹿山地、比良山地なども同じように隆起したらしい。急峻な日本アルプスも、緩い北上山地や阿武隈山地も、最近の二〇〇万年の後半、一〇〇万年前からの隆起で高くなったのだろうと推察する。日本列島の地殻変動は、どのようなものでも一〇〇万年前ごろから活発になったのではないかと考える。

とはいえ、その動きは非常にわずかで、想像もつかない長い時間にわたって続くからわかるのだという。氷河の流動変形を例に、地殻も働く力が小さくても長い時間かかると大きくひずんで変形するのだから、高い山脈や深い海溝、大きな断層や激しい褶曲といった大きな変形でも、長い時間を考えなければならないことを指摘している。

10 見えない巨大な断層

大きな地震によって、海岸は急に隆起しても、内陸部では隆起しない。地震のない期間に隆起はゆっくりと少しずつ下がるが、もとにはもどらない。四国、紀伊、東海の半島に、海岸で隆起が大きく北側で隆起が小さい例が観察されている。

室戸半島がわかりやすい。大地震で大きくはね上がり、静かなときにゆっくりと下がり、次の大地震でまた上がる、といった運動のくりかえしが調べられている。この現象は、海底の地盤がひき込まれていて、その応力が限界をこえると海底に逆断層ができ、大地震が発生し、北の陸地の地盤がはね上がる、という弾性はねかえりの考えが提案されている。著者は、この考えでは逆断層であっても、福井地震の水平ずれ断層と同じと評価している。そして、震源が、日本で起こった巨大地震のほとんどで太平洋岸の沖にあることと、世界の最近の巨大地震でも太平洋岸の沖の海底にあることを指摘している。

まさに海底の沈み込みと、それにともなう逆断層について述べている。

再び関東地震の話となり、三角点の水平移動から相模湾内に断層が想定されたこと、それが右ずれの逆断層であることが紹介されている。これについても海底の沈み込みと低角の逆断層の図であらわしている。室戸半島沖の南海断層も、相模湾内の相模湾断層も見ることができないが、存在することは確かであるとしている。最後に、まだ説明できない現象はいくつもあることに触れながら、自然はいつまでも魅力を失わないであろうと述べている。


地面の小さな変化から、地盤沈下や海面変動、地震と断層、その破壊にいたる原因、ついには日本列島がおかれている場の問題へと話がつづいている。この本で著者はなにか変わったことを述べているわけではない。なぜ、どうしてと考えて、観察し、実測し、そしてわかったことを書いている。だれもが見ている地形から、変化を読みとり、そうだったのかと思うことを探りだしている。当たり前のように思うけれども、おそらくわからなかったこともたくさんあって、きっと簡単なことではなかったはずである。しかし、読みながら自分もいつもこのようでありたいと願う本である。

電子情報が氾濫し、便利な世の中になったといわれるが、記憶媒体のあまりに短い寿命・移り変わりをみると、この本のような紙の文化は、けっしてまけていないことを感じる。著者の意をくんで、写真や図の製作、編集、校正、装丁などにかかわった方々の力も、本から伝わってくるからである。

（地球科学）

本書はシリーズ「岩波科学の本」の一冊として、
一九七三年、岩波書店より刊行された。

この本に資料を提供された方(敬称略)

安藤雅孝(図 10-19)，今村明恒(図 5-2)，江坂輝弥(図 3-7)，大塚弥之助(図 1-10・3-4)，大塚家(図 1-8)，岡田篤正(図 9-8)，岡山俊雄(図 7-7)，貝塚爽平(図 3-1・3-9・5-10)，柿沼清一(図 4-6)，笠原慶一(図 6-22)，河内洋佑・山田哲雄・横田勇治(図 8-6)，佐々憲三(図 10-5)，鈴木尉元(図 1-1)，多田文男(図 6-19)，中村一明・恒石幸正(図 8-4)，戸谷洋(表 4-1)，中村一明(図 9-16)，畑中幸子(図 4-3：A. シルヴァン氏の提供による)，林上(図 6-13)，林雅雄(図 8-8 下)，広野卓蔵(図 6-17)，藤田和夫(図 8-19)，星野一男(第 1 章扉写真)，前田保夫(図 9-7)，武藤勝彦(図 10-13)，山崎直方(図 6-4・6-5 地図)，吉川虎雄・貝塚爽平・太田陽子(図 10-2 上)，和達清夫(図 2-7・2-8)
朝日新聞社(図 7-17・7-19・7-20・8-13)，神戸新聞社(図 9-5)，国土地理院(図 1-11・5-9・8-9)，国立科学博物館(図 5-22・6-1・10-14)，地理調査所(図 10-2 下)，東京都土木技術研究所(図 2-2・2-9)，陸地測量部(図 5-8)
チャールズ・ダーウィン(図 4-2)，R. A. デーリー(図 4-4〔J. Gilluly, A. C. Waters, A. O. Woodford 著 “Principles of Geology”, Freeman and Company, 第 2 版 p. 319 より〕；図 4-9〔R. A. Daly 著 “The Changing World of the Ice Age” 1963, Yale University Press, p. 184 より〕)，フリーマン社(図 6-8〔Gilluly, Waters, Woodford 著前掲書第 2 版 p. 109 より〕)，米国地質調査所(図 4-5〔K. O. Emery, J. I. Tracey, Jr and H. S. Ladd, Professional Paper 260-A より〕；図 10-9〔G. Plafker, Professional Paper 543-I より〕)

た 行

な 行

は 行

ま 行

や 行

ら 行

索　引

あ 行

か 行

さ 行

大地の動きをさぐる

2023年6月15日　第1刷発行

著　者　杉村　新（すぎむら あらた）

発行者　坂本政謙

発行所　株式会社 岩波書店
〒101-8002 東京都千代田区一ツ橋2-5-5
案内 03-5210-4000　営業部 03-5210-4111
https://www.iwanami.co.jp/

印刷・精興社　製本・中永製本

ISBN 978-4-00-603340-8　Printed in Japan

岩波現代文庫創刊二〇年に際して

二一世紀が始まってからすでに二〇年が経とうとしています。この間のグローバル化の急激な進行は世界のあり方を大きく変えました。世界規模で経済や情報の結びつきが強まるとともに、国境を越えた人の移動は日常の光景となり、今やどこに住んでいても、私たちの暮らしは世界中の様々な出来事と無関係ではいられません。しかし、グローバル化の中で否応なくもたらされる「他者」との出会いや交流は、新たな文化や価値観だけではなく、摩擦や衝突、そしてしばしば憎悪までをも生み出しています。グローバル化にともなう副作用は、その恩恵を遥かにこえていると言わざるを得ません。

今私たちに求められているのは、国内、国外にかかわらず、異なる歴史や経験、文化を持つ「他者」と向き合い、よりよい関係を結び直してゆくための想像力、構想力ではないでしょうか。

新世紀の到来を目前にした二〇〇〇年一月に創刊された岩波現代文庫は、この二〇年を通して、哲学や歴史、経済、自然科学から、小説やエッセイ、ルポルタージュにいたるまで幅広いジャンルの書目を刊行してきました。一〇〇〇点を超える書目には、人類が直面してきた様々な課題と、試行錯誤の営みが刻まれています。読書を通した過去の「他者」との出会いから得られる知識や経験は、私たちがよりよい社会を作り上げてゆくために大きな示唆を与えてくれるはずです。

一冊の本が世界を変える大きな力を持つことを信じ、岩波現代文庫はこれからもさらなるラインナップの充実をめざしてゆきます。

(二〇二〇年一月)

岩波現代文庫[社会]

S292
食べかた上手だった日本人
―よみがえる昭和モダン時代の知恵―
魚柄仁之助

八〇年前の日本にあった、モダン食生活のユートピア。食料クライシスを生き抜くための知恵と技術を、大量の資料を駆使して復元！

S293
新版 報復ではなく和解を
―ヒロシマから世界へ―
秋葉忠利

長年、被爆者のメッセージを伝え、平和活動を続けてきた秋葉忠利氏の講演録。好評を博した旧版に三・一一以後の講演三本を加えた。

S294
新島襄
和田洋一

キリスト教を深く理解することで、日本の近代思想に大きな影響を与えた宗教家・教育家、新島襄の生涯と思想を理解するための最良の評伝。〈解説〉佐藤優

S295
戦争は女の顔をしていない
スヴェトラーナ・アレクシエーヴィチ
三浦みどり訳

ソ連では第二次世界大戦で百万人をこえる女性が従軍した。その五百人以上にインタビューした、ノーベル文学賞作家のデビュー作にして主著。〈解説〉澤地久枝

S296
ボタン穴から見た戦争
―白ロシアの子供たちの証言―
スヴェトラーナ・アレクシエーヴィチ
三浦みどり訳

一九四一年にソ連白ロシアで十五歳以下の子供だった人たちに、約四十年後、戦争の記憶がどう刻まれているかをインタビューした戦争証言集。〈解説〉沼野充義

2023.6

S297
フードバンクという挑戦
―貧困と飽食のあいだで―
大原悦子

食べられるのに捨てられてゆく大量の食品。一方に、空腹に苦しむ人びと。両者をつなぐフードバンクの活動の、これまでとこれからを見つめる。

S298
いのちの旅
「水俣学」への軌跡
原田正純

水俣病公式確認から六〇年。人類の負の遺産「水俣」を将来に活かすべく水俣学を提唱した著者が、様々な出会いの中に見出した希望の原点とは。〈解説〉花田昌宣

S299
紙の建築 行動する
―建築家は社会のために何ができるか―
坂茂

地震や水害が起きるたび、世界中の被災者のもとへ駆けつける建築家が、命を守る建築の誕生とその人道的な実践を語る。カラー写真多数。

S300
犬、そして猫が生きる力をくれた
―介助犬と人びとの新しい物語―
大塚敦子

保護された犬を受刑者が介助犬に育てるという米国での画期的な試みが始まって三〇年。保護猫が刑務所で受刑者と暮らし始めたこと、元受刑者のその後も活写する。

S301
沖縄 若夏の記憶
大石芳野

戦争や基地の悲劇を背負いながらも、豊かな風土に寄り添い独自の文化を育んできた沖縄。その魅力を撮りつづけてきた著者の、珠玉のフォトエッセイ。カラー写真多数。

2023.6

S302
機会不平等
斎藤貴男

機会すら平等に与えられない〝新たな階級社会の現出〟を粘り強い取材で明らかにした衝撃の著作。最新事情をめぐる新章と、森永卓郎氏との対談を増補。

S303
私の沖縄現代史
―米軍支配時代を日本(ヤマト)で生きて―
新崎盛暉

敗戦から返還に至るまでの沖縄と日本の激動の同時代史を、自らの歩みと重ねて描く。日本(ヤマト)で「沖縄を生きた」半生の回顧録。岩波現代文庫オリジナル版。

S304
私の生きた証はどこにあるのか
―大人のための人生論―
H・S・クシュナー
松宮克昌訳

私の人生にはどんな意味があったのか? 人生の後半を迎え、空虚感に襲われる人々に旧約聖書の言葉などを引用し、悩みの解決法を提示。岩波現代文庫オリジナル版。

S305
戦後日本のジャズ文化
―映画・文学・アングラ―
マイク・モラスキー

占領軍とともに入ってきたジャズは、アメリカそのものだった! 映画、文学作品等の中のジャズを通して、戦後日本社会を読み解く。

S306
村山富市回顧録
薬師寺克行編

戦後五五年体制の一翼を担っていた日本社会党は、その誕生から常に抗争を内部にはらんでいた。その最後に立ち会った元首相が見たものは。

岩波現代文庫[社会]

S307
大逆事件
—死と生の群像—
田中伸尚

天皇制国家が生み出した最大の思想弾圧「大逆事件」。巻き込まれた人々の死と生を描き出し、近代史の暗部を現代に照らし出す。〈解説〉田中優子

S308
「どんぐりの家」のデッサン
漫画で障害者を描く
山本おさむ

かつて障害者を漫画で描くことはタブーだった。漫画家としての著者の経験から考えてきた、障害者を取り巻く状況を、創作過程の試行錯誤を交え、率直に語る。

S309
鎖塚
—自由民権と囚人労働の記録—
小池喜孝

北海道開拓のため無残な死を強いられた囚人たちの墓、鎖塚。犠牲者は誰か。なぜその地で死んだのか。日本近代の暗部をあばく迫力のドキュメント。〈解説〉色川大吉

S310
聞き書 野中広務回顧録
御厨貴
牧原出 編

二〇一八年一月に亡くなった、平成の政治をリードした野中広務氏が残したメッセージ。五五年体制が崩れていくときに自民党の中で野中氏が見ていたものは。〈解説〉中島岳志

S311
不敗のドキュメンタリー
—水俣を撮りつづけて—
土本典昭

『水俣—患者さんとその世界—』『医学としての水俣病』『不知火海』などの名作映画の作り手の思想と仕事が、精選した文章群から甦る。〈解説〉栗原 彬

2023. 6

S312
増補 隔離 ―故郷を追われたハンセン病者たち―
徳永 進
らい予防法が廃止され、国の法的責任が明らかになった後も、ハンセン病隔離政策が終わり解決したわけではなかった。回復者たちの現在の声をも伝える増補版。〈解説〉宮坂道夫

S313
沖縄の歩み
国場幸太郎
新川 明
鹿野政直 編
米軍占領下の沖縄で抵抗運動に献身した著者が、復帰直後に若い世代に向けてやさしく説き明かした沖縄通史。幻の名著がいま蘇る。〈解説〉新川 明・鹿野政直

S314
ぼくたちはこうして学者になった ―脳・チンパンジー・人間―
松本 元
松沢哲郎
「人間とは何か」を知ろうと、それぞれ新たな学問を切り拓いてきた二人は、どのような生い立ちや出会いを経て、何を学んだのか。

S315
ニクソンのアメリカ ―アメリカ第一主義の起源―
松尾文夫
白人中産層に徹底的に迎合する内政と、中国との和解を果たした外交。ニクソンのしたたかな論理に迫った名著を再編集した決定版。〈解説〉西山隆行

S316
負ける建築
隈 研吾
コンクリートから木造へ。「勝つ建築」から「負ける建築」へ。新国立競技場の設計に携わった著者の、独自の建築哲学が窺える論集。

2023.6

岩波現代文庫[社会]

S317
全盲の弁護士　竹下義樹
小林照幸

視覚障害をものともせず、九度の挑戦を経て弁護士の夢をつかんだ男、竹下義樹。読む人の心を揺さぶる傑作ノンフィクション！

S318
一粒の柿の種
―科学と文化を語る―
渡辺政隆

身の回りを科学の目で見れば…。その何と楽しいことか！　文学や漫画を科学の目で楽しむコツを披露。科学教育や疑似科学にも一言。〈解説〉最相葉月

S319
聞き書　緒方貞子回顧録
野林健
納家政嗣編

「人の命を助けること」、これに尽きます――。国連難民高等弁務官をつとめ、「人間の安全保障」を提起した緒方貞子。人生とともに、世界と日本を語る。〈解説〉中満泉

S320
「無罪」を見抜く
―裁判官・木谷明の生き方―
木谷明
山田隆司
嘉多山宗聞き手・編

有罪率が高い日本の刑事裁判において、在職中いくつもの無罪判決を出し、その全てが確定した裁判官は、いかにして無罪を見抜いたのか。〈解説〉門野博

S321
聖路加病院　生と死の現場
早瀬圭一

医療と看護の原点を描いた『聖路加病院で働くということ』に、緩和ケア病棟での出会いと別れの新章を増補。〈解説〉山根基世

S322
菌世界紀行 ―誰も知らないきのこを追って―
星野保

大の男が這いつくばって、世界中の寒冷地にきのこを探す。雪の下でしたたかに生きる菌たちの生態とともに綴る、とっておきの〈菌道中〉。〈解説〉渡邊十絲子

S323-324
キッシンジャー回想録 中国(上・下)
ヘンリー・A・キッシンジャー
塚越敏彦ほか訳

世界中に衝撃を与えた米中和解の立役者であるキッシンジャー。国際政治の現実と中国の論理を誰よりも知り尽くした彼が綴った、決定的「中国論」。〈解説〉松尾文夫

S325
井上ひさしの憲法指南
井上ひさし

「日本国憲法は最高の傑作」と語る井上ひさし。憲法の基本を分かりやすく説いたエッセイ、講演録を収めました。〈解説〉小森陽一

S326
増補版 日本レスリングの物語
柳澤健

草創期から現在まで、無数のドラマを描きさる日本レスリングの「正史」にしてエンターテインメント。〈解説〉夢枕獏

S327
抵抗の新聞人 桐生悠々
井出孫六

日米開戦前夜まで、反戦と不正追及の姿勢を貫きジャーナリズム史上に屹立する桐生悠々。その烈々たる生涯。巻末には五男による〈親子関係〉の回想文を収録。〈解説〉青木理

岩波現代文庫［社会］

S328
人は愛するに足り、真心は信ずるに足る
―アフガンとの約束―
中村 哲
澤地久枝（聞き手）
戦乱と劣悪な自然環境に苦しむアフガンで、人々の命を救うべく身命を賭して活動を続けた故・中村哲医師が熱い思いを語った貴重な記録。

S329
負け組のメディア史
―天下無敵 野依秀市伝―
佐藤卓己
明治末期から戦後にかけて「言論界の暴れん坊」の異名をとった男、野依秀市。忘れられた桁外れの鬼才に着目したメディア史を描く。〈解説〉平山 昇

S330
ヨーロッパ・コーリング・リターンズ
―社会・政治時評クロニクル 2014-2021―
ブレイディみかこ
人か資本か。優先順位を間違えた政治は希望を奪い貧困と分断を拡大させる。地べたから英国を読み解き日本を照らす、最新時評集。

S331
増補版 悪役レスラーは笑う
―「卑劣なジャップ」グレート東郷―
森 達也
第二次大戦後の米国プロレス界で「卑劣な日本人」を演じ、巨万の富を築いた伝説の悪役レスラーがいた。謎に満ちた男の素顔に迫る。

S332
戦争と罪責
野田正彰
旧兵士たちの内面を精神病理学者が丹念に聞き取る。罪の意識を抑圧する文化において豊かな感情を取り戻す道を探る。

2023. 6

岩波現代文庫[社会]

S333
孤塁
—双葉郡消防士たちの3・11—
吉田千亜

原発が暴走するなか、住民救助や避難誘導、原発構内での活動にもあたった双葉消防本部の消防士たち。その苦闘を初めてすくいあげた迫力作。新たに「『孤塁』その後」を加筆。

S334
ウクライナ 通貨誕生
—独立の命運を賭けた闘い—
西谷公明

自国通貨創造の現場に身を置いた日本人エコノミストによるゼロからの国づくりの記録。二〇一四年、二〇二二年の追記を収録。
〈解説〉佐藤 優

S335
「科学にすがるな!」
—宇宙と死をめぐる特別授業—
佐藤文隆
艸場よしみ

「死とは何かの答えを宇宙に求めるな」と科学論に基づいて答える科学者 vs. 死の意味を問い続ける女性。3・11をはさんだ激闘の記録。〈解説〉サンキュータツオ

S336
増補 空疎な小皇帝
「石原慎太郎」という問題
斎藤貴男

差別的な言動でポピュリズムや排外主義を煽りながら、東京都知事として君臨した石原慎太郎。現代に引き継がれる「負の遺産」を、いま改めて問う。新取材を加え大幅に増補。

S337
鳥肉以上、鳥学未満。
—Human Chicken Interface—
川上和人

ボンジリってお尻じゃないの? 鳥の首はろくろ首!? トリビアもネタも満載。キッチンから始まる、とびっきりのサイエンス。
〈解説〉枝元なほみ